# 页岩气藏生产动态分析理论及方法

魏明强　段永刚　方全堂　李政澜　著

石油工业出版社

## 内 容 提 要

页岩气藏动态分析是利用动态监测资料，通过气藏工程经验和渗流理论等方法确定储层、压裂裂缝及井控储量等参数。本书系统介绍了页岩气藏渗流机理、压裂水平井数值试井和产量递减分析理论及方法，详细阐述了非结构 PEBI 网格构建理论、页岩气藏压裂水平井数值试井及产量递减分析方法基本原理、图版制作、实例分析，并总结了近几年页岩气藏产量递减经验分析法的最新进展。

本书可作为试油试采、油藏工程和油气田开发工程的专业人员及石油大专院校相关专业师生的参考书。

**图书在版编目（CIP）数据**

页岩气藏生产动态分析理论及方法 / 魏明强等著 .—北京：石油工业出版社，2020.5

ISBN 978-7-5183-3621-0

Ⅰ . ① 页… Ⅱ . ① 魏… Ⅲ . ① 油页岩 – 油气藏 – 油气开采 – 工业分析 Ⅳ . ① TE375

中国版本图书馆 CIP 数据核字（2019）第 212193 号

出版发行：石油工业出版社

（北京安定门外安华里 2 区 1 号　100011）

网　址：www. petropub. com

编辑部：（010）64523541　图书营销中心：（010）64523633

经　销：全国新华书店

印　刷：北京中石油彩色印刷有限责任公司

2020 年 5 月第 1 版　2020 年 5 月第 1 次印刷

787 × 1092 毫米　开本：1/16　印张：9.5

字数：240 千字

定价：68. 00 元

# 前言 Preface

复杂油气藏生产动态分析理论及方法一直是油气藏工程研究的热点。随着全球天然气勘探开发已由常规天然气向页岩气方向扩展，其储层流动能力、压裂裂缝和增产改造体积（SRV）等参数评价是页岩气井生产能力评估、动态预测的关键，也是页岩气藏动态分析的重要内容。页岩气渗流机理、渗流尺度、渗流过程的复杂性使得现今常规气藏动态分析方法不完全适用于页岩气藏。

《页岩气藏生产动态分析理论及方法》一书应时而作，顺势而生。本书是笔者在研究前人成果基础上，结合团队近10年来在页岩气藏动态分析理论及方法方面取得的最新研究成果编写而成。本书是一部介绍页岩气井动态分析理论和应用比较全面的著作，它介绍了页岩气藏岩石物理性质及特征、渗流机理、压裂水平井数值试井和产量递减分析理论及方法，详细阐述了非结构PEBI网格构建理论、页岩气藏压裂水平井数值试井及产量递减分析方法基本原理、图版制作、实例分析以及总结页岩气产量递减经验分析法的最新进展。

在书稿完成之际，十分感谢西南石油大学李士伦教授、陈伟教授、中国石油勘探开发研究院孙贺东正高级工程师在成果研究和本书编写过程中悉心的指导和有益帮助，正是他们的指点与帮助才使笔者顺利完成本书的编写。感谢西南石油大学“石油与天然气工程双一流学科建设”和国家重点基础研究发展计划（973计划）“中国南方海相页岩气高效开发的基础研究”（2013CB228005）项目资金的资助。

由于笔者水平有限，书中难免有表达不当之处，敬请读者给予批评指正。

# 目录 Contents

# 第1章　绪　　论

天然气是一种优质、高效、清洁的低碳能源，可与核能及可再生能源等其他低排放能源形成良性互补，是能源供应清洁化的最现实选择。加快天然气产业发展，提高天然气在一次能源消费中的比重，是我国加快建设清洁低碳、安全高效的现代能源体系的必由之路，也是化解环境约束、改善大气质量，实现绿色低碳发展的有效途径，同时对推动节能减排、稳增长惠民生促发展具有重要意义。

中国天然气发展"十三五"规划指出我国天然气使用量将由"十二五"的5.9%提升至10%。近年来，随着常规天然气资源量的日益减少，非常规页岩气资源已成为我国能源供应安全的重要保障，它的商业化开发将有效缓解我国的环境压力。我国非常规页岩气储量大，是我国目前及未来勘探开发的重要资源。

所谓页岩气藏，就是主要以游离态、吸附态以及溶解态赋存于泥页岩中自生自储的非常规气藏。其中，游离气占总气量的10%～20%，其主要赋存于裂缝与基质孔隙中；20%～85%的气体主要以吸附的状态存储于页岩基质、干酪根以及黏土颗粒表面；极少量的气体以溶解气的形式储存在沥青质、干酪根或泥岩、粉砂岩地层中。页岩既是聚集和遮挡气体运移的储层和盖层，也是生成天然气的烃源岩。

我国拥有丰富的非常规天然气资源，其技术可采资源量约$34\times10^{12}m^3$（致密气$11\times10^{12}m^3$、煤层气$12\times10^{12}m^3$、页岩气$11\times10^{12}m^3$），是常规天然气技术可采资源量的2倍。继美国、加拿大对页岩气商业化开发以来，从2005年起我国在页岩气勘探和开发等方面开展了大量的工作，先后形成了四川威远—长宁、云南昭通（中国石油）和重庆涪陵（中国石化）页岩气示范区，并且已有一批井投入商业性试采。国家能源局于2016年发布了《页岩气发展规划（2016—2020年）》（国能油气[2016]255号），提出2020年全国力争实现页岩气产量$300\times10^8m^3$的规划目标。

然而页岩气藏属于典型的特低孔、特低渗、自生自储、连续性富集型的非常规气藏，储层孔隙度范围在2%～6%之间，渗透率一般低于0.001mD，其商业化开采比常规气藏的开采难度大，技术要求高，一般需要结合水平井和体积压裂增产改造技术进行开发。由于页岩气藏储集空间（微、纳米孔隙、微裂缝及裂缝）、运移机制（吸附解吸、扩散、达西流）和流动通道（纳微米孔、天然裂缝和体积压裂缝网）十分复杂，现有常规气藏生产动态分析方法已不再适用，使得页岩气藏动态分析理论严重滞后于现场生产的需求。因此，为实现页岩气藏的相关地层参数、流动特征、增产改造效果以及单井控制储量等参数的诊断，亟须建立一套适用于实际现场的页岩气藏压裂水平井试井和产量递减动态分析理论及方法，指导该类气藏生产动态管理和开发方案的制定，实现其高效开发。

# 第2章　页岩岩石物理性质及特征

页岩气藏是一种自生自储、吸附成藏和隐蔽聚集的非常规气藏。页岩气储层结构复杂，孔隙度和渗透率极低，开采难度大。美国页岩气成功开发的经验表明，页岩气的商业化、规模化开采强烈依赖于“甜点”预测评价技术、水平井钻井技术、多层压裂技术、清水压裂技术、重复压裂技术及同步压裂技术等。其中，科学、准确地利用“甜点”预测评价技术，优选出经济高效的开采区域，是实现页岩气资源成功开发的前提与基础。“甜点”预测及评价指标主要划分为两类：资源因素和开发因素。其中资源因素主要包括页岩储层厚度、有机质丰度、干酪根类型和成熟度等；开发因素主要包括页岩储层矿物成分、脆性、孔隙度、渗透率及原始地应力、方向及差异等。而这些指标参数中如页岩的矿物组分、有机质丰度、脆性指数等物理参数，尤其声、电、放射性和力学等岩石物理性质及特征对矿物组分、有机质丰度的响应特征，并建立科学合理的计算评价模型，是实现页岩气层高效评价的核心与关键。

## 2.1　页岩声学、电学性质及特征

### 2.1.1　声波特征

声波在不同介质中传播时，其速度、幅度衰减及频率变化等声学特性是不同的。声波在岩石中的传播特性与岩石的性质、孔隙度及孔隙中所充填的流体性质有关，因此，通过声波在岩石中的传播速度可以确定岩石的孔隙度，判断岩性和孔隙流体的性质。

在室温20℃，轴压为1MPa的常温常压条件下，对龙马溪组岩心在不同频率下进行声波测试。根据实验结果，得到页岩声波时差分布如图2－1所示。由常温常压下声波测试的实验结果可知，龙马溪组页岩平行于层理的岩心的纵波时差分布在232.6～439.2μs/m之间，波速为2276.9～4299.2m/s；垂直于层理的岩心的纵波时差分布在242.6～545.2μs/m之间，波速为1834.2～4122.0m/s。

从图2－1中可知，随着测试频率增加，纵波声波时差略有减小，纵波波速逐渐增大；纵波时差小于横波时差，即纵波波速大于横波波速；平行于层理的声波时差小于垂直于层理的声波时差，即平行于层理的声波速度大于垂直于层理的声波速度。

### 2.1.2　电阻率特征

岩石的电阻率是多种因素综合的结果，不同岩石之间的电阻率存在着差异，其主要影响因素可分为四大类：岩石的矿物组分，岩石的孔隙度及孔隙结构，岩石孔隙中的流体性质及其含量，以及岩石所处的温度等。岩石的电阻率和岩性、储集物性、含油性有密切的关系。通过研究岩石电阻率的差异可以区分岩性、划分油水层、进行剖面对比等。对龙马溪组页岩岩样进行电阻率测试，根据实验结果，可以得到电阻率的分布图，如图2－2、图2－3所示。

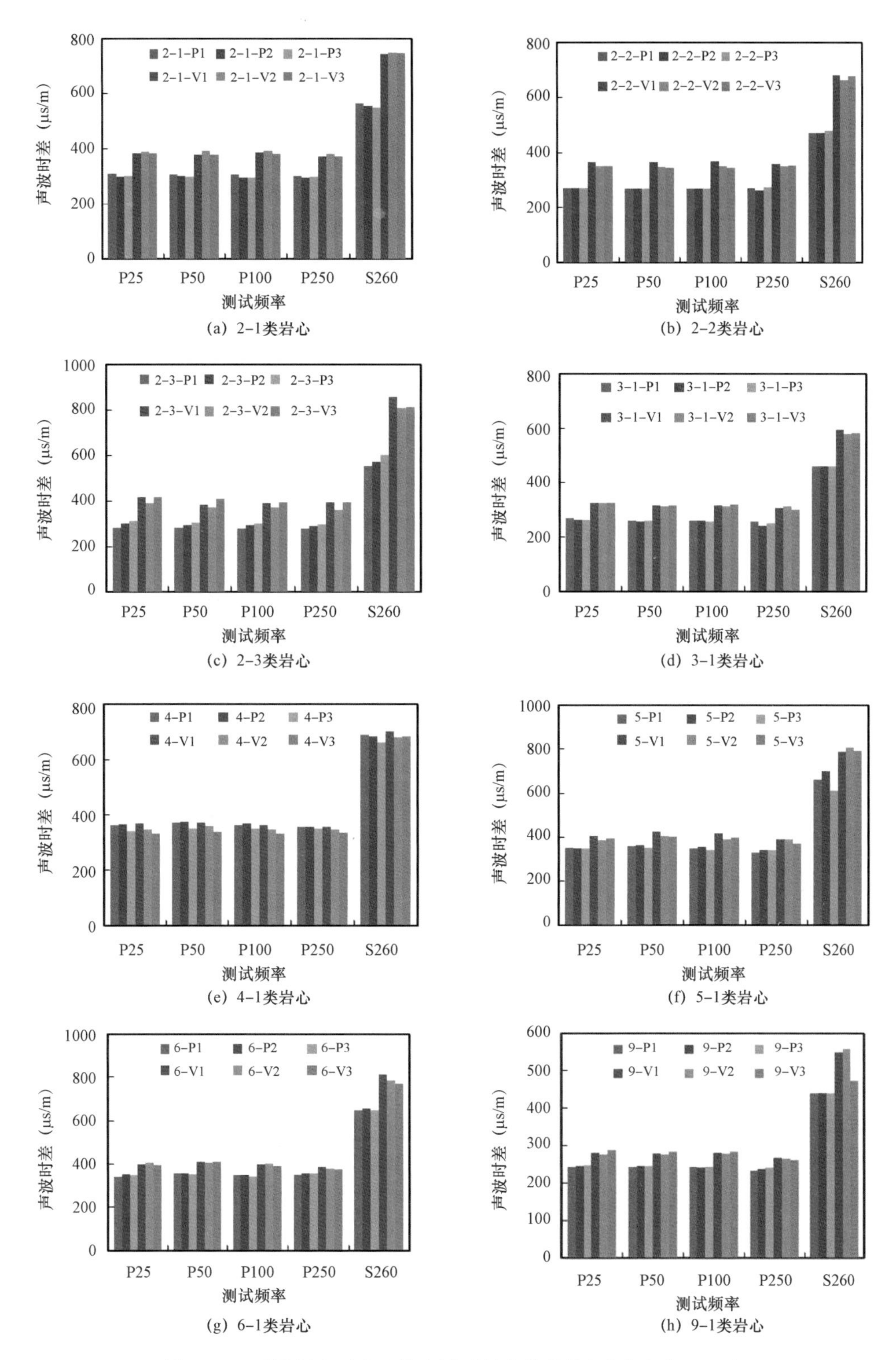


图2-1 不同频率下岩心的声波时差变化规律(引自冉伟,2015)

P表示平行于层理,V表示垂直于层理。

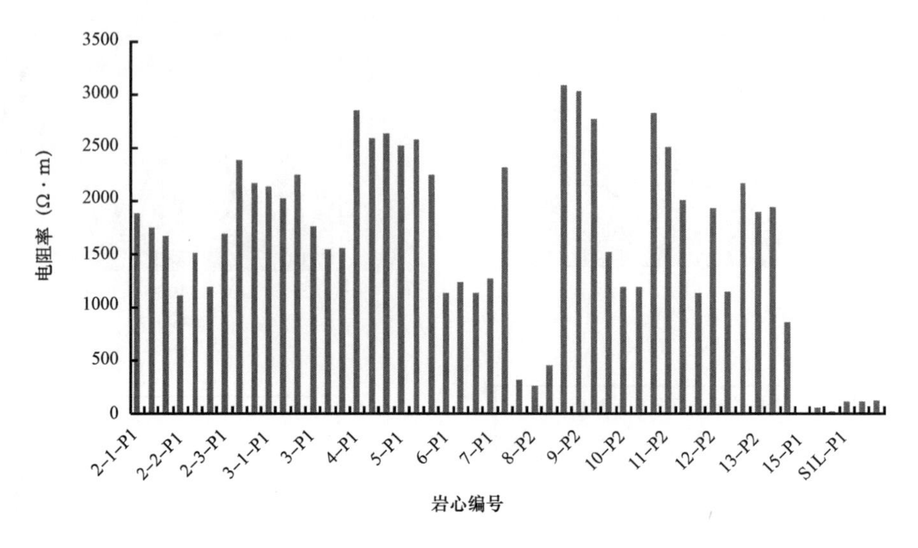


图 2-2　平行层理的岩样电阻率分布

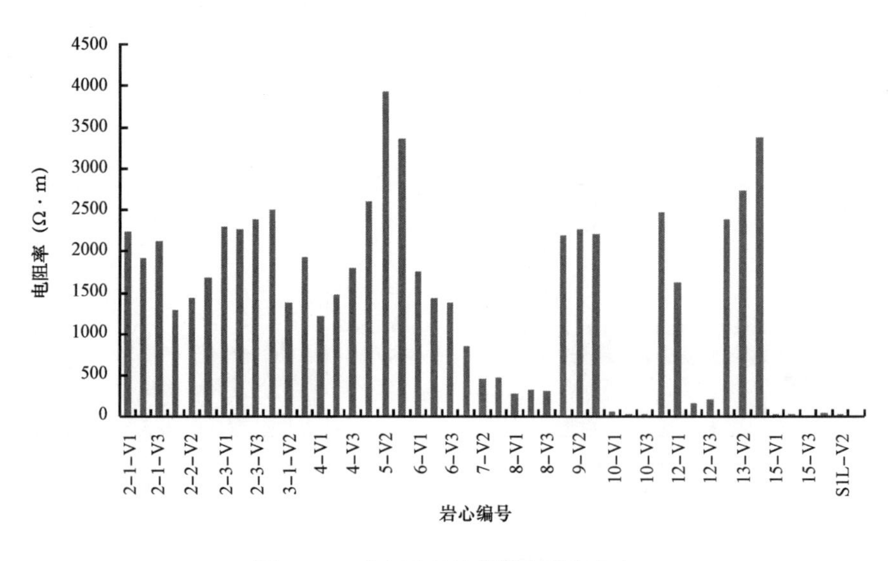


图 2-3　垂直层理的岩样电阻率分布

由实验结果可知，龙马溪组页岩平行于层理的岩心电阻率主要分布在 18.5～3092.3Ω·m，平均约为 1600.54Ω·m；垂直于层理的岩心电阻率主要分布在 22.5～3930.1 Ω·m，平均约为 1429.95Ω·m。从图 2-3 可以看出部分岩心电阻率较低，结合矿物组分分析结果可知，龙马溪组页岩黄铁矿富集，从而导致部分岩心电阻率较低。

## 2.2　页岩力学性质及特征

岩石力学特征主要包括 4 个方面：(1)强度：岩石的抗压强度、抗张强度、抗剪切强度、内摩擦角、内聚力等；(2)弹性变形：岩石的弹性模量、剪切模量、泊松比和体积模量等;(3)原地应力:地层水平最小主应力、水平最大主应力、垂向应力、地应力方向以及构造应力系数等;(4)力学行为特征:岩石变形、破坏规律(弹性变形、塑性变形以及蠕变等)。

地应力差是页岩体积压裂产生复杂缝网的关键因素之一,因此在页岩气开采中重点关注地应力。但是地应力产生的原因是十分复杂的,至今尚无十分清楚的研究结果。30多年来的实测和理论分析表明,地应力的形成主要与地球的各种动力运动过程有关,其中包括板块边界受压、地幔热对流、地球内应力、地心引力、地球旋转、岩浆侵入和地壳非均匀扩容等因素;另外,温度不均、水压梯度、地表剥蚀或其他物理化学变化等也可以引起相应的应力场。其中,构造应力场和重力场是现今地应力场的主要组成部分。

地应力是地下岩体中客观存在的内应力。地下任一岩石单元体均可看成受到3个方向上相互垂直的应力,即2个水平轴向应力($\sigma_x$,$\sigma_y$,假设$\sigma_x>\sigma_y$)和1个垂向应力($\sigma_z$)。页岩气储层中大量存在的天然裂缝和水平应力间的较小差异是形成复杂裂缝网络的重要地质条件。页岩储层通过水力压裂,当不断产生各种形式的裂缝形成裂缝网络时,气井才能有效地获得较高产气量。而裂缝网络形成的内在因素是页岩储层中的岩石脆性,地应力分布则是极为必要的条件。人工裂缝总是沿阻力最小的路径发展,即沿着垂直于最小主应力的平面上产生和延伸。当出现以下几种应力状态时,(1)$\sigma_z>\sigma_x>\sigma_y$;(2)$\sigma_x>\sigma_z>\sigma_y$;(3)$\sigma_x>\sigma_y>\sigma_z$;(4)$\sigma_x>\sigma_y\approx\sigma_z$。(1)、(2)条件下压裂所产生的裂缝会分别形成垂直裂缝;(3)条件下压裂则形成水平裂缝;(4)条件下压裂有可能形成水平裂缝或垂直裂缝(图2-4)。

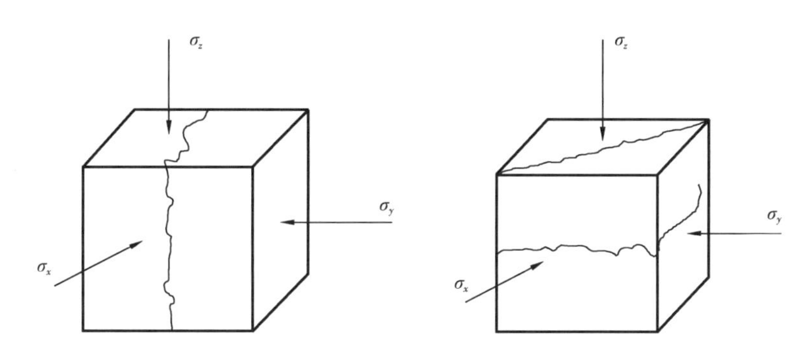


图2-4 裂缝与应力关系图

页岩气储层中不同天然裂缝组合及其与最大主应力之间的相对方位,决定了压裂裂缝的方位和裂缝宽度等空间分布规律。在压裂过程中,天然裂缝活动与否取决于地应力差、岩石组成和产生天然裂缝的抗张强度以及裂缝与最大主应力方向间的夹角等因素。图2-5为不同最大地应力—最小地应力比值裂缝云图。从图2-5中可以看出应力各向异性程度越低,诱导缝分支越多,形态越复杂。图2-6说明了压裂裂缝临界角度与地应力比值的关系。从图2-6可以看出地应力比值越低,压裂裂缝临界夹角越接近90°,即裂缝渗流阻力越小,产能越大。

综上所述,页岩储层地应力差是影响压裂裂缝形态的主要因素,也是选取动态分析裂缝模型的依据之一。

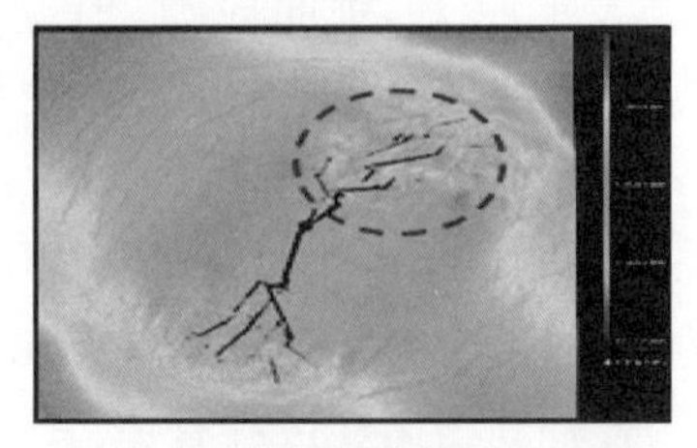

(a) 最大地应力/最小地应力=1.1

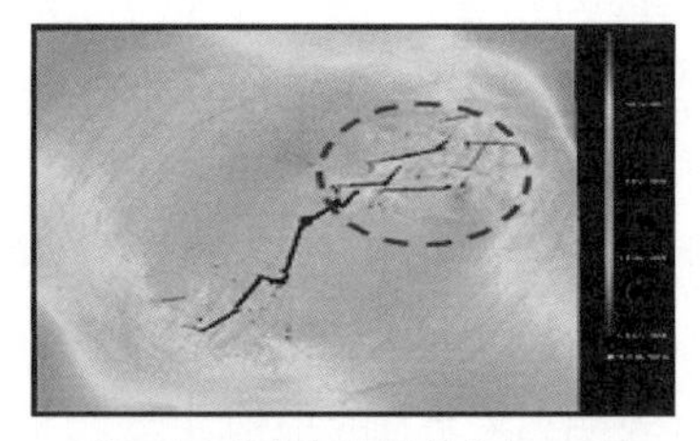

(b) 最大地应力/最小地应力=1.2

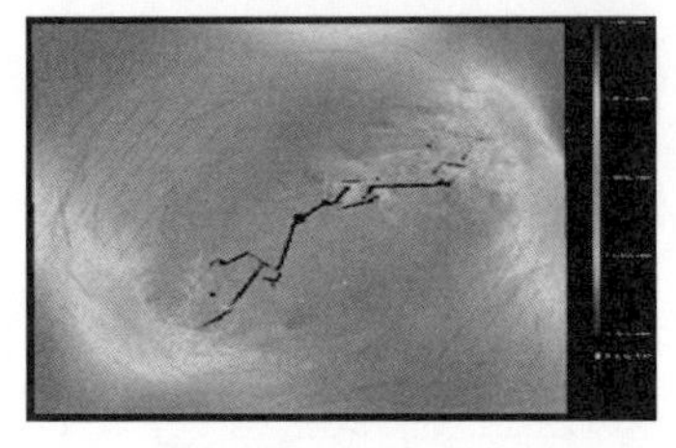

(c) 最大地应力/最小地应力=1.3

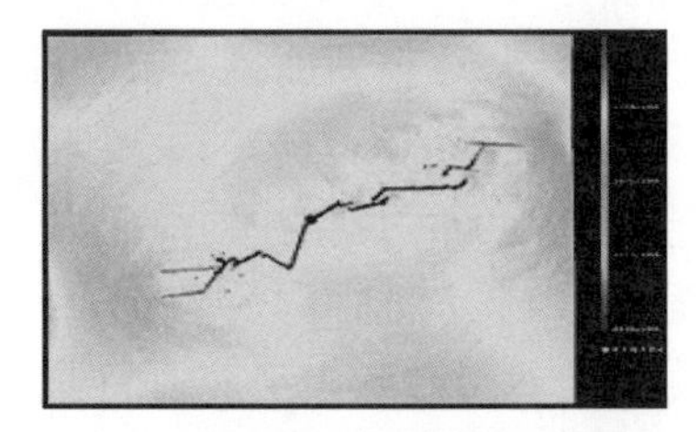

(d) 最大地应力/最小地应力=1.4

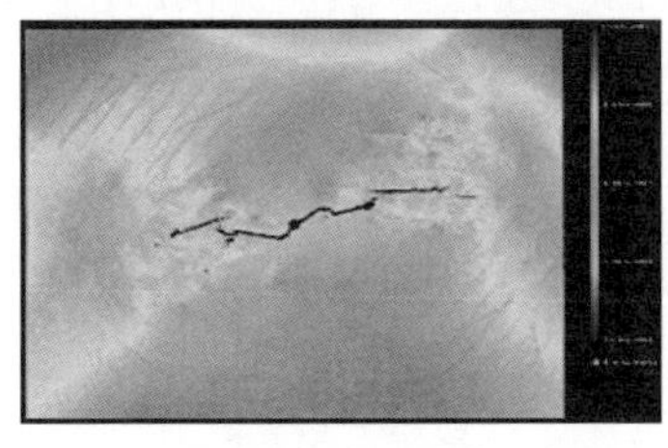

(e) 最大地应力/最小地应力=1.5

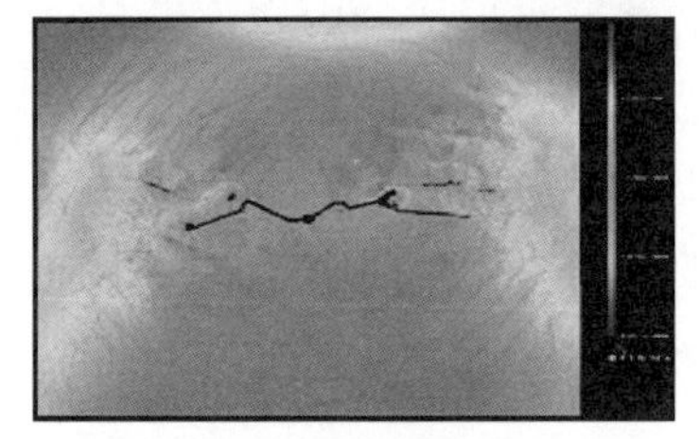

(f) 最大地应力/最小地应力=1.6

图 2－5　不同最大地应力—最小地应力比值裂缝云图

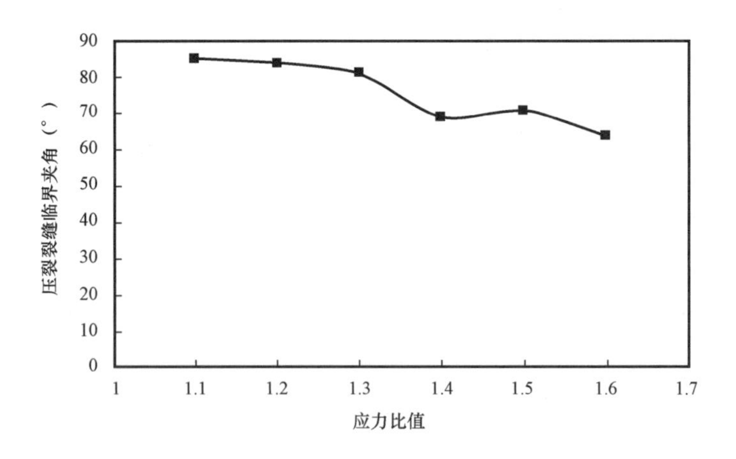


图 2－6　不同最大地应力—最小地应力比值与压裂裂缝临界夹角关系图

# 第3章　页岩储层特征及气体运移机理

储层特征及气体运移机理是动态分析方法和理论建立的关键。与常规碎屑岩气藏和碳酸盐岩气藏相比，页岩气藏属于典型的“自生自储”气藏，其孔隙度和渗透率很低，使其具有独特的储层特征和气体运移机理。

## 3.1　页岩气藏储层特征

很多学者研究表明页岩储层中发育着大量的微裂缝，微裂缝发育是页岩气井高产的主要原因之一，因此将页岩储层视为双重介质模型。但李传亮和朱苏阳指出，将页岩气藏视为双重介质是一个认识误区。虽然页岩中存在一些微裂缝和基质孔隙两种孔隙类型，但是并不能称作双重介质。地层属于单一介质还是双孔介质，不是在微观尺度上定义，而是在气井宏观尺度上的定义。Freeman 和李道伦将页岩气储层视为均质储层，采用数值模拟法分别对动态特征（产量递减和不稳定压力）进行了相关研究。因此本书后面的试井及产量递减分析中均将页岩储层视为均质储层。

### 3.1.1　页岩矿物特征

页岩储层岩石组成包含有机质、黏土矿物、石英等脆性矿物以及碳酸盐矿物。由于页岩储层特低孔、特低渗的特点，一般采用水平井体积压裂手段使得近井带形成缝网，以实现页岩气藏经济高效开发。页岩脆性矿物含量是水平井体积压裂后在近井带形成复杂缝网的关键之一。

美国主要页岩产气层的碳酸盐岩含量在4%～16%之间，石英含量为28%～52%，脆性矿物含量为46%～60%。其中北美典型的 Barnett 页岩石英、长石和黄铁矿含量为20%～80%（石英含量为40%～60%），黏土矿物一般不高于50%，碳酸盐矿物小于25%。我国四川盆地龙马溪组和筇竹寺组海相页岩 X 射线衍射结果表明其矿物组成与 Barnett 页岩相似（图3－1），其中石英、长石和黄铁矿含量在30%～64%之间，黏土矿物含量为31%～51%，碳酸盐矿物含量低于20%。

一般地，页岩储层脆性矿物（石英、长石、黄铁矿）含量越高，储层增产改造产生的几何形态越复杂，SRV 体积越大，越有利于页岩气的开采。中美海相页岩脆性矿物含量相似（图3－2），Barnett、Marcellus 和 Haynesville 等页岩脆性矿物含量分别为40%～79.7%、30%～60%和35%～65%。

一般通过脆性指数判断压裂改造缝网复杂程度。研究表明：脆性指数高易形成网状缝；脆性指数低易形成双翼缝。采用低黏压裂液易形成网状缝；高黏压裂液易形成双翼缝。其脆性指数表达式如下：

$$\text{脆性指(脆度)} = \frac{\text{石英}}{\text{石英} + \text{黏土矿物} + \text{碳酸盐矿物}} \times 100\%$$

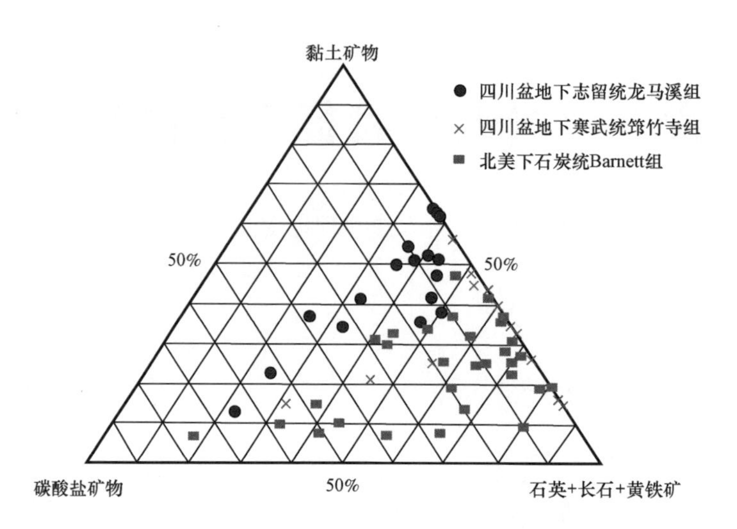


图 3－1　四川盆地与美国 Barnett 页岩矿物组成对比三角图

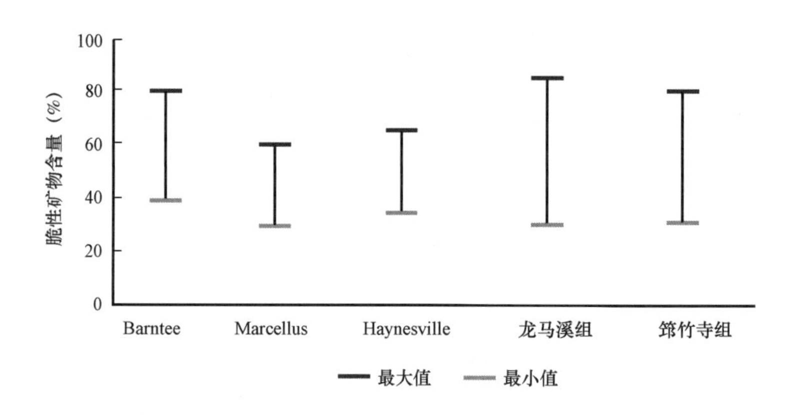


图 3－2　中美海相页岩储层主要地质特征对比

图 3－3 为我国威远地区页岩与北美页岩脆性指数对比柱状图。从图中可以看出我国威远地区脆性指数高于北美地区，说明威远地区易压裂形成网状缝。

## 3.1.2　页岩孔渗特征

岩石孔隙特征决定了储层主要的储集能力，而渗透率决定了其流动能力，因此深刻认识页岩储层孔渗特征对页岩气有效开发具有重要意义。一般地，页岩储层的孔隙结构复杂，孔径小，纳米级孔隙发育。

### 3.1.2.1　孔隙特征

页岩储层中的气体主要包括游离气、吸附气以及少量的溶解气。其中储层孔隙是游离气主要的储集空间。页岩孔隙结构由非有机质、有机质、天然裂缝和水力压裂裂缝 4 种孔隙介质组成。其中页岩基质孔隙包括两种类型：纳米尺度孔隙和微米尺度孔隙。北美和我国四川盆地页岩气产区的孔隙度对比说明页岩气的孔隙度低，一般低于 10%（表 3－1）。

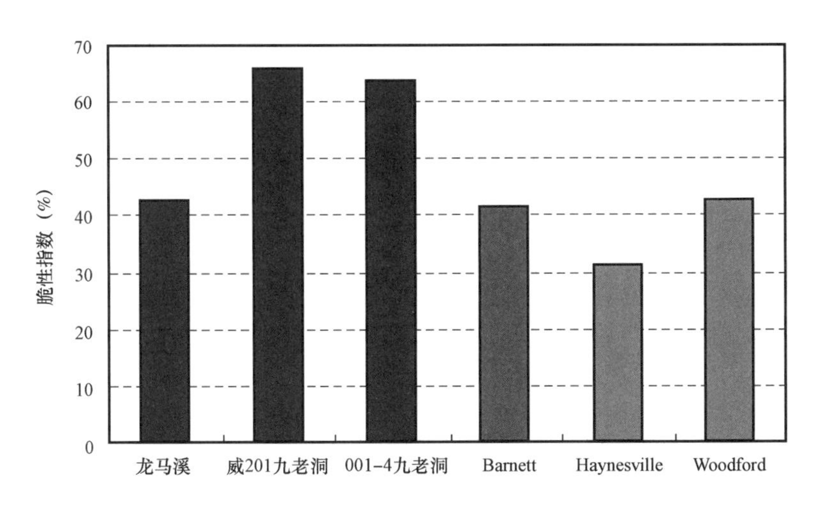


图 3－3 我国威远地区页岩与北美页岩脆性指数对比图

**表 3－1 北美及四川盆地主要页岩气产区孔隙度对比**

| 盆地名称 | 密执安盆地 | 阿巴拉契亚盆地 | 伊利诺斯盆地 | 福特沃斯盆地 | 圣胡安盆地 | 四川盆地 | |
|---|---|---|---|---|---|---|---|
| 页岩名称 | Antrim | Ohio | New Albany | Barnett | Lewis | 龙马溪组 | 筇竹寺组 |
| 孔隙度(%) | 9.0 | 4.7 | 10.0～14.0 | 4.0～5.0 | 3.0～5.5 | 2.0～4.5 | 2.0～4.5 |

为定量描述及评价页岩孔隙度，Chalmers 等推荐采用目前国内外广泛应用的孔隙判断标准：

(1)微孔，孔隙直径 <2nm；

(2)介孔，孔隙直径在 2～50nm 之间；

(3)大孔，孔隙直径 >50nm。

通过对 Barnett 页岩中的孔隙直径统计发现，其纳米孔直径为 2～600nm，且其中大部分为介孔(图 3－4)。目前页岩孔隙度测定方法主要有测井法以及实验法[热重量分析方法(TGA)和核磁共振法等]。

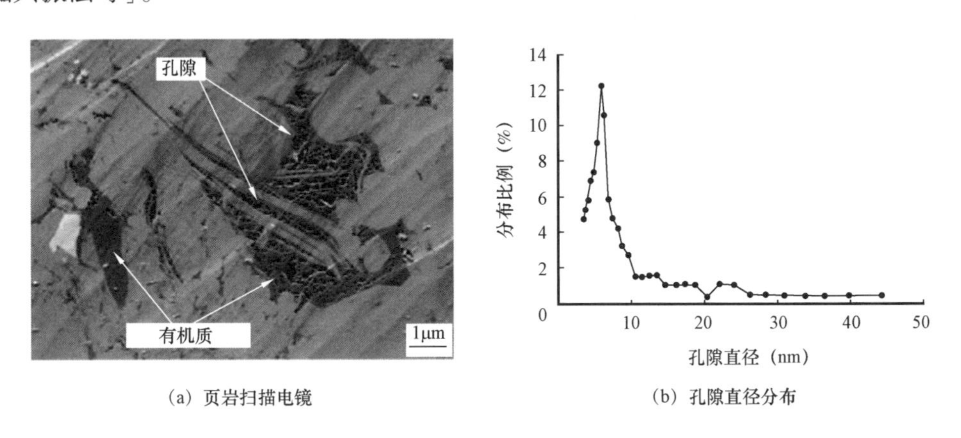


(a) 页岩扫描电镜 (b) 孔隙直径分布

图 3－4 Barnett 页岩扫描电镜和孔隙直径分布图

Sondergeld 等根据有机质含量、流体密度等测井结果提出了定量评价页岩储层孔隙度的计算式：

$$\phi_{\mathrm{T}} = \frac{\rho_{\mathrm{m}} - \rho_{\mathrm{b}}\left(\rho_{\mathrm{m}} \dfrac{w_{\mathrm{TOC}}}{\rho_{\mathrm{TOC}}} - w_{\mathrm{TOC}} + 1\right)}{(\rho_{\mathrm{m}} - \rho_{\mathrm{f}}) + w_{\mathrm{TOC}}\rho_{\mathrm{f}}\left(1 - \dfrac{\rho_{\mathrm{m}}}{\rho_{\mathrm{TOC}}}\right)} \tag{3-1}$$

$$\rho_{\mathrm{f}} = \rho_{\mathrm{g}}(1 - S_{\mathrm{wT}}) + \rho_{\mathrm{w}} S_{\mathrm{wT}}$$

式中 $\rho_{\mathrm{m}}$——基质密度，g/cm³；

$S_{\mathrm{wT}}$——总的水饱和度，%；

$\rho_{\mathrm{g}}$——气体密度，g/cm³；

$\rho_{\mathrm{w}}$——地层水密度，g/cm³；

$\rho_{\mathrm{f}}$——流体密度，g/cm³；

$\rho_{\mathrm{b}}$——测井得到的地层密度，g/cm³；

$w_{\mathrm{TOC}}$——TOC 质量百分数，%。

进一步在考虑黏土束缚水孔隙度基础上，页岩储层有效孔隙度表达式如下：

$$\phi_{\mathrm{E}} = \phi_{\mathrm{T}} - V_{\mathrm{cl}}\phi_{\mathrm{TClay}} \tag{3-2}$$

式(3－2)中 $\phi_{\mathrm{TClay}}$ 的定义为：

$$\phi_{\mathrm{TClay}} = \frac{\rho_{\mathrm{DryClay}} - \rho_{\mathrm{WetClay}}}{\rho_{\mathrm{DryClay}} - \rho_{\mathrm{fl}}} \tag{3-3}$$

式中 $\rho_{\mathrm{DryClay}}$——烘干后的黏土密度，g/cm³；

$\rho_{\mathrm{WetClay}}$——湿润下的黏土密度，g/cm³；

$\phi_{\mathrm{TClay}}$——黏土束缚水孔隙度；

$V_{\mathrm{cl}}$——单位岩石体积下的黏土体积。

与常规储层不同，页岩储层具有孔径小、孔隙度小、渗透率低等特点，无法用常规储层孔隙评价方法评价。近年来，石油工业采用聚焦离子束扫描电子显微镜（Focused Ion Beam Scanning Electron Microscopy，FIB－SEM）、高分辨率的场发射扫描电子显微镜（Field Emission Scanning Electron Microscopy，FE－SEM）、透射电子显微镜（Transmission Electron Microscopy，TEM）、宽离子束扫描电子显微镜（Broad Ion Beam Scanning Electron Microscopy，BIB－SEM）、原子力显微镜（Atomic Force Microscopy，AFM）等电子显微成像技术以及 Nano－CT、能谱仪（Energy DispersiveSpectrometer，EDS）、高压压汞（Mercury Injection Capillary Pressure，MICP）、低压 $N_2$ 和 $CO_2$ 吸附实验、核磁共振光谱（Nuclear Magnetic Resonance，NMR）、小角散射（Small－Angle Scattering，SAS）等一系列先进技术来研究页岩纳米孔隙结构（图 3－5）。

### 3.1.2.2 渗透率特征

页岩储层的渗透率是影响页岩气井产量的重要参数，它反映了气体在储层中的流动能力。美国通过采用 GRI 页岩岩心测定法的实验结果表明，其页岩储层渗透率大部分均小于

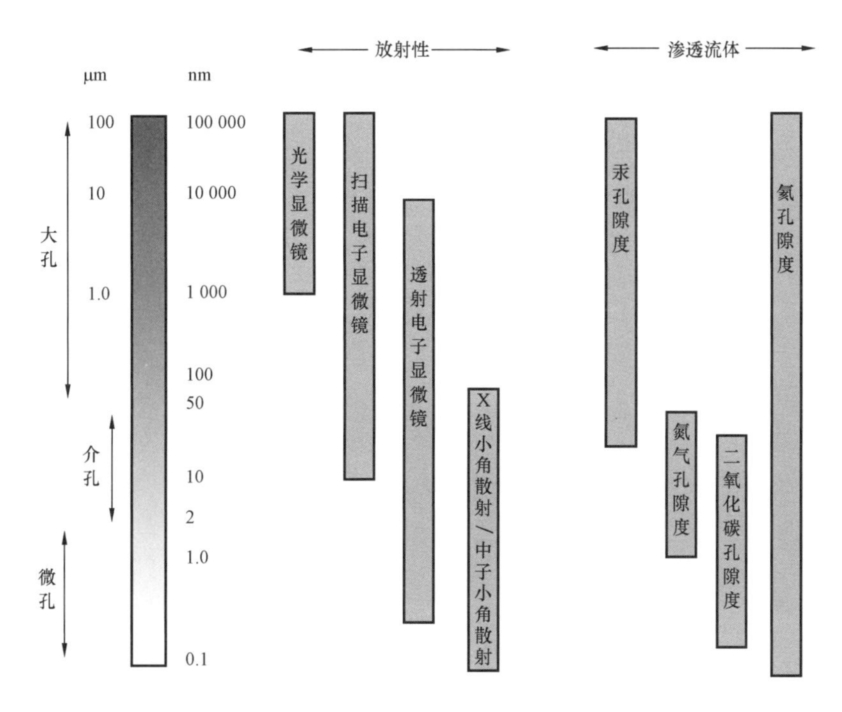


图 3-5 表征纳米孔隙研究方法的应用范围

0.1mD，平均喉道半径小于 0.005μm。由于页岩储层渗透率低，常规稳态法测试效率低，且实验过程中易受环境温度的影响，其实验结果误差偏大，而非稳态渗透率测试法可克服这一缺点。为了对本书试井和产量递减分析模拟计算提供合理的参数取值范围，利用非稳态脉冲渗透率法对我国南方典型海相页岩——宜宾长宁狮子山采石场露头剖面岩心进行了渗透率测量，其实验结果见表 3-2。

表 3-2 长宁地区典型页岩露头剖面岩心渗透率测试结果表（围压 5MPa，内压 3MPa）

| 岩样编号 | 岩心长度 $L$(cm) | 岩心横截面积 $A$($cm^2$) | 温度(℃) | 压力 $p_A$(MPa) | 上游体积 $V_A$(mL) | 下游体积 $V_B$(mL) | 气体黏度 $\mu$(mPa·s) | 渗透率 $K$(mD) |
|---|---|---|---|---|---|---|---|---|
| 1 | 4.95 | 5.31 | 26.75 | 3.72 | 59.63 | 29.19 | $1.91\times10^{-2}$ | $1.34\times10^{-3}$ |
| 2 | 4.83 | 5.31 | 26.47 | 3.73 | 59.63 | 29.19 | $1.91\times10^{-2}$ | $2.43\times10^{-4}$ |
| 3 | 5.88 | 5.31 | 25.62 | 3.74 | 59.63 | 29.19 | $1.91\times10^{-2}$ | $9.76\times10^{-5}$ |
| 4 | 5.91 | 5.31 | 25.78 | 3.64 | 59.63 | 29.19 | $1.91\times10^{-2}$ | $5.79\times10^{-5}$ |
| 5 | 5.63 | 5.31 | 25.38 | 3.904 | 59.63 | 29.19 | $1.90\times10^{-2}$ | $5.40\times10^{-5}$ |
| 6 | 5.22 | 5.31 | 26.11 | 3.674 | 59.63 | 29.19 | $1.90\times10^{-2}$ | $2.28\times10^{-4}$ |

表 3-2 页岩岩心渗透率测试结果表明长宁地区页岩渗透率在 $9.76\times10^{-5}\sim1.34\times10^{-3}$mD 之间。同时威远长宁地区页岩气井生产实际和实测试井解释结果综合表明，一般开发效果好的页岩气井储层渗透率都较高，如我国某典型页岩气井试井解释渗透率为 $4.8\times10^{-3}$mD。

# 3.2 页岩气运移机理及特征

Sondergeld 等研究指出页岩储层包含了纳米孔、微米孔、微裂缝以及增产改造后形成的复杂缝网等复杂储集空间,而对应不同储集空间下的孔隙大小其运移方式也不同。图 3-6 说明了不同孔隙尺寸、流态及粒子运动关系对应图,其中基质以扩散为主,裂缝以达西流为主。

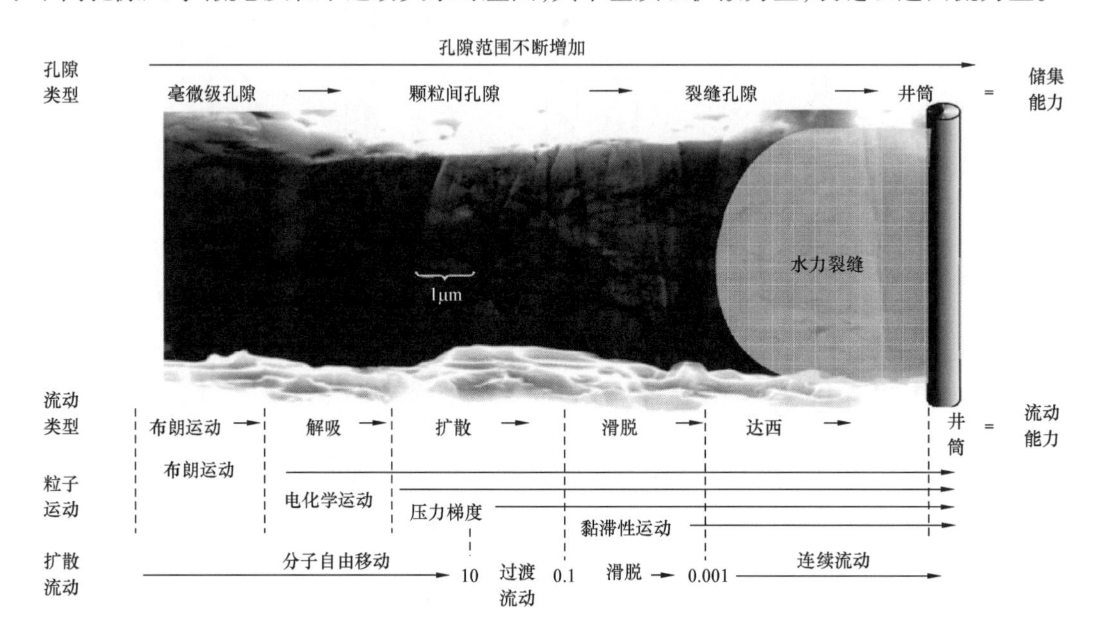


图 3-6 页岩储层中不同孔隙类型、流动类型及粒子运动关系图

页岩储层孔隙尺寸和气体流动通道的复杂性使得非常规页岩气的运移机理具有多重性。为了描述不同孔喉尺度下的流态,目前广泛根据 Knudsen 数的大小确定。

Knudsen 数的物理意义是定量表征分子运动过程中与流动通道壁面的碰撞次数,表达式为:

$$K_n = \frac{\bar{\lambda}}{r_{pore}} \tag{3-4}$$

式中 $K_n$——Knudsen 数;

$\bar{\lambda}$——气体分子平均自由程,m;

$r_{pore}$——流动通道特征长度,在多孔介质中表示等效水力半径,m。

当 $K_n < 0.01$ 时,为连续流,遵循理想的达西定律;$0.01 < K_n < 0.1$ 为滑脱流;$0.1 < K_n < 10$ 属于过渡流;$K_n > 10$ 时属于 Knudsen 流动,即自由分子流。

Civan 提出了等效半径公式:

$$r_{pore} = 2\sqrt{2\tau}\sqrt{\frac{K}{\phi}} \tag{3-5}$$

式中　$\tau$——迂曲度；

　　　$\phi$——孔隙度。

根据 Knudsen 数大小，Xiao 和 Wei 等通过对致密砂岩和页岩储层孔隙尺寸以及压力的分析，认为页岩储层中气体流动偏离了经典的达西流动，主要为过渡流和滑脱流（$0.01 < K_n < 10$）（图 3－7）。因此针对页岩气藏，传统的达西渗流方程不再适用，需对其流动方程进行修正，并且页岩气在成藏过程中形成的吸附解吸现象使得其气体运移机理更加复杂。

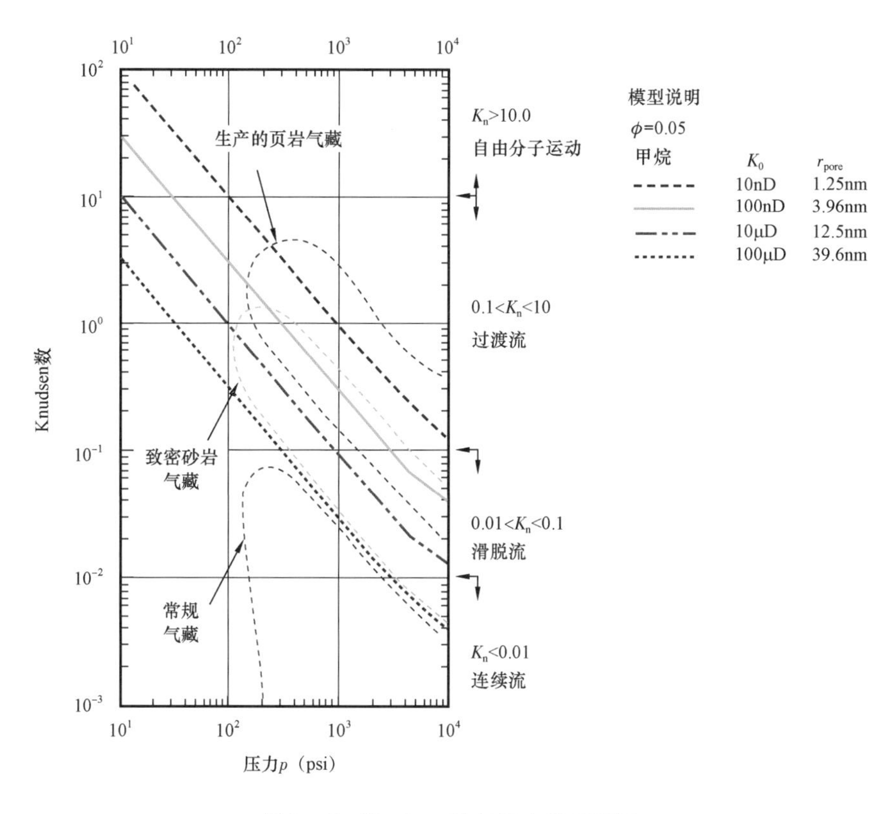


图 3－7　Knudsen 数与压力关系图版

除了页岩气藏新型开发技术和开发模式外，页岩气的复杂运移机理也给气藏工程师带来了挑战。从页岩气赋存机理来看，页岩中流体主要为基质表面的吸附气和孔隙、微裂缝中的游离气，同时，页岩复杂的孔隙结构和流动通道决定了页岩气复杂的运移机理。

## 3.2.1　运移机理

### 3.2.1.1　渗流

在页岩气藏中，天然裂缝、人工改造裂缝以及页岩基质大孔隙中的流动可用经典的达西公式描述：

$$v = \frac{K}{\mu} \nabla p \tag{3-6}$$

式中 $v$——气体渗流速度,m/s;

$\mu$——气体黏度,mPa·s;

$K$——渗透率,D。

#### 3.2.1.2 扩散

根据 Knudsen 数判断页岩储层气流流动过程中有多种流态,国内外学者对页岩气不同流态下的扩散模型进行了相关研究并总结得出了不同的数学模型。

(1)Knudsen 扩散模型。

由 Knudsen 定义可知,当 $K_n > 10$ 时,气体扩散主要是由气体分子与孔隙壁面碰撞产生,属于 Knudsen 扩散(分子自由运动),其扩散系数表达式为:

$$D_k = \frac{\phi}{\tau} \frac{d_n}{3} \left( \frac{8RT}{\pi M} \right)^{0.5} \tag{3-7}$$

式中 $D_k$——有效 Knudsen 扩散系数,$m^2/s$;

$\phi$——孔隙度;

$\tau$——迂曲度。

(2)滑脱型。

当 $0.01 < K_n < 0.1$ 时,由于气体滑脱使得壁面流速不为 0 的现象,称为滑脱效应。糜利栋等在引入滑脱修正系数基础上,得出其扩散系数为:

$$D_s = \frac{c_g \mu_g D}{\alpha_1 K_\infty} \tag{3-8}$$

式中 $c_g$——气体压缩系数,$MPa^{-1}$;

$\mu_g$——气体黏度,mPa·s。

$D$——综合扩散系数,$m^2/s$;

$K_\infty$——气体绝对渗透率,D;

$\alpha_1$——单位转换系数。

(3)过渡型扩散模型。

当 $0.1 < K_n < 10$ 时,扩散由滑脱和 Knudsen 扩散共同作用为主,其扩散系数表达式为:

$$D_t = (D_s^{-1} + D_k^{-1})^{-1} \tag{3-9}$$

(4)页岩气综合扩散系数测定。

虽然目前对页岩气微观扩散开展了大量的机理分析,但是由于微观扩散机理及其影响因素十分复杂,因此,许多学者将页岩气多个扩散机制叠加,得出了宏观上的综合扩散系数。

为了给页岩气试井和产量递减分析基本参数提供一个合理参考值范围,本书利用山东中石大石仪科技有限公司生产的天然气扩散系数测试装置对四川盆地龙马溪组某页岩露头的岩样开展了扩散系数实验。该测试装置的基本原理:保持岩心两端压力相同,利用色谱仪分析出口端气体组分的变化,从而得到岩性的气体综合扩散系数(表 3-3)。

表 3-3 四川盆地龙马溪组某页岩露头岩样天然气扩散系数测定结果表

| 岩样编号 | 实验数据 | | | | | 扩散系数($cm^2/s$) |
|---|---|---|---|---|---|---|
| | 累计扩散时间(h) | 烃扩散室浓度(%) | | 氮扩散室浓度(%) | | |
| | | 烃气 | 氮气 | 烃气 | 氮气 | |
| 1 | 0 | 99.37 | 0.63 | 0 | 100.00 | $1.27\times10^{-7}$ |
| | 24 | 99.22 | 0.78 | 0 | 100.00 | |
| | 49 | 99.20 | 0.80 | 0 | 100.00 | |
| | 67 | 98.64 | 1.36 | 0.24 | 99.76 | |
| | 91 | 98.72 | 1.28 | 0.56 | 99.44 | |
| | 120 | 98.65 | 1.35 | 0.90 | 99.10 | |
| 5 | 0 | 99.44 | 0.56 | 0 | 100.00 | $8.70\times10^{-8}$ |
| | 23 | 99.39 | 0.61 | 0 | 100.00 | |
| | 46 | 99.35 | 0.65 | 0 | 100.00 | |
| | 72 | 98.91 | 1.09 | 0.18 | 99.82 | |
| | 96 | 98.97 | 1.03 | 0.32 | 99.68 | |
| | 119 | 98.59 | 1.41 | 0.24 | 99.75 | |
| 6 | 0 | 99.63 | 0.37 | 0 | 100.00 | $1.14\times10^{-7}$ |
| | 24 | 99.30 | 0.70 | 0 | 100.00 | |
| | 48 | 99.15 | 0.85 | 0 | 100.00 | |
| | 72 | 98.89 | 1.11 | 0 | 100.00 | |
| | 95 | 98.46 | 1.54 | 0.19 | 99.81 | |
| | 119 | 98.36 | 1.64 | 0.45 | 99.55 | |

从表 3-3 中可以看出页岩综合扩散系数数量级一般为 $10^{-7}cm^2/s$ 和 $10^{-8}cm^2/s$。

#### 3.2.1.3 吸附解吸

与常规气藏相比,页岩基质表面的吸附解吸是页岩气藏的一个显著特征。从本质上看,页岩对气体的吸附是气体与固体的一种表面作用,其吸附能力与储层压力、温度有关。吸附能力随着温度升高而减小,随压力的增大而增强。页岩储层有微孔隙发育、基质表面积大的特点,使得页岩气藏吸附气量占总页岩气量的 20% ~85%。页岩吸附性能研究主要是针对页岩吸附等温曲线进行拟合分析,得到其关于吸附的物理意义参数,进而研究页岩的吸附机理。页岩吸附模型主要有 Langmuir、扩展 Langmuir、Langmuir - Freundlich、BET 和 Dubibin - Astakhov 改进模型等,但是目前应用最为广泛的是以下三种模型。

(1)单组分等温吸附。

大量学者通过实验研究表明,页岩气吸附遵循 1916 年 Langmuir 提出的等温吸附关系:

$$V_E = \frac{V_L p}{p_L + p} \tag{3-10}$$

式中 $V_E$——在压力 $p$ 下单位岩石质量或单位岩石体积的吸附气体积,$m^3/t$ 或 $m^3/m^3$;

$V_L$——Langmuir 体积，单位岩石质量或单位岩石体积吸附气体的最大体积，$m^3/t$ 或 $m^3/m^3$；

$p$——气体压力，MPa；

$p_L$——Langmuir 压力，即当吸附体积为 Langmuir 体积的 1/2 时的压力，MPa。

(2)多组分等温吸附。

一般地，页岩中吸附气体含有甲烷、$N_2$、$CO_2$、乙烷和丙烷等多组分气体。由于每种气体并不是独立吸附在页岩储层中，而是不同气体组分之间存在竞争吸附。气体竞争使得每一种组分气体的吸附量一般都小于纯单一组分吸附时的吸附量。页岩多组分气体吸附规律可采用广义 Langmuir 方程进行描述。假设有 $n$ 种组分，则广义 Langmuir 方程表达式为：

$$V_i = \frac{(V_m)_i b_i p_i}{1 + \sum_{j=1}^{n} b_j p_j} \tag{3-11}$$

式中 $(V_m)_i$——纯组分气体 $i$ 的吸附常数，$cm^3/g$；

$b_i$——纯组分气体 $i$ 的压力常数，1/MPa；

$p_i$——组分气体 $i$ 的分压，MPa。

由于页岩气主要成分为甲烷气体，其含量一般大于 80%，因此可视为单一气体的等温吸附。为了给后面数值试井及产能评价的基础参数赋值提供依据，选取了四川盆地长宁龙马溪组页岩露头岩样开展氮气等温吸附实验，其实验结果表明页岩吸附解吸符合 Langmuir 单分子层等温吸附模型规律(图 3-8)。

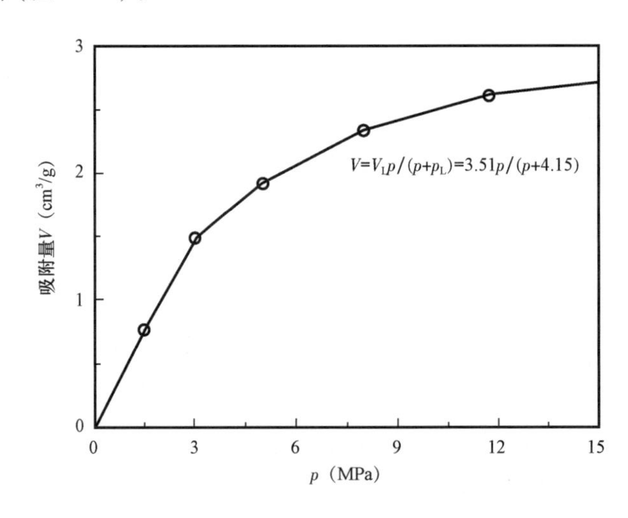


图 3-8 四川盆地龙马溪组页岩露头岩样的等温吸附曲线

从图 3-8 中可以看出，页岩气解吸量与压力存在很强的非线性关系，因此采用解析法/半解析法研究页岩气试井及产量递减适应性不强，而数值方法可克服这一缺点。

(3)高温高压吸附模型。

针对某些页岩储层的温度和压力远大于页岩气主要组分甲烷临界温度和压力时，页岩吸附甲烷属于超临界吸附。传统页岩吸附实验温度和压力条件部分低于实际页岩储层的温度和压力,因此近年来部分学者研究了高温高压超临界态下页岩吸附解吸实验,并建立了高压吸附模型描述页岩的高压等温吸附曲线。其吸附模型表达式为:

$$\Gamma = \Gamma_{max} \frac{\left(\frac{1000\sigma^3 N_A}{\sqrt{2}M_m}\rho\right)^2 - a\frac{1000\sigma^3 N_A}{\sqrt{2}M_m}}{b\left(\frac{1000\sigma^3 N_A}{\sqrt{2}M_m}\rho\right)^2 - c\frac{1000\sigma^3 N_A}{\sqrt{2}M_m}\rho + d} \tag{3-12}$$

式中　$\rho$——气体密度,kg/m$^3$;

$\sigma$——分子半径,m;

$N_A$——阿伏伽德罗常数;

$M_m$——分子的摩尔质量,g/mol;

$a,b,c,d$——常数。

## 3.2.2　运移机理非线性特征

众所周知,页岩气运移机理决定了页岩气的产出过程及气井产量大小。因此为了认清页岩气运移机理及其影响因素,许多学者分别从微观和宏观特征两个方面开展了大量的研究。

### 3.2.2.1　微观运移非线性特征

页岩气微观尺度的运移机理是以真实页岩岩心孔隙模型为基础,通过结合流体在孔喉单元中的分布、输运机制来模拟流体在储层岩石中的运移。利用具有高分辨率的 Micro - CT 系统对储层岩石进行扫描以获取岩样三维孔隙结构图像,并通过图像处理构建数字岩心,是目前表征岩样孔隙空间最为直接、有效的方法。根据岩样数字岩心所表征的孔隙信息,进一步简化表征孔隙空间,得到相应孔隙网络模型,再结合所模拟流体在孔隙内的输运机制,便可开展孔隙网络模拟。因此,该方法能够从孔隙尺度层面探索孔隙结构、输运机制与流动参数间的关系。

(1)数字岩心及孔隙网络模型构建。

图 3 -9 所示为用于扫描目标岩样三维结构图像的 MicroXCT -400 扫描系统。该系统主要包括 X 射线源、样品夹持器、X 射线探测镜头以及相应数据存储、处理的工作站、显示器等。

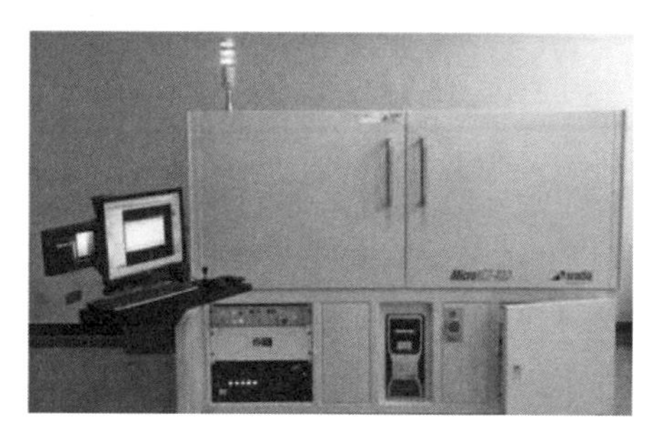

(a) 仪器外观

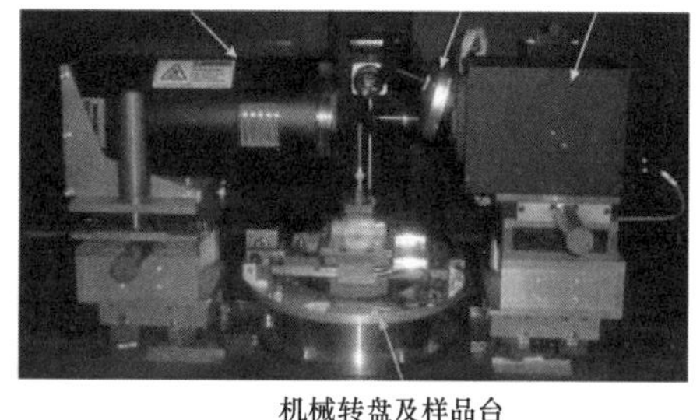


(b) 内部结构

图 3 -9　MicroXCT -400 扫描系统结构示意图

不同倍数的X射线探测镜头(如4倍、10倍和20倍),可构建不同材质样品的空间结构图像。由于采用独特的光学成像技术和聚焦X射线源,可获得很高的空间分辨率(理论上可小于1μm),并具有样品制备简单、图像高衬度和噪声低等优点。

按MicroXCT-400操作流程对岩样进行扫描,通过断层图像试拍,最终确定镜头倍数,以及确定特定电压和功率下单张图片拍摄时间(曝光时间);根据确定的拍摄参数开展岩样360°连续拍摄,并将投影数据存储为TXM格式;利用该CT系统自带的图像重构程序就可完成CT图像重构(图3-10,图3-11)。在所获得的CT图像中,黑色表示低密度物质,白色表示物质密度较高,由黑到白变化表示岩石密度变化。

(a) 二维图像　　(b) 三维图像

图3-10　X1岩样CT切片图像和三维结构图像

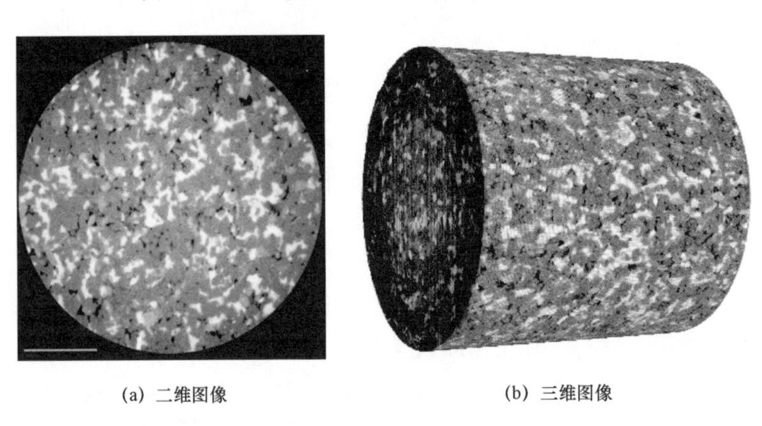

(a) 二维图像　　(b) 三维图像

图3-11　X6岩样CT切片图像和三维结构图像

利用实验来建立岩样三维图像,不可避免地将引入与孔隙信息不相关的噪点;此外,所获得的图像中孔隙空间和岩石骨架的界限仍较为模糊。因此,需要利用图像处理来过滤掉图像中的噪点,并区分出孔隙空间和岩石,以实现定量表征孔隙空间的目的。同时利用最大球法对数字岩心表征的孔隙空间进行三维重构。图3-12和图3-13为S1岩样和S6岩样的数字岩心、岩心三维重构图。

(2)微观流动模拟。

针对页岩基质微纳米级孔隙,在考虑页岩表面扩散(吸附解吸)、黏性流、滑脱以及Knud-

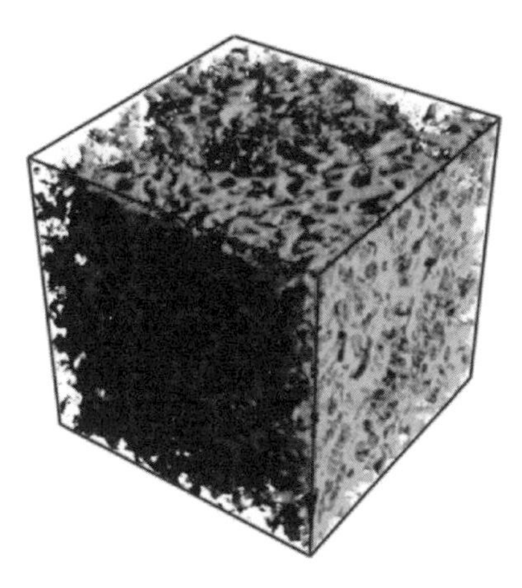

(a) 孔隙空间分布

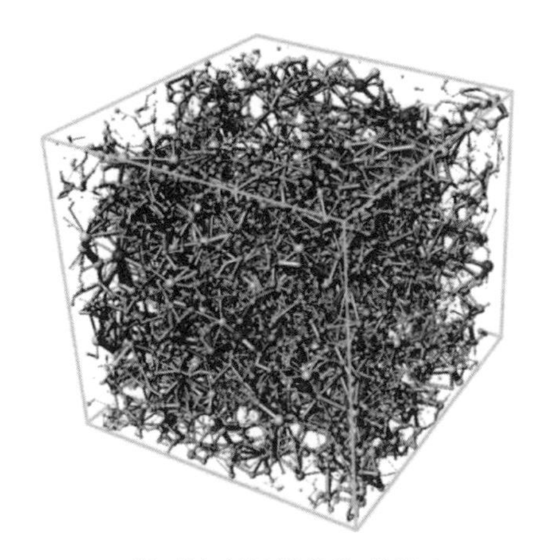

(b) 真实孔隙网络模型三维视图

图 3－12 S1 岩样数字岩心和孔隙网络模型三维视图

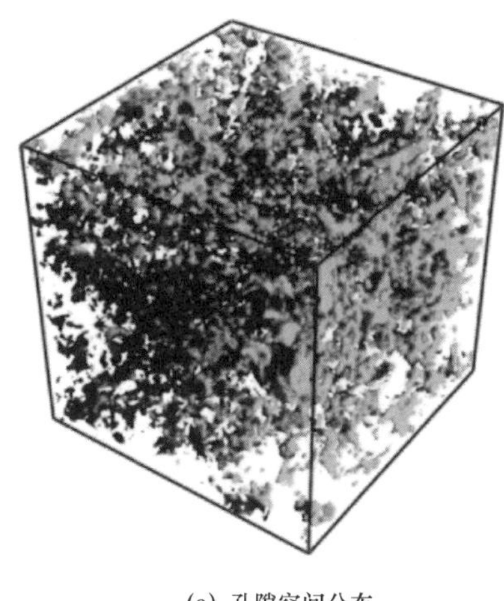

(a) 孔隙空间分布

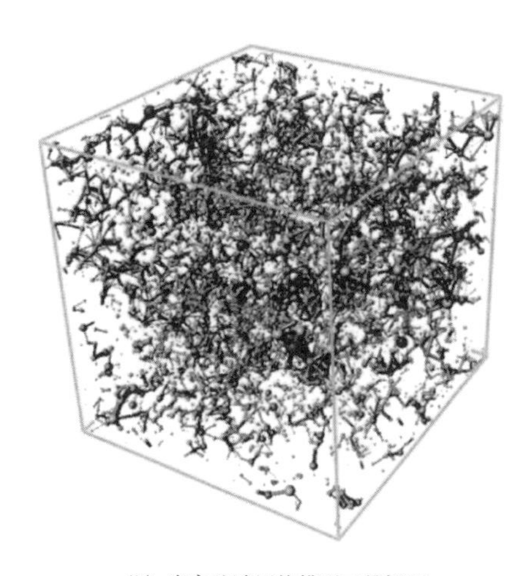

(b) 真实孔隙网络模型三维视图

图 3－13 S6 岩样数字岩心和孔隙网络模型三维视图

sen 扩散等运移机制基础上，结合 CT 扫描和数字岩心构建的孔隙网络模型技术开展了页岩基质孔隙中的气体微观流动模拟研究。研究表明：在相同孔隙尺寸下，不同流动机制（达西流、扩散和滑脱等）对流量通量的贡献率与压力有关，即压力越低，达西流贡献率越低（图 3－14，图 3－15），而 Knudsen 扩散的贡献率越高（图 3－16）；相同压力下，基质孔隙尺寸大小对流动机制（达西流、扩散和滑脱等）的流量通量贡献率影响很大，即在孔喉半径 $r_{pore}>100nm$ 时，达西流占主导作用，而 $r_{pore}<100nm$ 时，扩散机制贡献不容忽略（图 3－14，图 3－15）。

从图 3－14 至图 3－16 可知：页岩微观纳米孔隙中气体不同运移机制的贡献率与压力呈现非线性关系，即在孔隙半径大于 10nm 下，随着压力降低，达西流贡献率减小，而 Knudsen 扩散机制增加。因此页岩气微观运移模拟结果表明，采用假设气体高压物性、Knudsen 扩散系数等为常数的解析/半解析方法开展页岩气流动模拟存在很大局限性，不能很好地反映气体运移非线性流动规律。

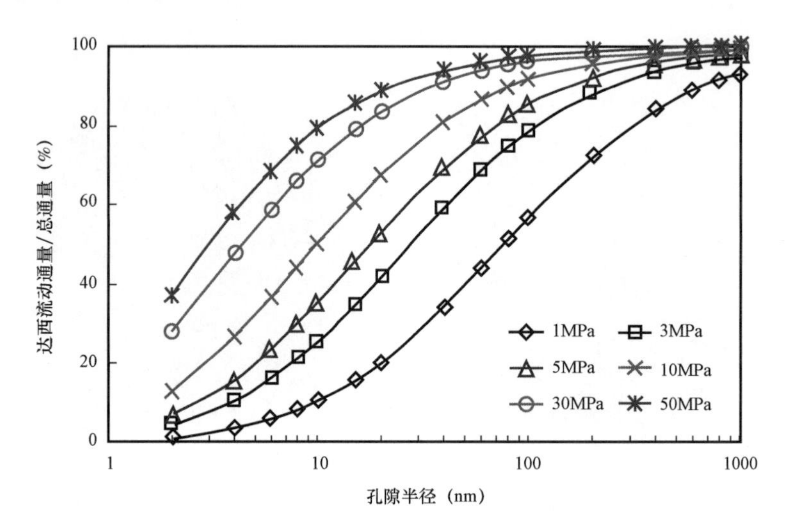


图 3－14　页岩气达西渗流通量/总通量与孔径及压力的关系

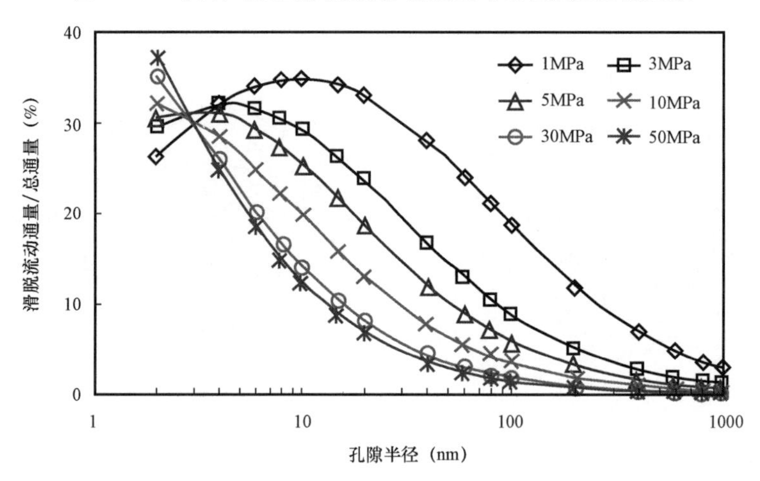


图 3－15　页岩气滑脱流动通量/总通量与孔径及压力的关系

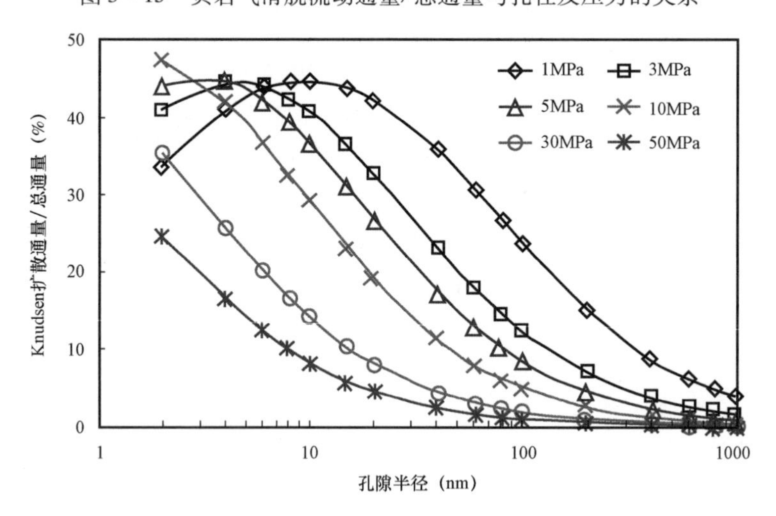


图 3－16　页岩气 Knudsen 扩散通量/总通量与孔径及压力的关系

### 3.2.2.2　宏观运移非线性特征

页岩气运移机理较为复杂,为了描述页岩气宏观运移机理,许多学者采用了视渗透率来综合描述气体在页岩储层中的宏观流动能力。

(1)视渗透率等效式。

页岩气藏气体的运移主要包括2种作用:一是压力的作用(即达西流);二是扩散作用。Javadpour等通过流通量线性叠加获得了页岩气藏储层视渗透率计算式:

$$K_a = c_g D\mu_g + K_0 \tag{3-13}$$

式中　$K_a$——表观渗透率(视渗透率),mD;

$K_0$——岩样绝对渗透率,mD。

(2)运移机理非线性特征分析。

1941年,Klinkenberg通过室内实验研究了气体滑脱对渗透率的影响,并提出了渗透率的修正关系式:

$$K_a = K_0\left(1 + \frac{b_k}{\bar{p}}\right) \tag{3-14}$$

式中　$b_k$——Klinkenberg系数(即与分子自由程有关的滑脱因子),一般高渗透岩心$b_k$值很小,而渗透率越低,$b_k$值越大,MPa;

$\bar{p}$——平均压力,MPa。

2007年,Florence等通过引入Knudsen数提出了适合致密气和页岩气非达西扩散流动的视渗透率表达式。该表达式利用Knudsen数将连续流、滑脱流、过渡流以及Knudsen流进行耦合,把微观渗流转换为了宏观渗流的形式:

$$K_a = K_0(1 + \alpha \times K_n) \times \left(1 + \frac{4K_n}{1 + K_n}\right) \tag{3-15}$$

其中,$\alpha$为稀薄气体常数,可通过经验公式(3-16)计算:

$$\alpha = \frac{128}{15\pi^2}\arctan(4.0K_n^{0.4}) \tag{3-16}$$

结合式(3-14)和式(3-15),可得:

$$\frac{b}{\bar{p}} = \frac{4K_n}{1 + K_n} + \alpha K_n\left(1 + \frac{4K_n}{1 + K_n}\right) \tag{3-17}$$

式(3-17)表明$b/\bar{p}$只是Knudsen的函数。

进一步结合分子自由程定义,式(3-15)可变为:

$$K_n = \frac{\mu}{r_{pore}p}\sqrt{\frac{\pi RT}{2M}} \tag{3-18}$$

式中　$\mu$——气体黏度,mPa·s;

$R$——普通气体常数，8.314J/(mol·K)；

$T$——绝对温度，K；

$M$——气体摩尔质量，g/mol。

一般页岩气藏开发过程中可将储层温度视为恒定，结合式(3－16)和式(3－18)可知，页岩气藏的视渗透率是$\mu/p$和孔喉半径的函数。在页岩孔喉半径一定情况下，计算并绘制了$\mu/p$和压力$p$的关系图(图3－17)。

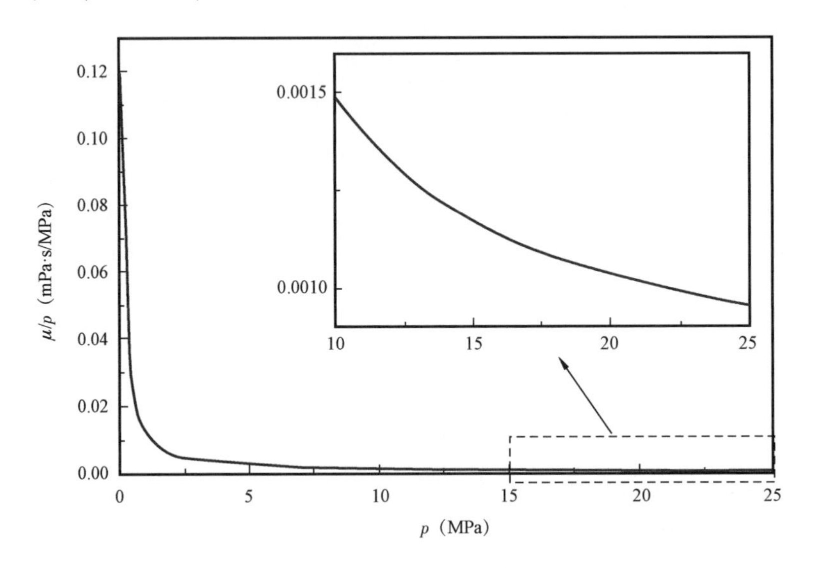


图3－17　$\mu/p$与$p$的关系图

从图3－17中可知，$\mu/p$与$p$存在很强的非线性关系，即视渗透率与压力存在很强的非线性关系，传统研究页岩气井动态分析(试井和产量递减分析)的解析/半解析法一般假设气体物性为常数，因此其方法存在一定局限性，而数值方法可克服这一缺点。

## 3.3　页岩气藏开发模式

页岩岩心孔渗实验测试结果表明页岩具有显著的特低孔、特低渗特征。因此该类气藏单井一般无自然产能。水平井及分段压裂改造已经成为非常规天然气实现有效开发的关键技术。此外，与常规气藏的单井开发模式相比，“井工厂”开发技术具有大幅提高作业效率、降低工程成本等优点。所谓“井工厂”开发技术是指，在同一地区集中布置大批相似井，使用大量标准化的装备或服务，以生产或装配流水线作业的方式进行钻井、完井的一种高效、低成本的开发模式。北美实践经验表明：“井工厂”技术在开发低渗透、低品质的非常规油气(致密油气、页岩油气)资源具有显著的优势。

为了提高页岩气单井产量和气藏整体开发效果，降低工程作业成本，减少开发过程中对环境的影响，经过多年的发展已形成了水平井多级分段压裂(图3－18)和水平井“井工厂”(图3－19)开发的配套技术及开发模式。但是页岩气新型的配套开发技术和模式给传统气藏工程理论中试井分析、产量递减分析以及气藏参数优化等方面带来新的挑战。因此有必要结合页岩气藏开发模式实际，开展相关方面的理论研究。

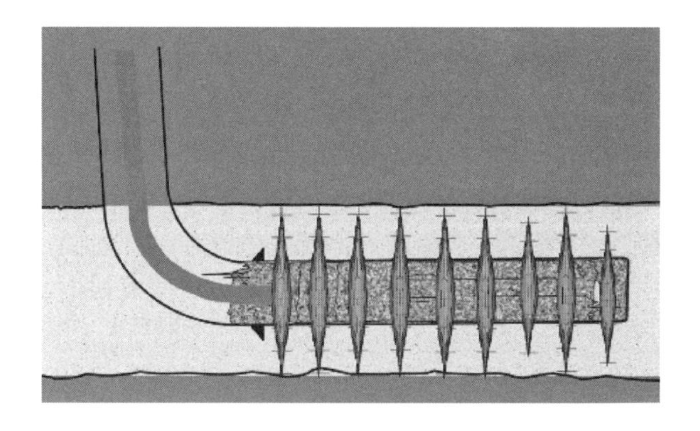

图3－18　水平井多级分段压裂示意图

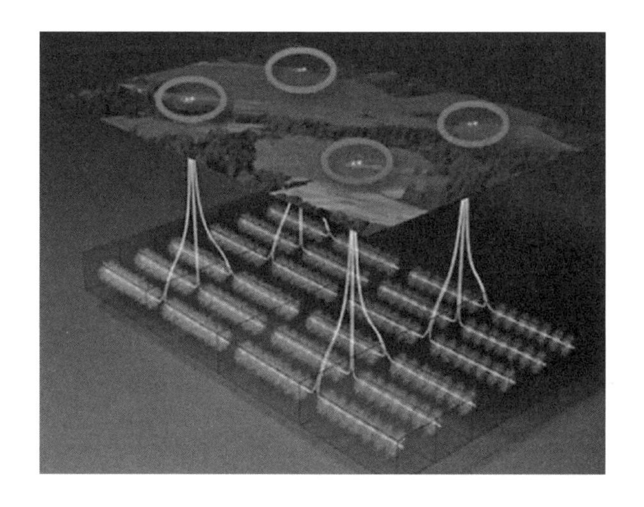

图3－19　“井工厂”开发模式布井示意图

# 第 4 章　页岩气井动态分析前处理结构网格构建

由于页岩气藏复杂非线性运移机理及体积压裂形成的复杂缝网，使得常规的气藏动态分析(试井、产量递减等)方法不再适用。而数值分析法在处理非线性运移机理和复杂裂缝网络等方面具有优越性。但是页岩气藏动态分析理论形成的一个重要前提是首先要构建一个能描述线性离散化多孔介质流动的前处理网格模型。在油气藏数值模拟中，网格划分十分重要，其原因主要包括两点：(1)数值试井或数值模拟需要离散化渗流方程，而网格是方程离散化的基础。一旦网格确定，网格分布就决定了方程组系数矩阵的结构形式，进而影响数值模拟计算结果精度和计算效率；(2)生成的网格质量影响求解全局区域和局部区域编程的难易，并且直接关系数值模拟计算结果的好坏。

## 4.1　网格概述

众所周知，数值试井和数值模拟前处理——网格构建是关键的步骤之一。目前油气藏数值模拟的网格主要有结构网格和非结构网格两种类型。

### 4.1.1　结构网格

**全局正交网格：**油气藏数值模拟应用最早且最为广泛的网格是全局正交网格——笛卡尔网格，如图 4－1 所示。它是油藏数值模拟中应用最早、也是迄今为止应用最广的一种离散化方法。笛卡尔直角网格是一种典型的结构化网格，网格单元的外边界通常和坐标轴平行，而在外边界处，为了顺应边界的复杂形状，既可以对边界形状进行微弱的扭曲，也可以用台阶来近似。油藏数值模拟所采用的笛卡尔直角坐标网格包括块中心网格和点中心网格。Settari(1972)和Aziz(1974)研究了这两种网格的性能，并通过误差分析认为点中心网格较块中心网格精度要高。Heinemann(1989)认为点中心网格是相容的，但同时论证不相容不一定意味着不收敛。Nacul 和 Aziz 提出一种生成点中心网格的方法。绝大多数商业软件中采用的是块中心网格。研究表明全局正交网格对复杂网格的扩展是很有限的，而且不适合非均质油藏。

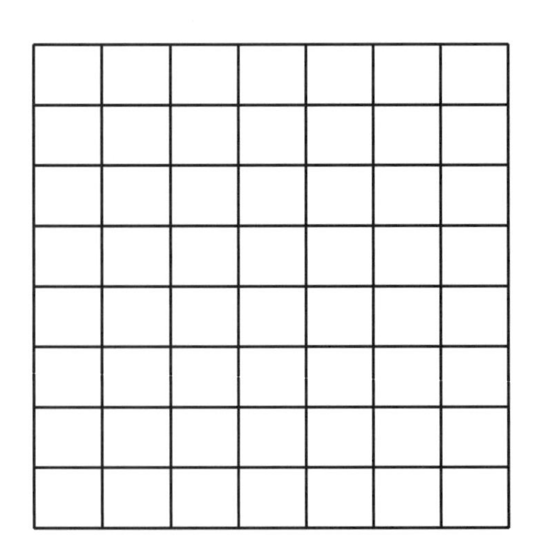

图 4－1　笛卡尔网格

**局部加密网格：**在油藏数值模拟中，出于精度的考虑，一般需要在局部区块增加网格密度，如井、边界、断层附近，如图 4－2 所示。若采用常规的网格加密方法，则在不需要加密的区块也产生了精细网格,这将大大增加网格数目和计算量。为了使用尽可能少的网格达到尽可能高的精度要求,可以采用个别网格或区块局部加密的方法,这种方法由Rosenberg 于 1982 年最早提出。Rosenberg 用局部加密技术模拟流度比为 1 的流动,通过加密油井附近的正交网格提高了数值模拟的精度,却没有显著增加网格的数量。Heinemann 等(1983)使用动态局部笛卡尔网格加密法研究多相流问题,并得出同一个问题用局部加密网格得到的结果与用均匀密集网格得到的结果是一致的结论。Quandalle 和Besset(1983)也发现局部加密网格可以提高数值结果的精度。Nacul(1991)指出只在油井附近加密不能一直提高数值结果精度。Forsyth(1989)使用有限元法去连结粗细网格使得所有的连结都是局部正交的。

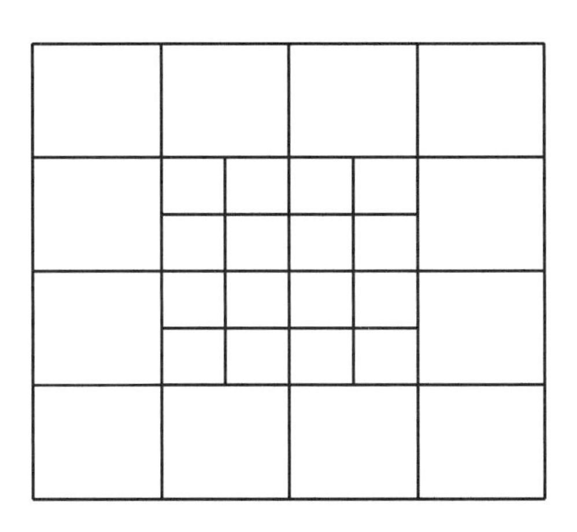

图 4 - 2　局部加密网格

笛卡尔网格加密存在严重的网格取向问题。大多数情况下局部网格加密采用对角网格和平行网格,由于流体沿着网格点垂直的方向流动,在流水流动模拟中对角网格见水太慢而平行网格又太快。研究表明,对于诸如直角坐标系中的局部加密问题,虽然采用直角网格进行加密的方法很简单,但事实上并不能提高解的精度;对于需要加密的部分,采用其他类型的网格有望获得更佳的效果。

## 4.1.2　非结构网格

为了克服结构网格在数值模拟中的缺陷,Heinemann 等(1989)首次将非结构 PEBI(Perpenddicular bisection)网格应用到油藏数值模拟中,随后 PEBI 网格得到了较大的发展。

**混合网格加密**:混合网格加密某种程度上是局部网格加密的一种拓展,同样主要针对油藏模拟计算中井的处理。它是几种结构化网格的网格叠加方法,是非结构化网格的雏形。Pedrosa 和 Aziz(1986)提出采用径向网格和笛卡尔网格相结合的混合网格加密,径向网格用在垂直井附近地区,而笛卡尔网格用在油藏的剩余部分,如图 4 - 3 所示。研究表明:混合网格很适合用在多口井附近参数变化大的模拟过程,能够精确模拟多井构造问题,但是在加密区域的最外部分和基本网格结合不好。

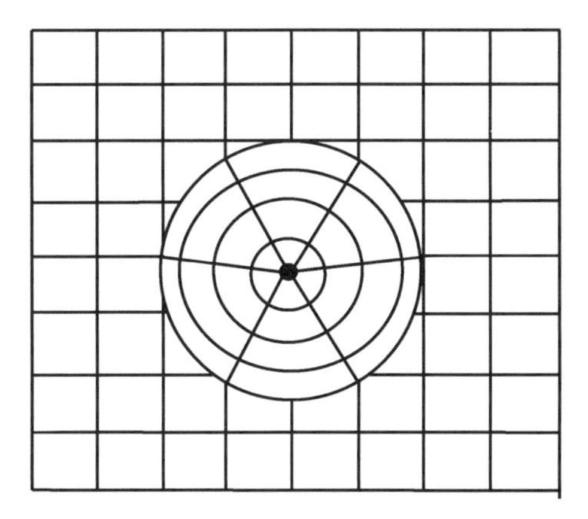

图 4 - 3　混合网格加密

**角点网格**:通过指定每个网格块的角点,可以更准确地描述油藏的复杂边界或者断层等,如图 4 - 4所示。这种网格是歪斜的,网格节点的连线与网格之间的界面不正交,流过一个界面不只取决于界面两侧节点的压力,而且取决于速度分量。如果没有充分考虑网格块流动断面上流动势梯度的每一个分量,对于网格块之间的流动项的计算会引起很大的误差。ECLIPSE 软件最早在 1983 年采用角点网格。角点网格克服了全局正交网格的不灵活性,可以用来方便地模拟断层、边界。但由于角点网格之间不正交,这种不正交一方面给传导率计算带来难度,增加模拟计算时间,另一方面影响结果的精度,因此一般不采用此种网格。

**局部正交网格**:1908 年俄罗斯数学家 Voronoi 提出的一种局部正交的网格即是 Voronoi 网格,如图 4-5 所示。从此局部正交网格在科技工程各领域得到了广泛的应用。Voronoi 网格定义了这样一个空间区域:在此空间区域内的任意一点到网格中心点(节点)的距离均小于此点到其他节点的距离。在此定义下,任意两节点之间的连线必然为两节点所在网格边界所垂直平分。结果表明,Voronoi 网格对于复杂形态的油藏描述较灵活,模拟结果较为准确,可减少网格取向效应。Voronoi 网格的一个主要缺陷就是形成的方程组结构更为复杂,区域分解算法将是求解这种方程组的重要方法。

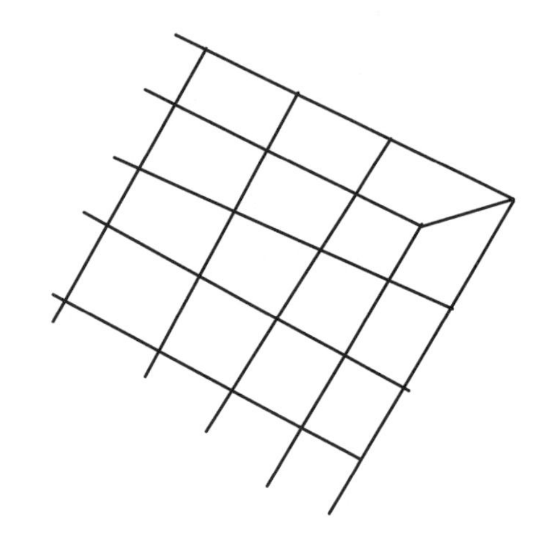

图 4-4　角点网格

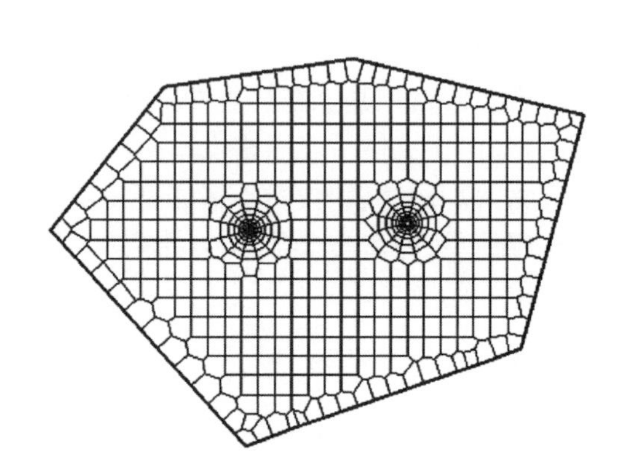

图 4-5　局部正交网格

Saphir-试井解释软件就采用了局部正交网格。局部正交网格正交性的特点,符合径向流的方向,从而 Voronoi 网格有望在数值试井中得以较多的应用。

国内对 PEBI(Perpenddicular bisection)网格生成算法也做了较多的研究。杨权一等(2004)提出了生成二维限定 PEBI 网格控制圆算法,继而对其改进,对在断层限定条件下的二维 PEBI 网格生成算法进行了研究,算法中通过引入限定条件控制圆和桥边来处理存在断层限定条件(包括存在逆断层的情况)下的地质层面二维 PEBI 网格生成问题。蔡强等(2005)对 PEBI 网格的限定条件和已有的生成方法进行了分析和研究,给出了限定条件的有关规则,设计了一种生成 PEBI 网格的构造性算法,算法通过在井、断层和边界附近设置控制圆来达到对油藏区域做 PEBI 网格划分的目标。向祖平等(2006)提出了一种动态生成内节点的 PEBI 网格生成算法,该算法将断层看作内边界,将垂直井的邻域作为局部加密区域,这种处理方式导致最终生成的网格数量过多,也没有研究复杂干扰下的处理方法。安永生(2008)研究了混合 PEBI 网格的生成。李玉坤等(2006)研究了 PEBI 网格的布点方法与若干准则。针对油藏区域的三维 PEBI 网格划分,蔡强等(2004)提出生成简单情形下的三维 PEBI 网格的控制球算法。

总的来说,PEBI 网格具有如下优点:比结构网格灵活,可很好地模拟真实油气藏的复杂边界;渗透率是张量而不是矢量,可以有效解决储层渗透率的各向异性问题;近井处可通过局部网格加密实现粗细网格较为平滑的过渡,同时可实现近井带流动模拟;通过窗口技术,有效地将水平井、复杂缝网以及压裂水平井与笛卡尔网格或 PEBI 网格衔接,实现任意方向水平井、复杂裂缝缝网和压裂水平井的数值模拟;与笛卡尔网格相比,非结构 PEBI 网格的取向效应更小;满足数值模拟差分方法对网格的正交性要求,且推导的差分方程与笛卡尔网格有限差分方程近似。

结构化网格技术在国内外已经发展得相当成熟,而非结构化网格技术还处于发展和探索中,特别是近年来致密气、页岩气体积压裂后形成复杂缝网下的离散裂缝网络 PEBI 网格模型研究才刚刚起步,其有着重要的研究价值和工程实践意义。

目前油气藏数值模拟模型的网格系统主要包括结构网格和非结构网格两大类。其中常见的为规则的结构网格(即笛卡尔网格),但是该网格系统不能较好地描述断层、裂缝的相关特性。尤其随着计算机技术和数值方法的快速发展,对求解区域几何特性与复杂性描述的要求越来越高,在这种情况下,结构化网格生成技术的弊端日渐突出。特别是近年来,随着非常规油气资源的相继开发,水平井多级缝网压裂已成为此类油气开发的关键技术之一。相对于传统笛卡尔网格的局限性,非结构 Voronoi 网格具有网格技术的灵活性,可用来模拟多孔介质复杂的裂缝及裂缝网络,为非常规油气藏的数值模拟及数值试井提供了可能。

由于页岩储层属于特低孔、特低渗储层,一般需结合水平井和体积压裂改造技术进行页岩气藏开发。大量页岩气藏压裂水平井现场微地震监测结果表明水平井压裂改造后在近井带会产生复杂形状的 SRV 改造区,如图4-6所示。为了真实逼近复杂形状 SRV 改造区,需要寻求先进的网格构建技术。

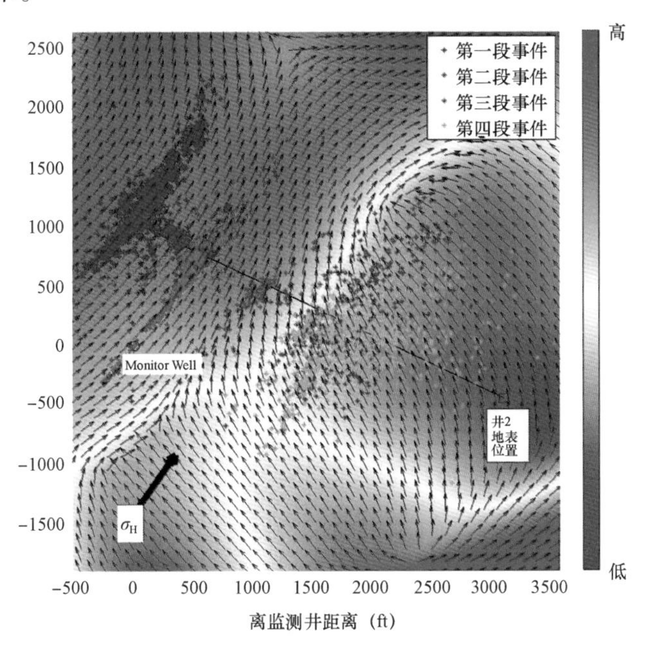


图4-6 某页岩气井井下微地震监测结果(来源:Rich and Ammerman,2010)

传统的笛卡尔网格只能将SRV改造区等效为规则矩形形状(图4－7),不能真实逼近实际页岩气藏压裂水平井SRV改造区,也不能较好地描述裂缝的相关特性,并且采用笛卡尔网格加密技术可能存在数值计算不收敛的问题。而非结构PEBI网格具有网格取向的灵活性,可通过局部加密和混合网格技术实现SRV改造区复杂形状和复杂裂缝网络的逼近描述(图4－8)。

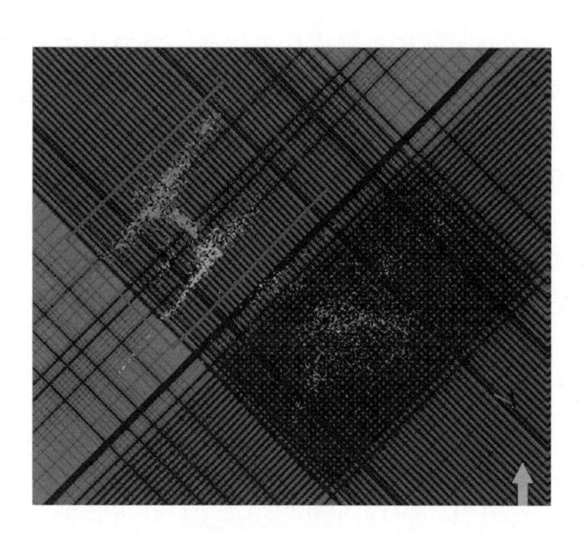

图4－7　笛卡尔结构网格SRV区模型示意图

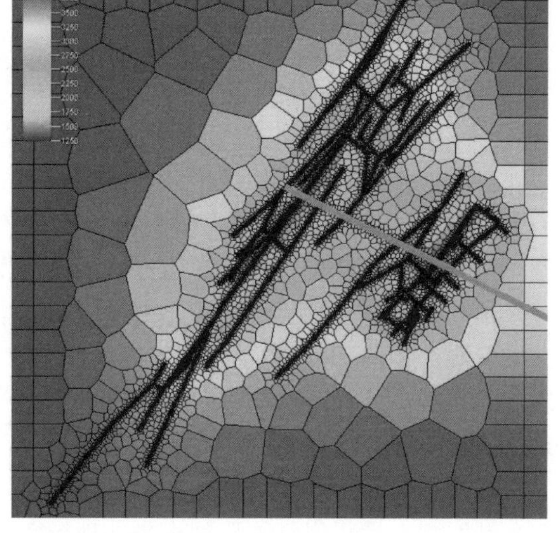


图4－8　非结构PEBI网格SRV区模型示意图

同时,在非结构PEBI网格灵活性好、取向性好等优点基础上,可利用窗口技术有效地将压裂水平井近井带SRV区或复杂缝网区局部加密网格与油气藏区的笛卡尔网格或PEBI网格平滑过渡衔接,实现任意方向压裂水平井的裂缝以及任意形状的SRV改造区的模拟。为此本章首先基于PEBI网格(Voronoi)生成技术方法,开展了压裂水平井的PEBI网格构建研究。

## 4.2　Voronoi图概念及性质

1908年,Voronoi首次提出了非结构网格Voronoi图。一般地,认为Voronoi网格是平面内给定节点形成的Delaunay三角形的双重结构。对于一个给定的节点集,通过一定规则连接其中节点形成Delaunay三角形。

所谓的Delaunay三角剖分是符合“空圈”性质的边界集合:符合条件的Delaunay三角形只有唯一三个顶点,即不包含系统内任何其他点。图4－9说明了带“空圈”特性正确的Delaunay三角形和错误的Delaunay三角形。

连接各Dlaunay三角形各边的垂直平分线即形成Voronoi网格。因此Voronoi图是Dlaunay三角形的对偶图。

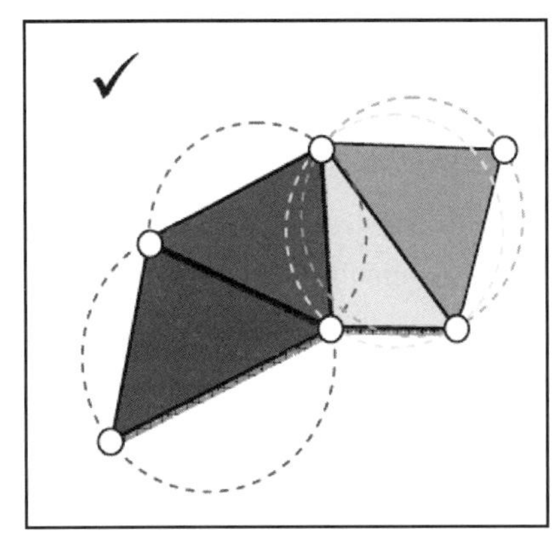
(a) 正确的Delaunay三角形

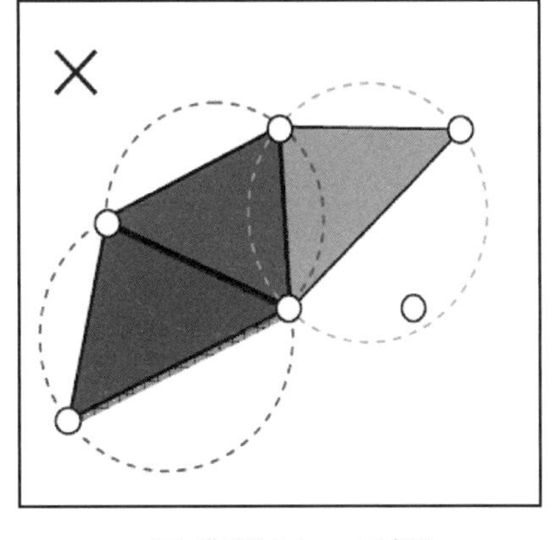
(b) 错误的Delaunay三角形

图 4－9　Delaunay 三角形及空圆圈性质

## 4.2.1　Voronoi 图概念

在 $m$ 维欧式空间 $R^m$ 普通 Voronoi 图的定义为：

$$P = \{P_1, \cdots, P_n\} \subset R^m, 2 \leqslant n < \infty \tag{4-1}$$

点集 $P$ 中无重点：

$$x_i \neq x_j, i = j, i, j \notin I_n = \{1, \cdots, n\} \tag{4-2}$$

$P_iP_j$ 连线的垂直平分线（超平面）将空间（超空间）分为两半，$H_i(P_i, P_j)$ 表示 $P_i$ 一侧的半空间，则：

$$\begin{aligned} V(p_i) &= \{x \mid \| x - x_i \| \leqslant \| x - x_j \|, i \neq j, j \notin I_n\} \\ &= \bigcap_{j \in I_n \setminus \{i\}} H(P_i, P_j) \end{aligned} \tag{4-3}$$

被称为 $R^m$ 空间中关于 $P_i$ 点的 $m$ 维普通 Voronoi 多面体，而集合 $V(P) = \{V(P_i), \cdots, V(P_n)\}$ 称为由点集 $P$ 生成的 $m$ 维普通 Voronoi 图。

上面的定义中，Voronoi 多边形 $V(P_i)$ 中的点 $P_i$ 为第 $i$ 个 Voronoi 多边形 $V(P_i)$ 的生长元，也称为核；而点集 $P = \{P_i, \cdots, P_n\}$ 为 Voronoi 图 $V(P) = \{V(P_i), \cdots, V(P_n)\}$ 的生长元集。

$V$ 中任一点的多边形区域称为 Voronoi 块，这一点称为 Voronoi 块的关联点，组成 Voronoi 块的各个顶点称为 Voronoi 图的节点，相邻节点相连组成的线段称为 Voronoi 图的边。Voronoi 多边形的每条边是共有这条边的两相邻 Voronoi 多边形的关联点的垂直平分线，把相邻 Voronoi 多边形的关联点连接起来就构成了 Voronoi 图的对偶图（Delaunay 三角形）。

图 4－10 显示了 Voronoi 图（虚线部分）及其对偶图 Delaunay 三角形（实线部分）。

## 4.2.2　Voronoi 图性质

Voronoi 图具有以下一些涉及 Voronoi 图的构造、判断和应用的性质。

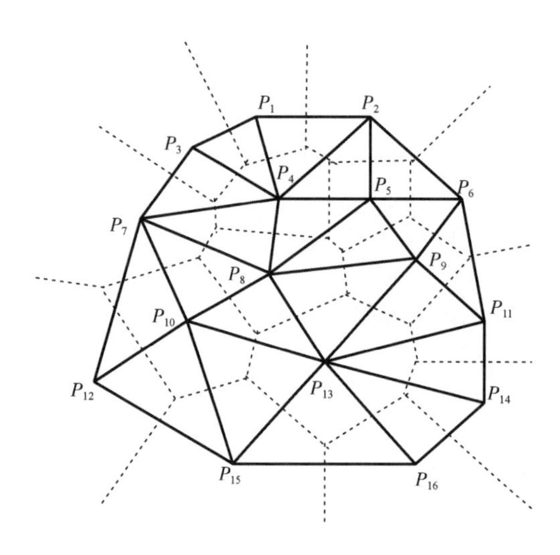


图 4－10 Voronoi 图（虚线部分）及其对偶图 Delaunay 三角剖分（实线部分）

（1）线性特性。

根据平面图的欧拉公式以及其推论可知 $n$ 个点集合 $S$ 的 Voronoi 图最多有 $2n-5$ 个顶点和 $3n-6$ 条边。这表明 Voronoi 图的大小与点数目呈线性关系，其结构并不复杂。

（2）与 Delaunay 三角形对偶。

将 Voronoi 图中相邻 Voronoi 多边形的关联点连接起来就构成了 Voronoi 图的对偶图（Delaunay 三角形）。这是间接法构造 Voronoi 图的依据，即首先构造目前已经较为成熟并且有固定数据结构的 Delaunay 三角形，然后利用 Delaunay 三角形和 Voronoi 图的对偶性构造 Voronoi 图。

（3）局域动态特性。

由 Voronoi 图定义和其邻近性可知在已有 Voronoi 图基础上增加一些点，只需改变相关邻近的点的 Voronoi 多边形而不必改变整个点集构成的 Voronoi 图（即局域动态特性），根据该性质产生了增量法构造 Voronoi 图，该方法可明显提高构造 Voronoi 图效率。

（4）最近邻近特性。

Voronoi 图定义过程其实是一个距离的问题，因此涉及点的邻近问题。在实际应用中（例如森林救火分配等）可以通过处理最近邻近查询，从而得到合理的安排。对于点集 $S$ 中一点 $p_i$，与其最近的点 $p_j$，则连接两点的线段是 Delaunay 三角形的一条边，当然也唯一确定一条 Voronoi 图的边。根据该特性可采用最小边长法构建 Delaunay 三角形，进而构成 Voronoi 图。

## 4.3 Voronoi 图构造方法

Voronoi 图是一种非结构网格形式，它具有很好地逼近边界、能描述复杂空间等优点，广泛应用于航空航天、材料、石油天然气等工程的数值模拟方面的研究。目前有半平面的交、增量法、分治法、减量算法和平面扫描算法等多种构建 Voronoi 图的方法。

### 4.3.1 半平面的交

利用式（3－2）构造 $n-1$ 个半平面的交，得到点 $P_i$ 的 Voronoi 多边形，然后逐个点构造对应各点的 Voronoi 多边形便得到 Voronoi 图。这里关键是构造 $n-1$ 个半平面交的算法，而半平面是由线性不等式确定的，这样 $n-1$ 个半平面的交就是满足 $n-1$ 个不等式的解，可以转化为二维线性规划问题。

### 4.3.2 增量法

假设点集 $S=\{P_1,P_2,\cdots,P_n\}$，并设已经构造出 $k(k<n)$ 个点的 Voronoi 图 $V(P_1,P_2,\cdots,$

$P_k$),在增加点$P_{k+1}$之后,要求构造 Voronoi 图 $V(P_1,P_2,\cdots,P_k,P_{k+1})$。

其算法的详细步骤描述如下:

步骤1:首先作 $P_1$,$P_2$ 两点的中垂线,初始化 Voronoi 图 $V(P_1,P_2)$。

步骤2:假设已构造出 $k(k<n)$ 个点的 Voronoi 图 $V(P_1,P_2,\cdots,P_k)$,在增加点$P_{k+1}$之后,分别计算$P_{k+1}$与$P_1,P_2,\cdots,P_k$的距离,然后找出与$P_{k+1}$距离最小的点设为$P$[即判断$P_{k+1}$在$V(P_1,P_2,\cdots,P_k)$哪个 Voronoi 多边形内],根据构造 Voronoi 多边形的定义,则$P_{k+1}$在$V(P)$中。

步骤3:搜索与$V(P)$相邻的 Voronoi 多边形的关联点,设为$VS()$。

步骤4:分别作$P_{k+1}$与$P$和$VS()$两点连线的中垂线,依次判断与其关联 Voronoi 多边形的边相交情况:如不交,则该关联点 Voronoi 多边形结构不变;如相交则记录下相交点(中垂线与 Voronoi 多边形交于两点,组成一条线段,加入该关联点 Voronoi 多边形的边中)即为新的 Voronoi 多边形点,用该线段判断相交的 Voronoi 多边形的边的两个顶点:如与$P_{k+1}$处于该线段两侧则仍是 Voronoi 多边形点,保留;如不是则该原有 Voronoi 多边形的边修改为保留点与相交点的线段。

步骤5:最后构造$V(P_{k+1})$,把步骤4中所求的相交线段加入$V(P_{k+1})$的边集中,这样 Voronoi 图 $V(P_1,P_2,\cdots,P_k,P_{k+1})$构成。

步骤6:逐点采用增量算法直到$k=n$。

图4-11是在已有 Voronoi 图 $V(P_1,P_2,\cdots,P_5)$,增加$P_6$时构造 Voronoi 图 $V(P_1,P_2,\cdots,P_5,P_6)$的例子。

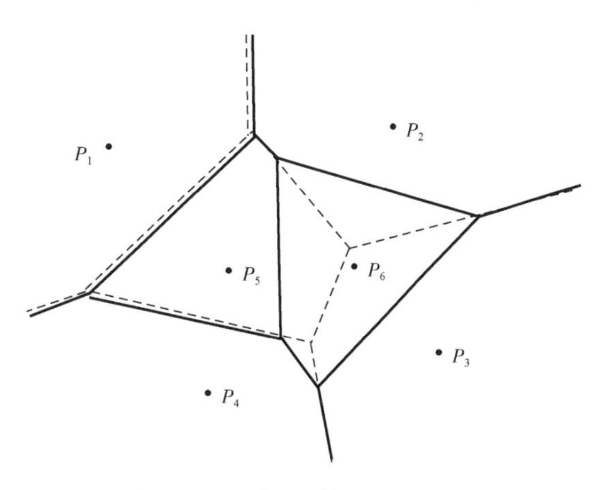


图4-11 增量法构造 Voronoi 图

## 4.3.3 分治法

构造 Voronoi 图的分治算法是由 Shamos 和 Hoey(1975)提出的。其算法的基本思想是按点$x$坐标的中值分割点集$S$为$S_1$与$S_2$,使$|S_1|=|S_2|=\frac{1}{2}|S|$。如果$S_1$、$S_2$含点数目大于4,则继续分割点集,直至子点集规模不大于4,对每个小子点集利用半平面的交或者增量算法求 Voronoi 图,然后不断合并相邻子点集的 Voronoi 图,直至得到$V(S)$。如图4-12所示。

## 4.3.4 减量算法

已知点集$S=\{P_1,P_2,\cdots,P_n\}$的 Voronoi 图,现删去点之后,要求构造 Voronoi 图 $V(P_1,P_2,\cdots,P_i,P_{i+1},\cdots,P_n)$。其基本思想是删去与点$P_i$相关联的 Voronoi 多边形边和顶点,并修改与之相邻的 Voronoi 多边形边和顶点。

## 4.3.5 平面扫描算法

平面扫描算法是 Fortune 在1987年提出的,如图4-13所示。其基本想法是,通过与$xy$平面成45°倾斜的平面$\pi$扫描锥体(以平面即$xy$平面上一点$P$为顶点,侧面以45°倾斜的圆锥体),$\pi$与$xy$平面的交线作为扫描线$L$。假设平面两点$P_1$、$P_2$,则存在两个锥体$\mathrm{Con}(P_1)$和 Con

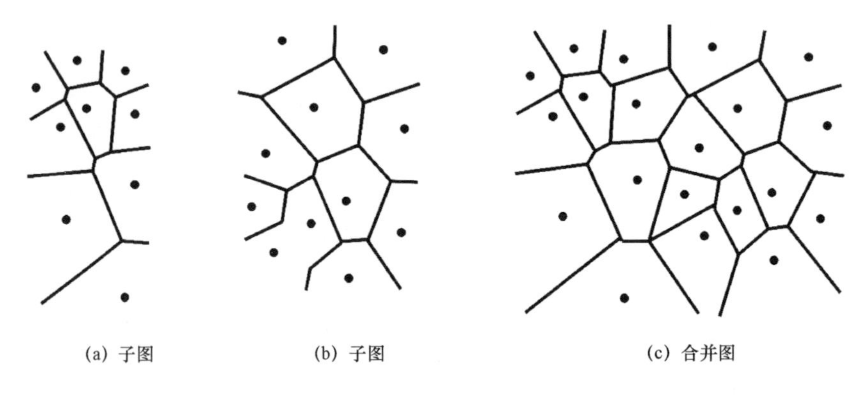


图 4－12 分治法构造 Voronoi 图

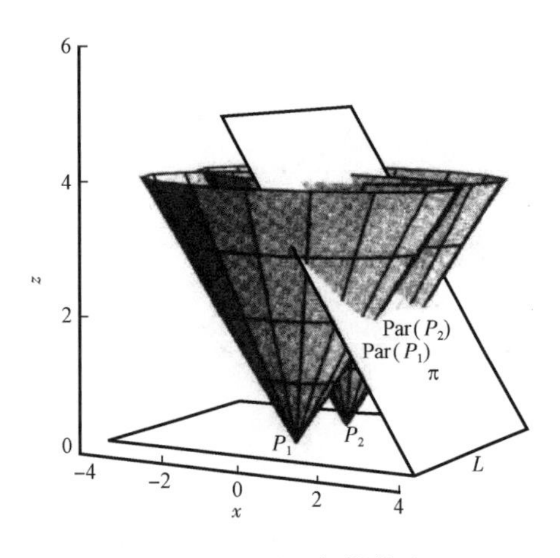


图 4－13 平面扫描算法

($P_2$)。于是随着扫描平面$\pi$ 和扫描线 $L$ 由左向右平移，在平移过程中平面$\pi$ 切割 Con($P_1$)和 Con($P_2$)分别形成抛物线 Par($P_1$)和 Par($P_2$)，而两条抛物线交的轨迹构成一条抛物线，该抛物线在 $xy$ 平面上的投影即为 $P_1$、$P_2$组成线段的垂直平分线。这样在扫描平面$\pi$ 和扫描线 $L$ 已扫描的部分，点 $P_1$、$P_2$及部分抛物线 Par($P_1$)和 Par($P_2$)的交均已形成，而未扫描部分，抛物线 Par($P_1$)和 Par($P_2$)的交的剩余部分还未形成，直至平面$\pi$ 离开锥体时，扫描终止，Voronoi 图完全形成。依此类推可以得到平面上多点的 Voronoi 图。

## 4.4 间接法构造 Voronoi 图

本书是基于间接法生成 Voronoi 图，该方法实质是利用 Voronoi 图和 Delaunay 三角形的对偶性。首先对离散点进行 Delaunay 三角剖分，然后求出三角形集外心，连接相邻三角形(两三角形有共同的边)外心，最后对含有边界边的三角形外心对作一条向外垂直于边界边的射线，连接各射线就形成了 Voronoi 图。其构造 Voronoi 图的过程如图 4－14 所示。

半平面的交、分治法、减量算法、平面扫描算法和增量法均属于直接构造法。其中半平面的交、分治法、减量算法和平面扫描算法构造 Voronoi 图便于理解但没有固定的数据结构，不易存储；而增量法尽管有固定数据结构但单纯使用增量法涉及很多复杂的几何算法，效率很低。而间接法构造 Voronoi 图的重点是放在固定数据结构的 Delaunay 三角网上，然后利用 Voronoi 网格与 Delaunay 三角网的对偶性进行构建。目前虽然 Delaunay 三角网生成算法已比较成熟，但仍需选择合适的 Delaunay 三角网生成算法来提高计算效率。利用间接法构造 Voronoi 图主要包括三个大步骤：凸壳生成、Delaunay 三角剖分和 Voronoi 图最终生成。其生成 Voronoi 图的流程图如图 4－15 所示。

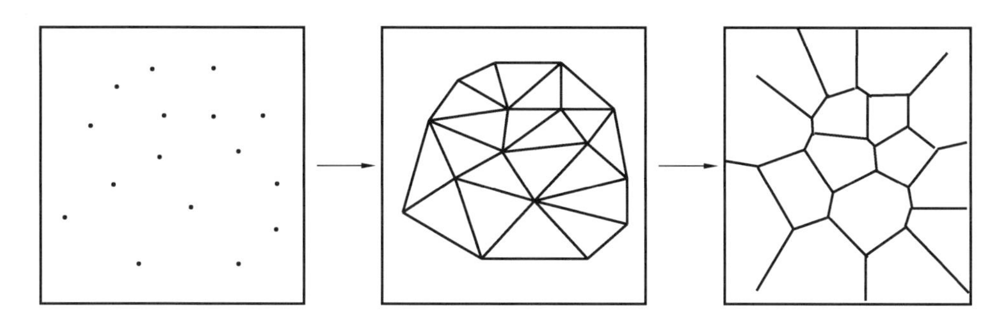

图4-14 间接法构造 Voronoi 图

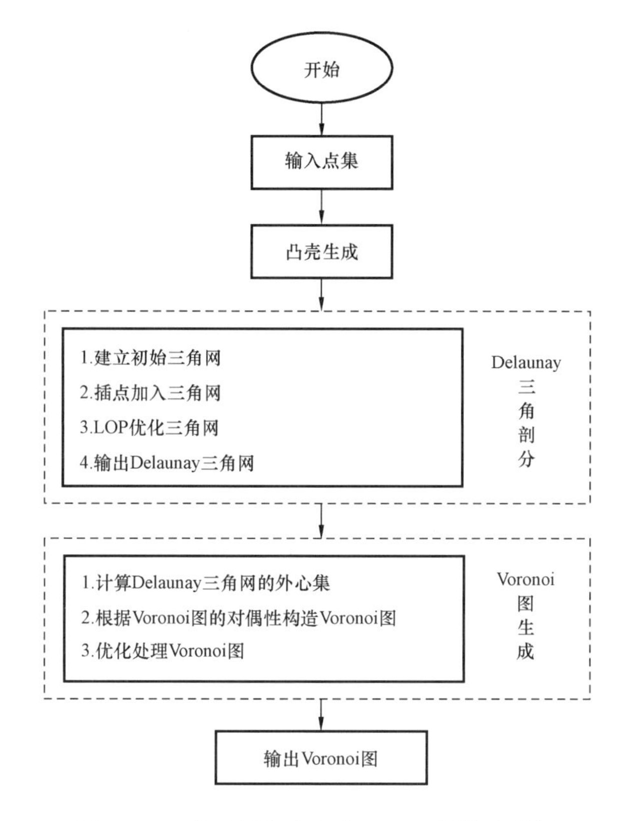


图4-15 基于间接法生成 Voronoi 图的流程图

## 4.4.1 凸壳的生成

### 4.4.1.1 凸壳的基本概念

凸壳定义:设 $S$ 是平面上的非空点集,$p_1$,$p_2$是 $S$ 中任意两点,若点 $p$ 属于 $S$ 且满足 $p=tp_1+(1-t)p_2$,$0\leqslant t\leqslant 1$,则称 $S$ 是凸集。如果再给定平面中 $k$ 个不相同的点$\{p_i, i=1,2,\cdots,k\}$,则点集 $p=\sum_{i=1}^{k} t_i p_i, t_i\geqslant 0, \sum_{i=1}^{k} t_i=1$ 是由$\{p_i, i=1,2,\cdots,k\}$生成的凸集。这样,平面点集 $S$ 的凸壳就是包含 $S$ 最小的凸集。图4-16为一个点集生成的凸壳示意图。

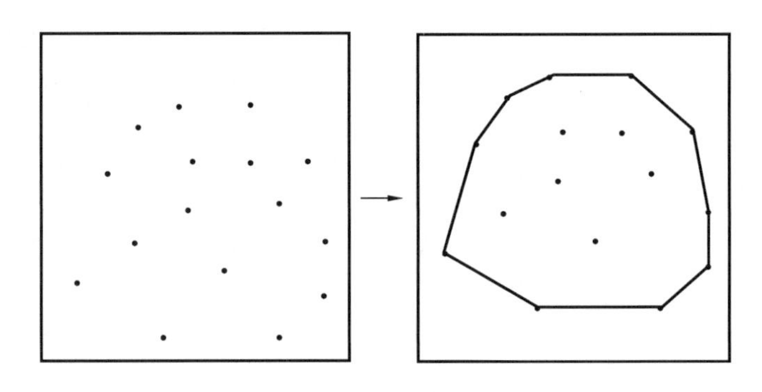

图 4－16　凸壳

#### 4.4.1.2　格雷厄姆方法构造凸壳

常用计算凸壳的算法有卷包裹法、格雷厄姆方法和分治算法。本书采用格雷厄姆方法生成凸壳。该方法是1972年格雷厄姆提出的，是求解平面点集凸壳的一种较好方法。其基本原理是依据凸多边形各顶点必在多边形任意一条边的相同一侧。

该方法生成凸壳的步骤如下：

(1)对输入点集分类：首先求出点集中位置最低的点(即 $y$ 坐标最小的点)记为 $p_1$，然后把 $p_1$ 和点集中其他点相连，并计算这些线段与水平线的夹角。然后按夹角的大小及到 $p_1$ 的距离进行分类，得到新的点集序列 $p_1,p_2,\cdots,p_n$，依次连接这些点，即可得到多边形。$p_1$ 是凸壳边界的起点，$p_2$ 和 $p_n$ 也必是凸壳顶点。

为了提高计算效率，减少计算的复杂性，利用向量以及余弦的增减性对点集进行比较分类排序。对于向量 $a$ 和 $b$ 以及夹角 $\theta$ 的关系式有：

$$a \cdot b = |a||b| \cos\theta \tag{4-4}$$

假设点的位置为 $(x,y)$，则 $p_1$ 坐标为 $(p_1 \cdot x, p_1 \cdot y)$，$p_i$ 坐标为 $(p_i \cdot x, p_i \cdot y)$。

首先定义一个与 $p_1$ 构成水平单位向量的点 $t$，其坐标为 $(p_1 \cdot x+1, p_1 \cdot y)$。由上可知得到两个向量分别为 $p_1$ 和 $t$ 的单位向量 $\{1,0\}$，$p_1$ 和 $p_i$ 的向量 $\{p_i \cdot x - p_1 \cdot x, p_i \cdot y - p_1 \cdot y\}$，根据向量数量积公式可得到夹角 $\theta$ 的余弦：

$$\cos\theta = (p_i \cdot x - p_1 \cdot x)/\sqrt{(p_i \cdot x - p_1 \cdot x)^2 + (p_i \cdot y - p_1 \cdot y)^2} \tag{4-5}$$

由于点 $p_1$ 是 $y$ 值最小的点，即点集中其他点在该点上方，也就是说点集中其他点和 $p_1$ 构成的线段与水平射线的夹角位于0和 $\pi$ 之间，由于余弦值在夹角为 $0 \sim \pi$ 之间是单调递减的，因此只需比较其余弦大小进行排序即可得到新的点集序列。值得注意的是夹角余弦相等时还必须考虑与 $p_1$ 的距离，距离大的排在序列后面。

(2)根据凸多边形各顶点必须在该多边形任意一条边的同侧原则来判断是否是凸壳顶点，若不是则删去顶点 $p_3,p_4,\cdots,p_{n-1}$ 中不是相应的顶点。

(3)按照顺序输出凸壳顶点。

(4)对点集进行分类：把点集 $S$ 分为凸壳点集 BCH 和剩余点集 $L$。

图 4－17 是格雷厄姆方法生成凸壳的解释说明图。

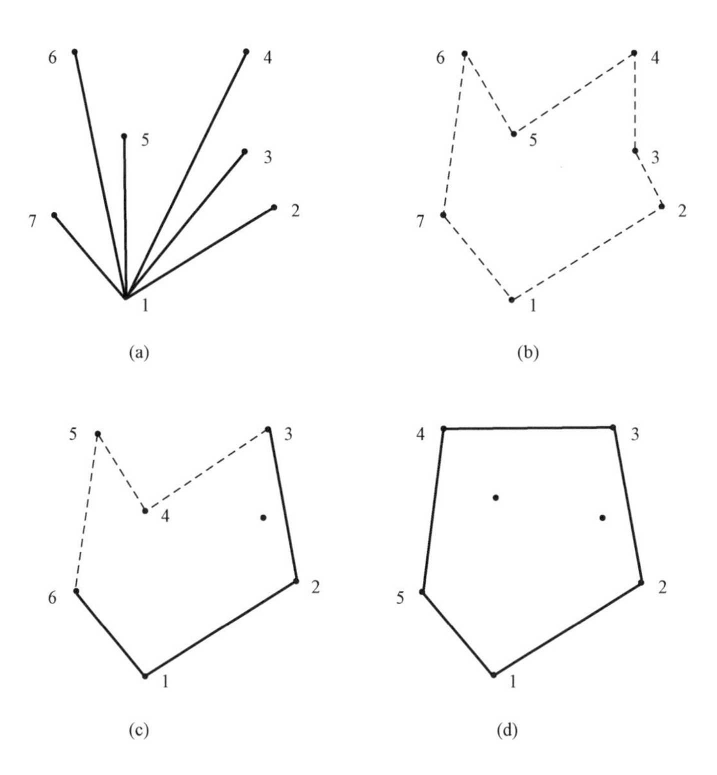


图 4-17 格雷厄姆方法的解释

(a)找出 $y$ 最小的点 1，依各点与点 1 组成的线段与水平线夹角的大小分类。(b)按序连接点组成多边形。
(c)$k=4$，向前倒查，点 1 和点 4 在点 $k-1$ 和点 $k-2$ 组成线段的两侧，
所以点 3 不在边界上，删去点 3，后继点的序号减 1，继续查下去。
(d)最后得到的凸壳的 5 个顶点。

## 4.4.2 Delaunay 剖分

### 4.4.2.1 Delaunay 三角形性质

(1)最小角最大(二维)性质：在给定点集中，存在多种三角化。但是在二维空间中，对于每种三角化总存在一个最小角，Delaunay 三角化的最小角是最大的，如图 4-18 所示。

(2)空外接圆性质：在给定点集所形成的 Delaunay 三角网中，每一个三角形的外接圆均不包含点集中其他任意点，如图 4-18 所示。

(3)对偶性质：Delaunay 三角网中每个三角形对应一个 Voronoi 顶点，每个边也对应一条 Voronoi 边，每个三角形顶点对应一个 Voronoi 多边形。

(4)边界性质：点集的凸壳是 Delaunay 三角形网的边界。

### 4.4.2.2 Delaunay 三角形剖分

相关文献报道了一些构建 Voronoi 网格图的算法，其中大多数也包含了 Delaunay 三角形算法。通常情况下，从本质上看生成 Voronoi 多边形第一步骤均是先对给定的点集进行 Delaunay 三角剖分。在本书中，建立 Delaunay 三角形的具体实施步骤如下。

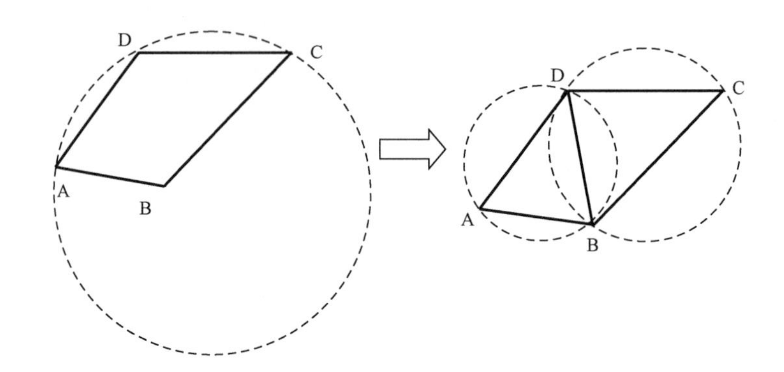


图 4-18　空外接圆性质与最小角最大性质的一致性图

(1)在二维笛卡尔坐标中存储点集为$(x_1,y_1)$,$(x_2,y_2)$,…,$(x_i,y_j)$,…$(x_n,y_n)$。$n$ 为系统中所有点的数量;

(2)任选一个点$(x_j,y_j)$,$j\in\{1,n\}$;

(3)找出与步骤(2)中点距离最近点$(x_{j+1},x_{j+1})$;

(4)连接$(x_j,y_j)$和$(x_{j+1},y_{j+1})$两点,并绘制直线,该直线则为 Delaunay 三角形第一条边;

(5)查找点$(x_k,y_k)$,其中 $k\neq j,k\neq j+1$ 且 $k\in\{1,n\}$。该点满足 Delaunay 三角形的空外接圆性质;

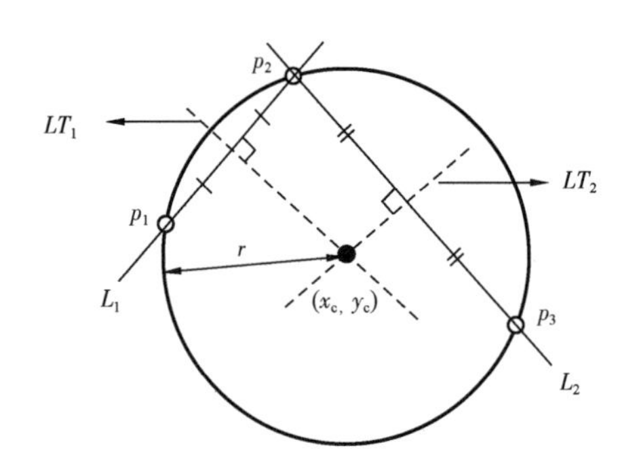


图 4-19　一个穿过平面上 $p_1$、$p_2$、$p_3$三点的圆

(6)重复步骤(4)和步骤(5)直到在点集系统中找不出 Delaunay 三角形为止。

上述 Delaunay 三角形剖分的 6 个步骤中,其中步骤(5)是关键,即需要满足 Delaunay 三角形"外接圆"性质。下面是具体判断的方法。首先确定平面上由三个点 $p_1(x_1,y_1)$、$p_2(x_2,y_2)$和 $p_3(x_3,y_3)$确定圆的圆心$(x_c,y_c)$及该圆的半径 $r$(图 4-19)。

假设两条直线,其中第一条直线 $L_1$穿过点 $p_1$和 $p_2$。第二条直线 $L_2$穿过点 $p_2$和 $p_3$。这两条直线对应的方程分别为:

$$L_1:\quad y_{L_1}=m_{L_1}(x-x_2)+y_2 \tag{4-6}$$

$$L_2:\quad y_{L_2}=m_{L_2}(x-x_2)+y_2 \tag{4-7}$$

式(4-6)和式(4-7)中 $m_{L1}$和 $m_{L2}$分别为直线 $L_1$和 $L_2$的斜率。

圆圈的中心是通过过点 $L_1$和点 $L_2$两条线的垂直平分线相交确定。这两条垂直平分线分别命名为 $LT_1$和 $LT_2$,其直线方程可表示如下:

$$y_{LT_1}=-\frac{1}{m_{L_1}}\left[x-\frac{1}{2}(x_1+x_2)\right]+\frac{1}{2}(y_1+y_2) \tag{4-8}$$

$$y_{LT_2} = -\frac{1}{m_{L_2}}\left[x - \frac{1}{2}(x_2 + x_3)\right] + \frac{1}{2}(y_2 + y_3) \tag{4-9}$$

将式(4－8)代入式(4－9)解出 $x$、$y$,即为圆的中心坐标。

$$x_c = \frac{1}{2(m_{L_2} - m_{L_1})}[m_{L_1}m_{L_2}(y_1 - y_3) + m_{L_2}(x_1 + x_2) - m_{L_1}(x_2 + x_3)] \tag{4-10}$$

将式(4－10)代入式(4－8)或式(4－9)中,可得到 $y_c$。

$$y_c = -\frac{1}{m_{L_1}}\left[x_c - \frac{1}{2}(x_1 + x_2) + \frac{1}{2}(y_1 + y_2)\right] \tag{4-11}$$

根据上述求出的外接圆中心坐标,可计算出圆的半径:

$$r = \sqrt{(x_c - x_1)^2 + (y_c - y_1)^2} \tag{4-12}$$

进一步根据已知的圆参数(圆心和半径),构建一个该圆的完全方程:

$$(x - x_c)^2 + (y - y_c)^2 = r^2 \tag{4-13}$$

根据“外接圆”性质,可判断平面点集中任意点($x_{test}$,$y_{test}$)是否满足条件:

(1)错误,如果$(x_{test} - x_c)^2 + (y_{test} - y_c)^2 - r^2 \leqslant 0$

(2)正确,如果$(x_{test} - x_c)^2 + (y_{test} - y_c)^2 - r^2 > 0$

### 4.4.3 Voronoi 图生成

在执行了 Delaunay 三角形算法之后,过 Delaunay 三角形的每一个顶点和对边中点作三角形垂直平分线。根据对偶性将所有的垂直平分线连接在一起构成 Voronoi 多边形。其构建根据为取两点最短路径相连(图 4－20)。这一过程需要在系统中所有 Delaunay 三角形内重复执行。这一方法,也即是生成最短路径的 Voronoi 图,也是本书研究中使用的方法。

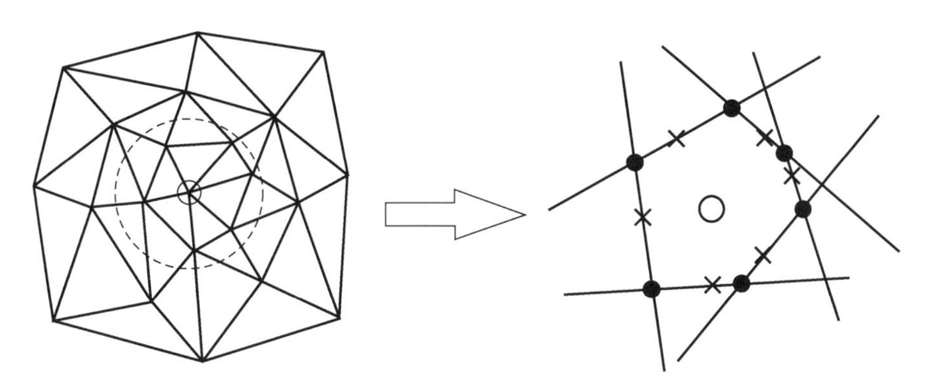

图 4－20　基于交叉连接最短路径的 Voronoi 算法

● 交点　　—— Delaunay 三角顶点

○ 评价点　　× 垂直于 Delaunay 三角顶点连线的点

## 4.5 Voronoi 网格实用化研究

理论上分析，油气藏三维 Voronoi 网格应该比油气藏二维 Voronoi 网格更接近实际油藏形态，但是目前看三维 Voronoi 网格似乎并不实用，主要有几个原因：(1) 网格几何形状难以观察；(2) 物理属性较难赋值；(3) 井模型条件处理困难等。同时目前较为成熟的商业软件（如法国 Kappa 公司的 Saphir 和 Topaze 软件）均是考虑的二维 Voronoi 网格，所以本书只讨论二维条件下的油气藏 Voronoi 网格，此外油气藏基本数据也可以以二维的形式来存储，便于后面的数值试井和产量递减分析研究。

### 4.5.1 布点方案

Voronoi 网格生成的首要关键步骤之一是确定合理的布点方案。特别是非常规页岩气藏储层具有发育的天然微裂缝以及压裂水平井近井带增产改造后的复杂缝网等实际特点，如何合理布点不仅直接影响网格剖分质量的高低，同时影响模拟计算结果。在实际油气藏模拟中，需要对不同油气藏数据采取不同的几何结构块来布点。常用的几何网格如笛卡尔网格、径向网格、正六边形网格等都是 Voronoi 网格的特例，如图 4－21 所示。

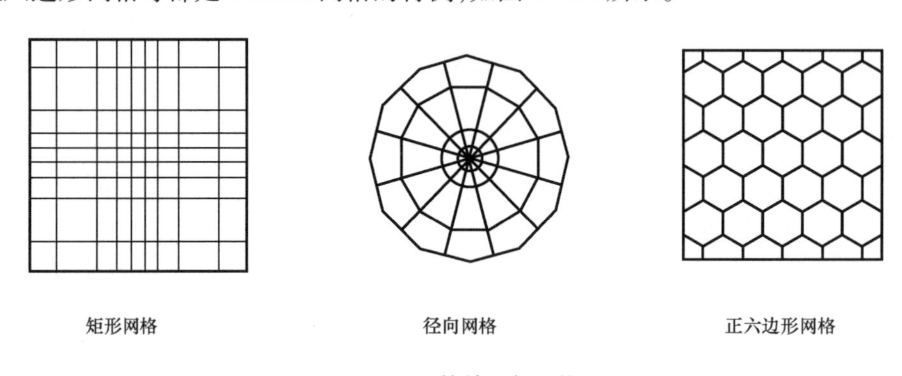


图 4－21 简单几何网格

为了满足不同的限定条件以及模拟油气藏，提出具体的布点方案。

布点顺序：基本模块（气藏区域）、井模块和边界。

基本模块：矩形网格或者正六边形网格；井模块：规则压裂水平井网格、复杂缝网压裂水平井网格；裂缝和边界：对称的块状网格。

处理井或者裂缝等某一具体网格时，首先删除当前新模块范围内的所有点，然后按照对应新模块布点原则在相应的位置添加点。

#### 4.5.1.1 基本模块

基本模块是气藏区域整个背景网格模块的设定，一般采取矩形网格或者正六边形网格。其中为了降低网格的取向性问题，一般使用正六边形网格居多。

(1) 矩形网格。

设置其具体参数：d$x$——$X$ 方向步长，d$y$——$Y$ 方向步长，angle——$X$ 方向和水平方向的夹角，如图 4－22 所示。

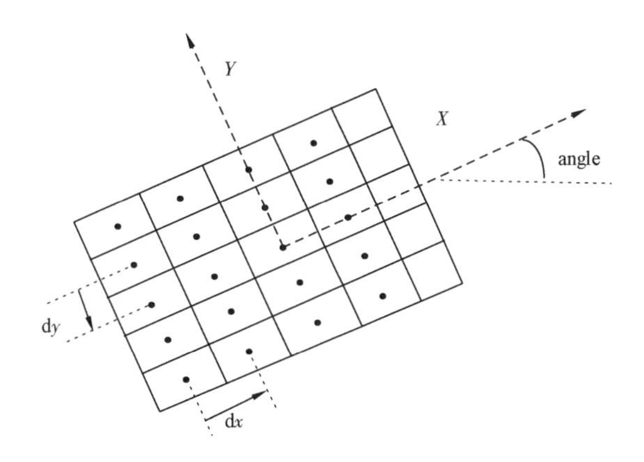


图 4 - 22　矩形网格

一般地，矩形网格在布点时多边形边界和具体的网格参数已经确定，根据油气藏边界的点坐标先建立一个包含油气藏区域的矩形区域（角度与矩形网格参数设置一致），然后按 d$x$ 和 d$y$ 分成若干等份，同时取每一份中的中心点作为节点，最后剔除不在油藏边界内的节点保存下来。假设求出的一点为（$x_0$，$y_0$），其余网格中心点的坐标（$x_i$，$y_i$），角度为 $\theta$：

则对同一行有

$$\begin{aligned} x_i &= x_{i-1} + \mathrm{d}x \cdot \cos\theta \\ y_i &= y_{i-1} + \mathrm{d}x \cdot \sin\theta \end{aligned} \quad i = 1,2,\cdots,n \tag{4-14}$$

对同一列有

$$\begin{aligned} x_i &= x_{i-1} + \mathrm{d}y \cdot \sin\theta \\ y_i &= y_{i-1} - \mathrm{d}y \cdot \cos\theta \end{aligned} \quad i = 1,2,\cdots,n \tag{4-15}$$

（2）正六边形网格。

设置其具体参数：d$x$——$X$ 方向步长，angle——$X$ 方向和水平方向的夹角，如图 4 - 23 所示。

由于正六边形网格特有的对称性，角度只需在 0°～30°之间即可，其网格构造与矩形网格相似，先求出包含边界的矩形区域内最左边一列中心点，然后顺序求出每一行中心点，同时判断点是否在油藏区域内。假设求出的一点为（$x_0$，$y_0$），其余网格中心点的坐标（$x_i$，$y_i$），角度为 $\theta$：

则对同一行有

$$\begin{aligned} x_i &= x_{i-1} + \mathrm{d}x \cdot \cos\theta \\ y_i &= y_{i-1} + \mathrm{d}x \cdot \sin\theta \end{aligned} \quad i = 1,2,\cdots,n \tag{4-16}$$

对同一列有

$$\begin{aligned} x_i &= x_{i-1} - \mathrm{d}x \cdot \sin(30° - \theta) \\ y_i &= y_{i-1} - \mathrm{d}x \cdot \cos(30° - \theta) \end{aligned} \quad i = 1,2,\cdots,n \tag{4-17}$$

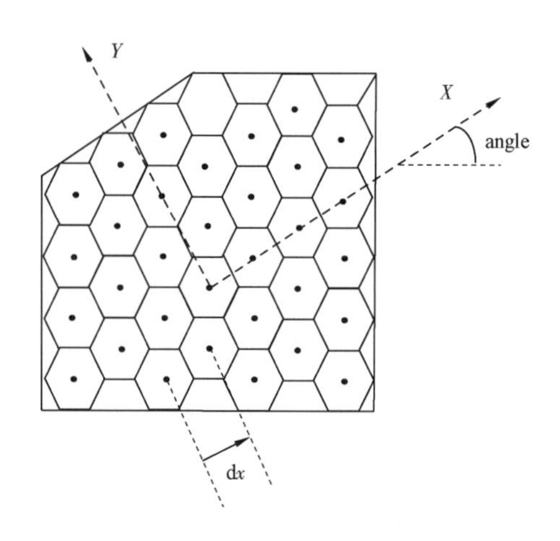


图 4-23 正六边形网格

#### 4.5.1.2 压裂水平井井模块

井周围的区域是一个比较复杂的区域，其流动情况比较复杂，压力梯度大，因此这块区域要划分为一块，用网格加密来剖分该区域。井模块布点的共同点都是网格划分按一定的几何级划分，不同的是垂直井采取径向网格，水平井、压裂水平井采取径向网格和笛卡尔网格混合网格。

由于本书研究对象为页岩气压裂水平井，因此本书重点考虑压裂水平井井模块布点方案。

将压裂水平井简化为压裂横向裂缝垂直于水平井筒或与水平井筒有一定角度，裂缝半长长，裂缝等高，且穿透整个气藏。根据压裂水平井渗流特征，裂缝两端和中间部位分别采用径向网格（直井模块）布点方式和矩形网格布点方式（图 4-24）。

（1）裂缝端点径向网格（垂直井）布点。

由于裂缝端点与周围基质相邻的区域流失较快，一般地，结合渗流规律的认识任为该区域为径向流，为此本书在裂缝端点扇形区域采用了径向网格。

裂缝端点扇形区域布点采用了径向网格布点方式，且网格尺寸以指数规律逐渐增大（图 4-25），设置 $p_1$ 为裂缝径向网格起点，$p_2$ 为裂缝径向网格终点，其具体参数有：$n_a$——径向分割网格数，*alfa*——网格沿指数递增的半径比；$r_w$——井内网格的半径，$r_0$——径向布点最大区域的半径，$\eta$——布点半径增长系数。

根据模拟中柱坐标系统常用的沿径向节点的坐标公式[式(4-18)]可以看出各节点到圆心的距离 $r_i$ 是按几何级数增加的，网格分割环数为 $n_r$。

$$\eta = \frac{r_{i+1}}{r_i} = \left(\frac{r_0}{r_w}\right)^{\frac{1}{n_r-1}} \tag{4-18}$$

对式(4-18)两边取对数，即可求出在布点半径增长系数一定情况下的网格环数($n_r$)：

$$n_r = \frac{\ln\left(\frac{r_0}{r_w}\right)}{\ln\eta} + 1 \tag{4-19}$$

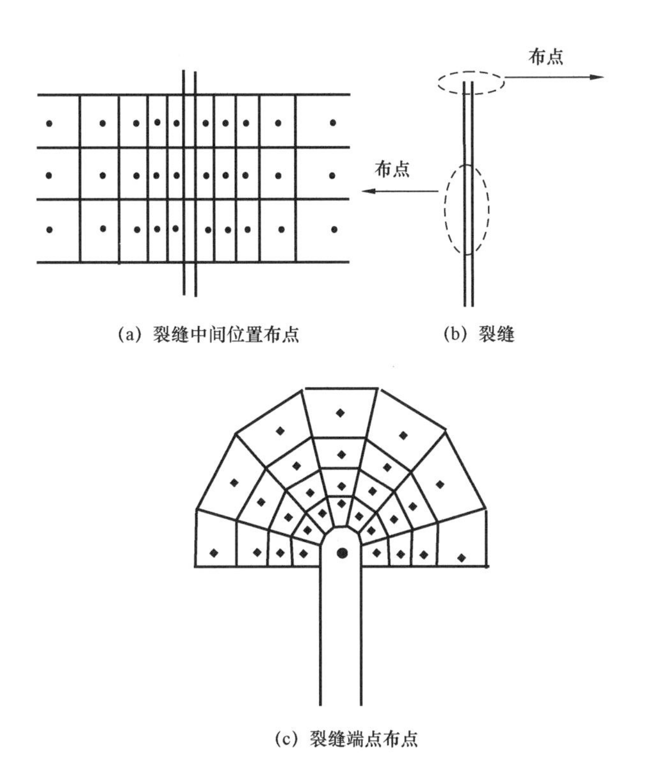


图 4－24　单一规则裂缝不同位置布点方法

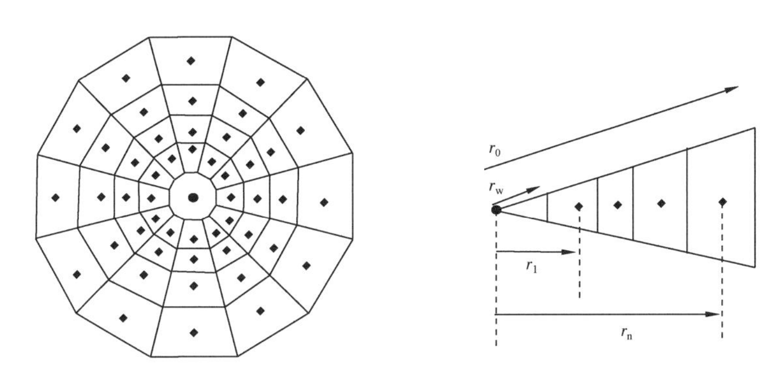


图 4－25　径向网格

设裂缝端点坐标为$(x,y)$，以沿着水平方向这一列径向点作为每一环的中心点，这样由式(4－18)和式(4－19)推导出各径向中心点到井点的距离 $r_i$：

$$r_i = \eta^i \cdot r_w \qquad (i = 1,2,\cdots,n_r - 2) \tag{4-20}$$

进一步可得到径向分割网格每一环的角向点的坐标$(x_{ij},y_{ij})$：

$$x_{ij} = x + \eta^i \cdot r_w \cdot \cos\left[(j-1) \cdot \frac{2\pi}{na}\right]$$
$$y_{ij} = y + \eta^i \cdot r_w \cdot \sin\left[(j-1) \cdot \frac{2\pi}{na}\right] \tag{4-21}$$

(2)矩形网格(裂缝中间位置)。

裂缝中间部分采取笛卡尔网格,为了与径向网格布点的一致性,该裂缝中间的矩形区域也同样按照指数规律布点,但有所差别。

设置其具体参数为:$na$——角向网格数,$\eta$——网格沿几何级递增的半径比;$r_w$——井内网格的半径,$r_0$——最后一环网格的半径,$d$——沿裂缝方向的笛卡尔网格步长,$n_r$——网格分割环数,$\theta$——压裂裂缝与水平井筒(水平井为水平布置)夹角,$x_f$——裂缝半长,$r$——同一分割半径下网格点间距距离。

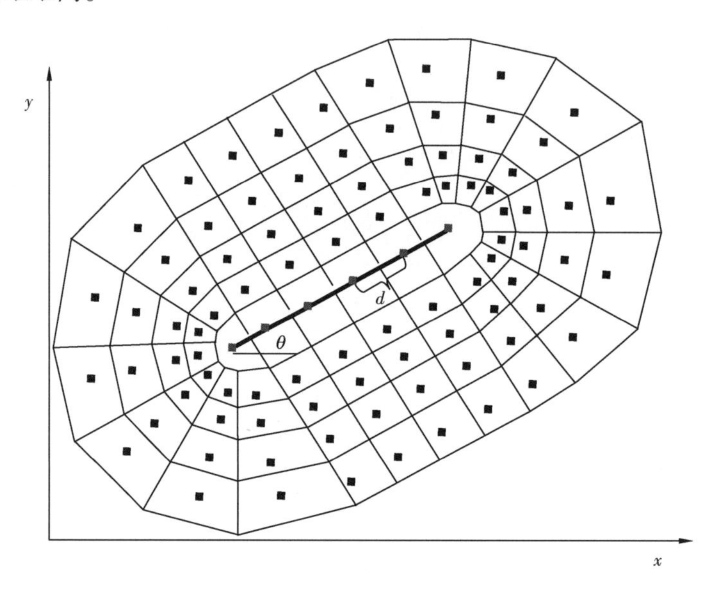


图 4-26 压裂水平井裂缝网格

两个端点的径向网格设置与垂直井一样,裂缝中间的笛卡尔网格与其端点径向网格一致,即到裂缝的垂直距离与径向半径相等。径向网格半径公式与式(4-20)相同,各个网格中心点坐标与式(4-21)相似。

设裂缝底端端点 $P_{f1}(x,y)$ 时裂缝上某点 $P(x_0,y_0)$ 的布点公式为:

$$x_0 = x + d \cdot \sin\theta \cdot i \tag{4-22}$$

$$y_0 = y + d \cdot \cos\theta \cdot i \tag{4-23}$$

式中 $i \in \{1,[2 \cdot x_f/d]\}$。

设裂缝上某点 $P(x_0,y_0)$,则裂缝中间笛卡尔网格某点 $P_{ij}(x_{ij},y_{ij})$ 可以获得:

$$\begin{aligned} x_{ij} &= x_0 + \eta^i \cdot r_w \cdot \cos\left[(j-1) \cdot \frac{2\pi}{na} + \theta\right] \\ y_{ij} &= y_0 - \eta^i \cdot r_w \cdot \sin\left[(j-1) \cdot \frac{2\pi}{na} + \theta\right] \end{aligned} \tag{4-24}$$

根据式(4-22)至式(4-24)可开展不同裂缝角度下的笛卡尔网格的布点方案。

## 4.5.2　气藏 Voronoi 网格生成

根据上述 Voronoi 网格的生成步骤及相关理论方法，采用 VB. NET 语言生成了与之对应的非结构网格图。其程序运行结果如图 4－27 和图 4－28 所示。

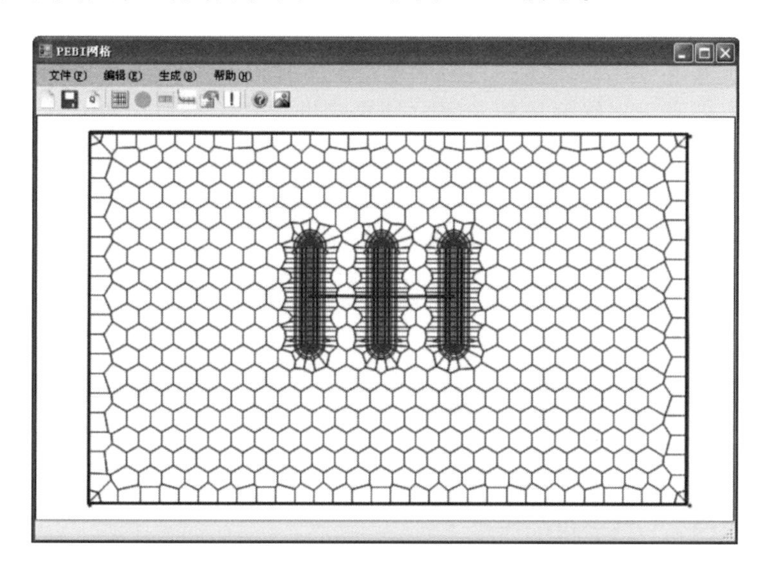


图 4－27　矩形边界压裂水平井 Voronoi 网格生成图

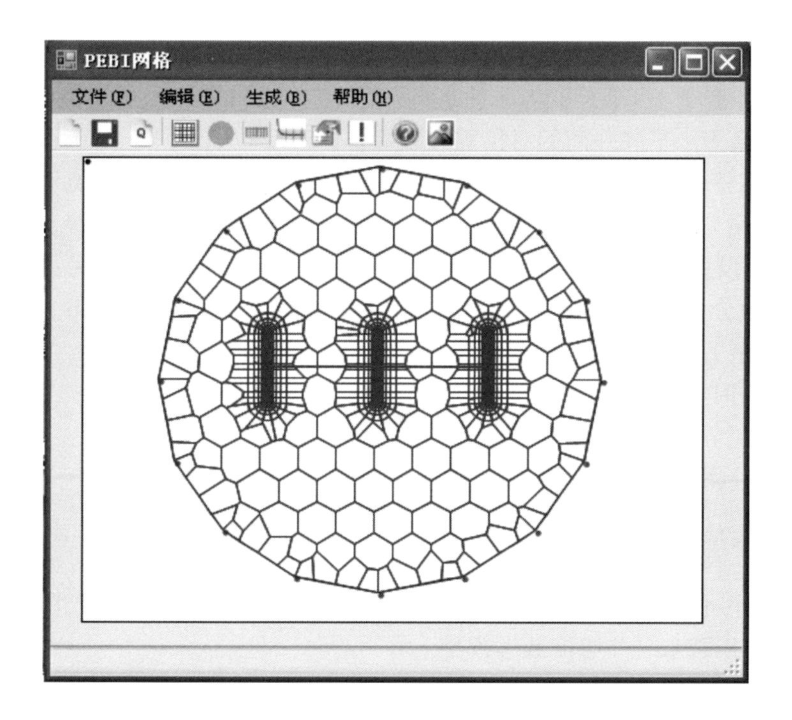


图 4－28　圆形封闭边界压裂水平井 Voronoi 网格生成图

# 第5章　页岩气藏压裂水平井概念模型

页岩储层属于低渗、超低渗储层，其渗透率范围大多在0.0002～0.0363mD之间，一般渗透率小于0.01mD，但是页岩气藏压裂水平井压裂裂缝渗透率很高。许多学者研究表明当无量纲裂缝导流能力 $F_{cD}>100$ 时，可认为压裂主裂缝为高导裂缝，将其视为无限导流裂缝，为此本书将页岩气藏压裂水平井压裂主裂缝均视为裂缝无限导流。但是由于储层脆性矿物含量以及岩石力学参数的差异，页岩气藏水平井体积压裂的改造效果也存在很大差异。为此，在国内外学者研究基础上，结合页岩气藏储层特征及微地震监测结果，综合确定了页岩气藏四种压裂水平井概念模型。

## 5.1　对称双翼裂缝压裂水平井模型

### 5.1.1　物理模型及假设条件

针对层理不发育以及脆性矿物含量较低的页岩储层，水平井压裂易形成简单的双翼裂缝。其压裂水平井示意图如图5－1所示。其物理模型假设条件为：

(1)储层均质且各向同性，储层孔隙度 $\phi$、渗透率 $K$ 和储层厚度 $h$ 均相同；

(2)气藏中部有一口水平长度为 $L$ 的水平井，水平井段只打开压裂裂缝位置，且通过水力压裂形成 $n_f$ 条垂直于水平井井筒的对称双翼裂缝；

(3)裂缝穿透整个储层，裂缝为均匀间距 $d_f$，各裂缝半长为 $x_f$，各裂缝宽度为 $w_f$；

(4)一般地，页岩储层渗透率与压裂主裂缝渗透率相差6～9个数量级，同时页岩气井产量比较低，因此假设气体在压裂裂缝和水平井井筒中的流动没有压降(即为无限导流)；

(5)页岩气组分为单相可压缩甲烷气体，储层中气体流动满足Knudsen扩散和达西定律，页岩吸附解吸满足Langmuir等温吸附解吸规律，且解吸是瞬时的；

(6)试井分析时考虑定产生产，产量递减分析时考虑定流压生产；

(7)储层恒温，且忽略重力的影响。

其压裂水平井物理模型示意图如图5－1所示。

### 5.1.2　渗流数学模型建立

在非结构PEBI网格(图5－2)和页岩气运移模型基础上，结合质量守恒定律和控制体有限单元法，可建立压裂水平井渗流数学模型。

气藏区：

$$\sum_{j=1}^{k} T_{ij}^{\,n+1}\left(p_j-p_i\right)^{n+1}=\frac{V_i}{\Delta t}\Delta\left(\frac{\phi_i}{B_g}\right)_i+\frac{V_i(1-\phi_i)}{\partial t}\partial\left[\left(\frac{V_L p_i}{p_i+p_L}\right)\frac{1}{B_g}\right] \tag{5-1}$$

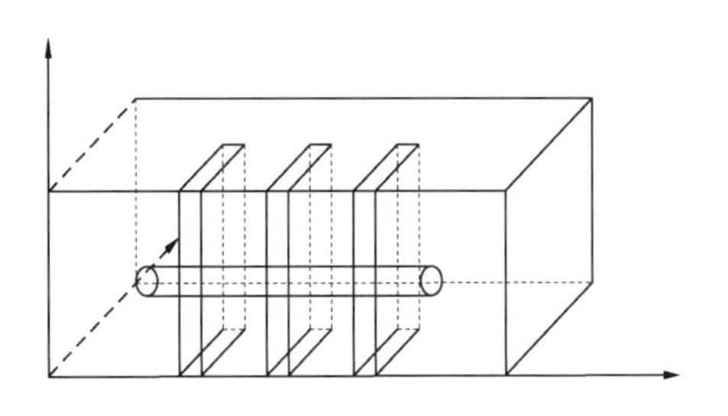

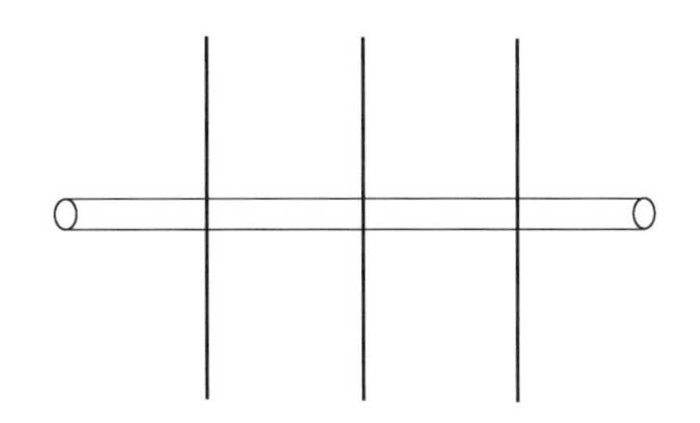

图 5－1　压裂水平井物理模型示意图

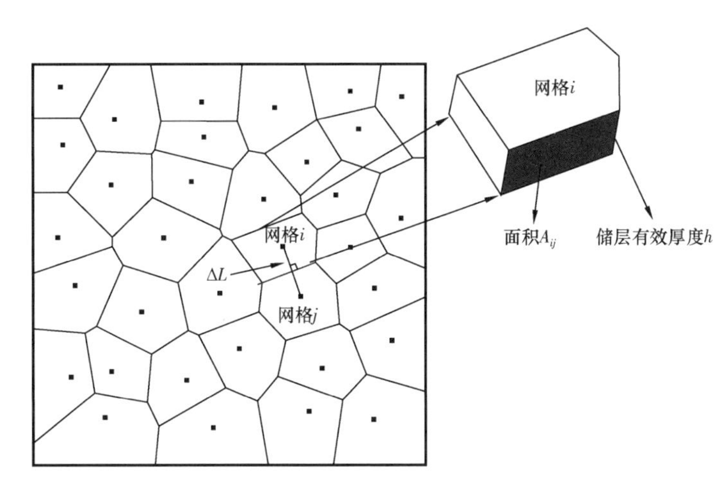


图 5－2　典型 PEBI 网格示意图

气井裂缝区：

$$\sum_{j=1}^{k} T_{\mathrm{fm}i,j}{}^{n+1}\ (p_j - p_{\mathrm{fm},i})^{n+1} + q_{\mathrm{fm},i}{}^{n+1} = \frac{V_{\mathrm{fm},i}}{\Delta t}\Delta\left(\frac{\phi_{\mathrm{fm},i}}{B_{\mathrm{g}}}\right) + \frac{V_{\mathrm{fm},i}(1-\phi_{\mathrm{fm},i})}{\partial t}\partial\left[\left(\frac{V_{\mathrm{L}}p_{\mathrm{fm},i}}{p_{\mathrm{fm},i}+p_{\mathrm{L}}}\right)\frac{1}{B_{\mathrm{g}}}\right] \tag{5-2}$$

式中　$T_{ij}$——网格 $j$ 到网格 $i$ 的传导率(若本点网格为边界网格时,传导率设为0),$\mathrm{m^3/(s \cdot MPa)}$；

$T_{\mathrm{fm}i,j}$——第 $m$ 条裂缝 $i$ 网格的邻块网格 $j$ 到 $i$ 网格的传导率,$\mathrm{m^3/(s \cdot MPa)}$；

$p$——网格压力,下标 $i$,$\mathrm{fm},i$ 和 $j$ 分别表示 $i$ 网格、第 $m$ 条裂缝的 $i$ 网格以及 $j$ 网格;MPa；

$V_i$——$i$ 网格体积,$\mathrm{m^3}$；

$V_{\mathrm{fm},i}$——第 $m$ 条裂缝 $i$ 网格体积,$\mathrm{m^3}$；

$\Delta t$——时间步长,s；

$\phi_i$——$i$ 网格孔隙度；

$\phi_{\mathrm{fm},i}$——第 $m$ 条裂缝中 $i$ 网格孔隙度；

$B_{\mathrm{g}}$——气体体积系数；

$q_{\mathrm{fm},i}$——第 $m$ 条裂缝中网格 $i$ 流出的流量,$\mathrm{m^3/s}$；

上标 $n$——$n$ 时步,下同;

上标 $n+1$——$n+1$ 时步,下同。

压裂水平井数学模型就是对偏微分方程用有限差分法进行离散后得到的差分方程,由于气体是可压缩流体,得到的方程系数必然是与压力有关的非线性方程组,必须对方程进行线性化处理,才能对得到的代数方程求解。线性化方法主要有:传导率的显式处理,传导率外推法,传导率的简单迭代法,全隐式方法。图 5-3 给出了几种线性化方法的收敛过程。

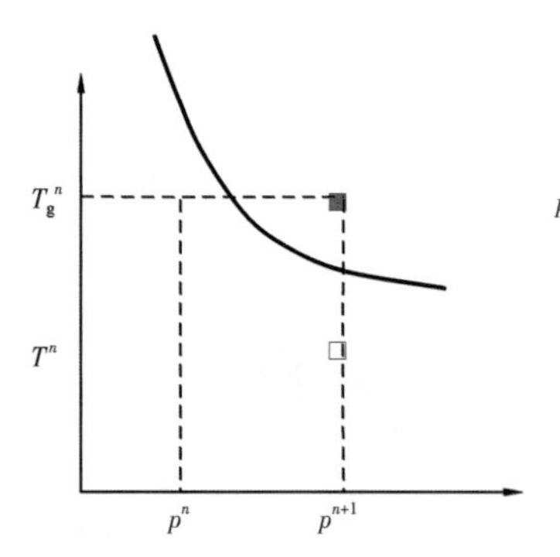


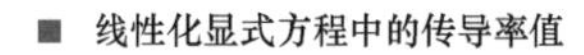


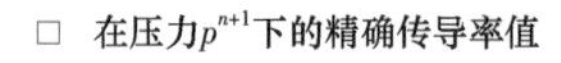


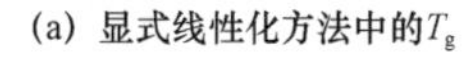

(a) 显式线性化方法中的$T_g$

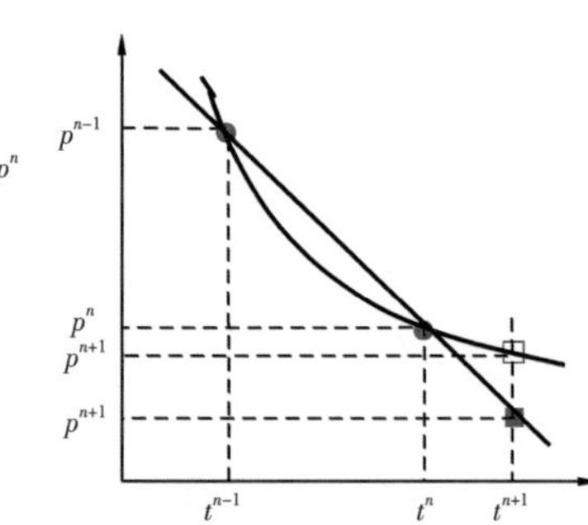


(b) 线性外推法中用于计算传导率的外推压力

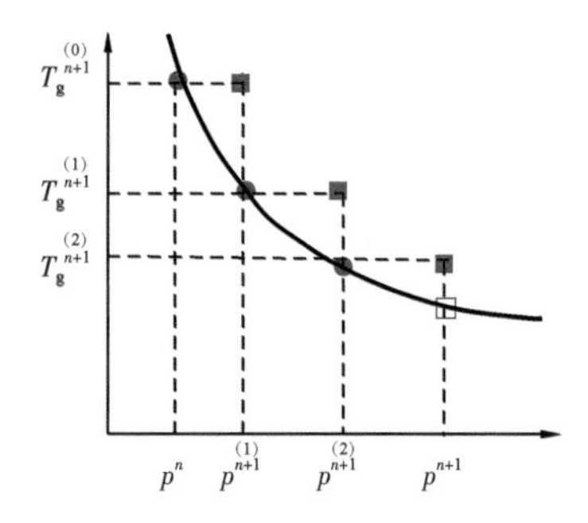


(c) 线性化简单迭代法的收敛过程

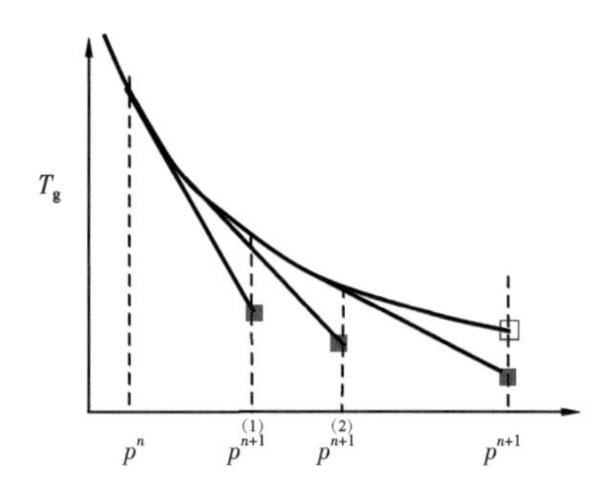


(d) 全隐式的线性化方法的收敛过程

图 5-3 几种线性化方法的收敛过程

传导率项最简单的处理方法是显式处理方法,其计算传导率是在上一时步($n$ 时步)取值;传导率外推法就是将最后两个时步的结果用来外推新时步的压力;在简单迭代法中,传导率是在解出压力之后的一个迭代步中进行计算。这几种方法所产生的迭代过程收敛缓慢,这是由于在迭代过程中非线性项的近似值与实际值相差较大。而全隐式方法虽然计算时间长,占用内存多,却是一种无条件稳定的方法,本次研究也采用全隐式处理。根据全隐式(即 Newton-Raphson 迭代法)展开的基本原理将传导率、压力和方程右边累积项进行一阶泰勒级数展开:

$$
\begin{cases}
T_{ij} = \dfrac{K_a G_{ij}}{\mu_g B_g} \qquad G_{ij} = \dfrac{A_{ij}}{d_{ij}} \\
T_{ij}^{\ n+1} \approx T_{ij}^{\ \overset{(v+1)}{n+1}} \approx T_{ij}^{\ \overset{(v)}{n+1}} + \dfrac{\partial T_{ij}}{\partial p_{ij}}\Bigg|^{\overset{(v)}{n+1}} \times \delta p_{ij}^{\ \overset{(v+1)}{n+1}} \\
p^{n+1} = p^{\overset{(v+1)}{n+1}} = p^{\overset{(v)}{n+1}} + \delta p^{\overset{(v+1)}{n+1}} \\
\dfrac{V_i}{\Delta t}\left[\left(\dfrac{\phi}{B_g}\right)_i^{n+1} - \left(\dfrac{\phi}{B_g}\right)_i^{n}\right] = \dfrac{V_i \phi_i}{\Delta t}\left(-\dfrac{1}{B_g^{\ \overset{(v)}{2^{n+1}}}}\dfrac{\partial B_g}{\partial p}\right)\delta p_i^{\ \overset{(v+1)}{n+1}}
\end{cases}
\tag{5-3}
$$

式中 $\delta p_{ij}$——$i$ 或者 $j$ 网格 $n$ 时步到 $n+1$ 时步的压力变化量,MPa;

$K_a$——地层视渗透率,mD;

$G_{ij}$——$i$ 和 $j$ 网格之间的形状因子,m;

$A_{ij}$——$i$ 和 $j$ 网格之间的横截面积,$m^2$;

$d_{ij}$——$i$ 和 $j$ 网格中心之间的距离,m;

$\delta p_i$——$i$ 网格由 $n$ 时步到 $n+1$ 时步的压力变化量,MPa;

$\delta p_j$——$j$ 网格由 $n$ 时步到 $n+1$ 时步的压力变化量,MPa;

$v$——$n$ 时步的 $v$ 迭代步,下同;

$v+1$——$n$ 时步的 $v+1$ 迭代步,下同。

根据尘气模型(Dusty Gas Model)可得出网格之间传导率的表达式:

$$
T_{ij} = \frac{K_a A_{ij}}{\mu_g B_g d_{ij}} = \left[\frac{D_k}{p_{ij} B_g} + \frac{K_0}{\mu_g B_g}\right]\frac{A_{ij}}{d_{ij}} \tag{5-4}
$$

式中 $D_k$——扩散系数,$m^2/s$。

将式(5-4)代入式(5-3)可得:

$$
\begin{aligned}
T_{ij}^{\ n+1} \approx T_{ij}^{\ \overset{(v)}{n+1}} - \Bigg[ & \frac{D_k A_{ij}}{p_{ij}^{\ \overset{(v)}{n+1}} B_g^{\ \overset{(v)}{n+1}} d_{ij}}\left(\frac{1}{p_{ij}^{\ \overset{(v)}{n+1}}} + \frac{1}{B_g^{\ \overset{(v)}{n+1}}}\frac{\partial B_g}{\partial p_{ij}}\right) + \\
& \frac{K_0 A_{ij}}{d_{ij}\,(\mu_g B_g)_{ij}^{\ \overset{(v)}{n+1}}}\left(\frac{1}{\mu_g^{\ \overset{(v)}{n+1}}}\frac{\partial \mu_g}{\partial p_{ij}} + \frac{1}{B_g^{\ \overset{(v)}{n+1}}}\frac{\partial B_g}{\partial p_{ij}}\right)\Bigg]\delta p_{ij}^{\ \overset{(v+1)}{n+1}}
\end{aligned}
\tag{5-5}
$$

式(5-1)和式(5-2)中右边累积项中第二项全隐式展开可得:

$$
\begin{aligned}
\frac{V_i(1-\phi)V_L}{\partial t}\partial\left(\frac{p}{p+p_L}\frac{1}{B_g}\right) = \frac{V_i(1-\phi)V_L}{\Delta t}\Bigg[ & -\left(1 - \frac{p_L}{p^{\overset{(v)}{n+1}} + p_L}\right)\frac{1}{B_g^{\ \overset{(v)}{2n+1}}}\frac{\partial B_g}{\partial p_i} + \\
& \frac{1}{B_g^{\ \overset{(v)}{n+1}}}\frac{p_L}{(p+p_L)^{\overset{(v)}{2^{n+1}}}}\Bigg]\delta p_i^{\ \overset{(v)}{n+1}}
\end{aligned}
\tag{5-6}
$$

进一步可结合式(5-3)至式(5-6)可推导得到对称双翼裂缝压裂水平井数值试井及产量递减分析的数学模型离散格式。

## 5.2 水平井体积压裂两区复合模型

### 5.2.1 物理模型及假设条件

页岩气藏储层特征分析表明:其储层脆性矿物含量较多,在水力压裂等外力作用下很容易形成许多诱导裂缝。页岩气藏水平井采用多段多簇大型水力压裂,段内多簇裂缝(族间距为20~30m)间的局部应力场改变,在主裂缝两侧产生分支裂缝,并可张开和延伸地层中的微裂缝,使得其近井带形成复杂的缝网结构,改善致密地层的流动模式和流动能力。但是由于空间形态的复杂性,目前还无法建立比较可靠的缝网形态,一般采用等效模型进行试井及产量递减分析。一些压裂微地震监测结果表明水平井体积压裂后近井带缝网可近似等效为一个圆形区域,因此可将压裂水平井不稳定渗流模型等效为两区径向复合渗流的近似模型(图5-4)。同时由于改造区内缝网的渗透率远大于基质渗透率,因此可将内区视为均质储层。

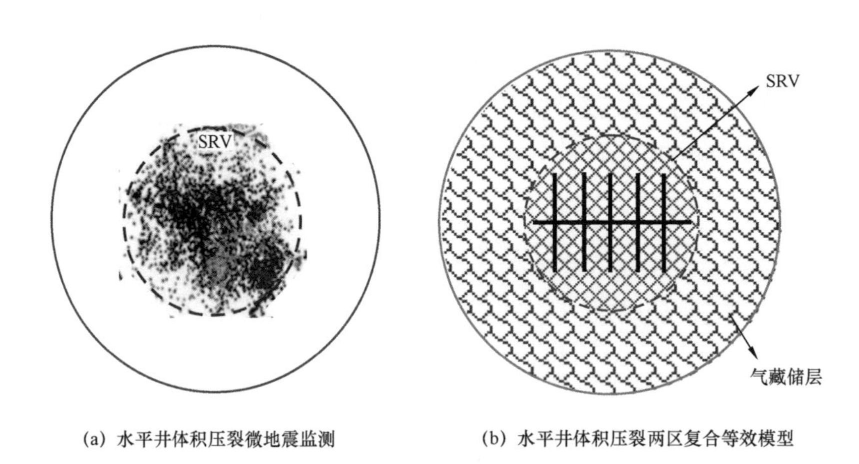


(a) 水平井体积压裂微地震监测　　(b) 水平井体积压裂两区复合等效模型

图5-4　SRV压裂水平井微地震监测物理模型及表征模型示意图

根据上述水平井体积压裂两区复合等效模型,建立相应数学模型进行如下假设:

(1)气藏中部有一口水平长度为 $L$ 的水平井,水平井段只打开压裂裂缝位置,且通过体积压裂形成 $n_f$ 条垂直于水平井井筒的主对称裂缝;

(2)主裂缝穿透整个储层,且裂缝为均匀间距 $d_f$,裂缝半长相同为 $x_f$;裂缝宽度为 $w_f$;

(3)储层均质且各向同性,水平井体积压裂后使近井筒附近生成复杂缝网,储层等效为两区径向复合均质模型,内区储层孔隙度 $\phi_1$、渗透率 $K_1$、气体扩散系数 $D_{k1}$,外区孔隙度 $\phi_2$、渗透率 $K_2$、气体扩散系数 $D_{k2}$ 以及内外区储层厚度相同,均为 $h$;

(4)假设气体在主裂缝和水平井井筒中的流动没有压降(即为无限导流);

(5)页岩气为单相可压缩甲烷气体,储层中气体流动满足Knudsen扩散和达西定律,页岩吸附解吸满足 Langmuir 等温吸附解吸规律，且解吸是瞬时的；

(6)试井分析时考虑定产生产，产量递减分析时考虑定流压生产；

(7)储层恒温，且忽略重力的影响。

### 5.2.2　渗流数学模型建立

在页岩气多重运移机理流动模型基础上，结合质量守恒定律和控制体有限单元法，建立水平井体积压裂后两区复合数学模型。

内区：

$$\sum_{j=1}^{k} T_{1,ij}^{\ \ n+1}\ (p_j - p_i)^{n+1} = \frac{V_i}{\Delta t}\Delta\left(\frac{\phi_{1i}}{B_g}\right)_i + \frac{V_i(1-\phi_{1i})}{\partial t}\partial\left[\left(\frac{V_L p_i}{p_i + p_L}\right)\frac{1}{B_g}\right] \tag{5-7}$$

外区：

$$\sum_{j=1}^{k} T_{2,ij}^{\ \ n+1}\ (p_j - p_i)^{n+1} = \frac{V_i}{\Delta t}\Delta\left(\frac{\phi_{2i}}{B_g}\right)_i + \frac{V_i(1-\phi_{2i}}{\partial t}\partial\left[\left(\frac{V_L p_i}{p_i + p_L}\right)\frac{1}{B_g}\right] \tag{5-8}$$

主裂缝区：

$$\sum_{j=1}^{k} T_{1fmi,j}^{\ \ n+1}\ (p_j - p_{fm,i})^{n+1} + q_{fm,i}^{\ \ n+1} = \frac{V_{fm,i}}{\Delta t}\Delta\left(\frac{\phi_{1fm,i}}{B_g}\right) + \frac{V_{fm,i}(1-\phi_{1fm,i})}{\partial t}\partial\left[\left(\frac{V_L p_{fm,i}}{p_{fm,i} + p_L}\right)\frac{1}{B_g}\right] \tag{5-9}$$

式中　$T_{1,ij}$——内区网格 $j$ 到网格 $i$ 的传导率，$m^3/(s \cdot MPa)$；

$T_{1fmi,j}$——第 $m$ 条裂缝网格 $j$ 到网格 $i$ 的传导率，$m^3/(s \cdot MPa)$；

$T_{2,ij}$——外区网格 $j$ 到网格 $i$ 的传导率(若本点网格为边界网格时，传导率设为 0)，$m^3/(s \cdot MPa)$；

$V_i$——$i$ 网格体积，$m^3$；

$V_{fm,i}$——第 $m$ 条裂缝中的 $i$ 网格，$m^3$；

$\Delta t$——时间步长，s；

$\phi_{1i}$——内区 $i$ 网格的孔隙度；

$\phi_{2i}$——外区 $i$ 网格的孔隙度；

$\phi_{fm,i}$——第 $m$ 条裂缝中 $i$ 网格的孔隙度；

$B_g$——气体体积系数；

$q_{fm,i}$——第 $m$ 条裂缝中裂缝网格 $i$ 源汇项流量，$m^3/s$。

式(5-7)和式(5-8)中的内外区传导率计算表达式为：

内区传导率：

$$T_{1,ij} = \frac{K_{a1}A_{ij}}{\mu_g B_g d_{ij}} \tag{5-10}$$

外区传导率：

$$T_{2,ij}=\frac{K_{a2}A_{ij}}{\mu_g B_g d_{ij}} \tag{5-11}$$

结合尘气模型，式(5－10)和式(5－11)中的视渗透率表达式分别为：

$$内区：K_{a1}=\frac{D_{k1}\mu_g}{p_{ij}}+K_1 \qquad 外区：K_{a2}=\frac{D_{k2}\mu_g}{p_{ij}}+K_2$$

同样地，因气体物性参数（如气体黏度、偏差因子、体积系数等）与压力之间存在很强的非线性关系，为了求解的稳定性和可靠性，按照5.1节中式(5－2)至式(5－6)全隐式展开基本原理对式(5－7)至式(5－9)进行展开，可获得其数值试井及产量递减离散数学模型。

## 5.3 水平井体积压裂裂缝多区复合模型

因地应力和岩石脆性矿物含量等方面的影响，页岩气藏水平井体积压裂后可能在近井带产生复杂缝网。实际微地震监测结果表明水平井每段压裂后可能产生一个近似的椭圆形SRV区域（图5－5）。

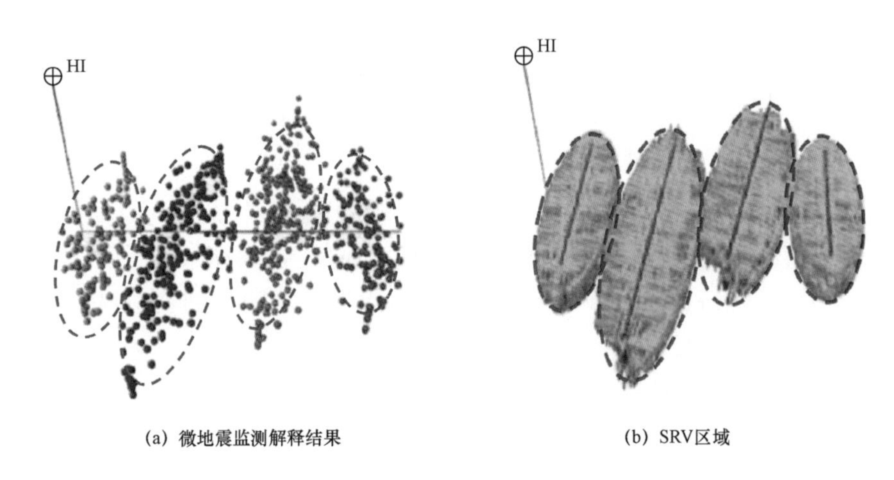


(a) 微地震监测解释结果　　(b) SRV区域

图5－5　压裂水平井多区椭圆形SRV

### 5.3.1 物理模型及假设条件

基于上述压裂水平井微地震监测结果，可将其简化页岩气压裂水平井裂缝多区复合等效模型，其概念模型示意图如图5－6所示。

根据图5－6水平井压裂裂缝多区复合物理概念模型，建立相应的数学模型进行了如下假设：

(1)气藏中部有一口水平长度为$L$的水平井，水平井段只打开压裂裂缝位置，通过体积压裂形成$n_f$条垂直于水平井井筒的主对称裂缝且近井筒附近产生网状裂缝，段与段之间的网状缝不交叉；

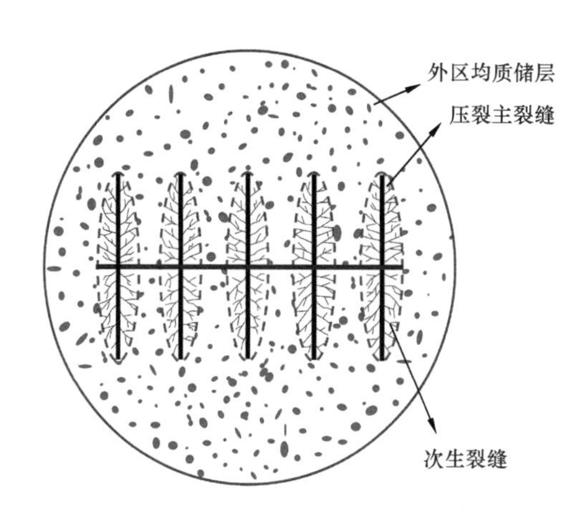


(a) 水平井体积压裂网状裂缝模型

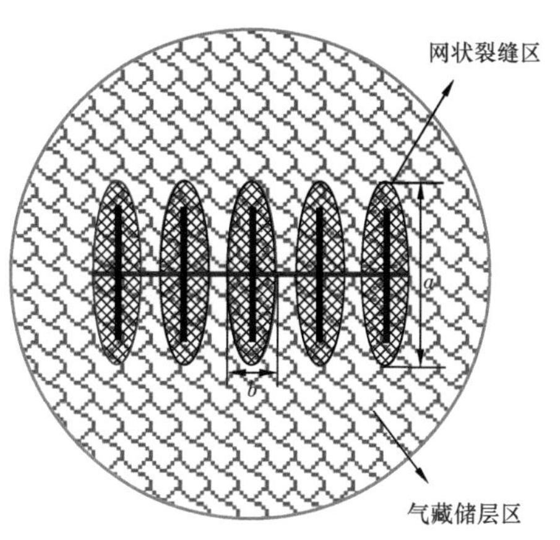


(b) 水平井体积压裂裂缝多区复合等效模型

图 5－6　压裂水平井裂缝多区复合模型及等效模型

(2)主裂缝穿透整个储层,裂缝均匀间距为 $d_{\mathrm{f}}$,裂缝半长相同为 $x_{\mathrm{f}}$,裂缝宽度为 $w_{\mathrm{f}}$;

(3)储层均质且各向同性,储层厚度相同为 $h$,各段网状裂缝可简化为椭圆形的均质高渗透储层带且各段高渗透带面积可相同也可不同,为了计算便于讨论本书均考虑各网状裂缝带区面积相同;

(4)第 $m(m=1,2\cdots,n_{\mathrm{f}})$ 压裂段网状裂缝储层孔隙度为 $\phi_{\mathrm{f}m,1}$、渗透率为 $K_{\mathrm{f}m,1}$、气体扩散系数为 $D_{\mathrm{f}m,\mathrm{k1}}$,外区储层孔隙度为 $\phi_2$、渗透率为 $K_2$、气体扩散系数为 $D_{\mathrm{k2}}$;

(5)假设气体在主裂缝和水平井井筒中的流动没有压降(即为无限导流);

(6)页岩气为单相可压缩甲烷气体,储层中气体流动满足 Knudsen 扩散和达西定律,页岩吸附解吸满足 Langmuir 等温吸附解吸规律,且解吸是瞬时的;

(7)试井分析时考虑定产生产,产量递减分析时考虑定流压生产;

(8)储层恒温,且忽略重力的影响。

## 5.3.2　渗流数学模型建立

考虑页岩气多重运移机理,同样地在压裂水平井体积压裂裂缝多区复合模型基础上,结合质量守恒定律和控制体有限单元法建立与之对应的渗流数学模型。

网状裂缝区:

$$\sum_{j=1}^{k} T_{\mathrm{f}m,ij}{}^{n+1}\left(p_j-p_i\right)^{n+1}=\frac{V_i}{\Delta t}\Delta\left(\frac{\phi_{\mathrm{f}m,1i}}{B_{\mathrm{g}}}\right)_i+\frac{V_i\left(1-\phi_{\mathrm{f}m,1i}\right)}{\partial t}\partial\left[\left(\frac{V_{\mathrm{L}}p_i}{p_i+p_{\mathrm{L}}}\right)\frac{1}{B_{\mathrm{g}}}\right] \tag{5-12}$$

外区:

$$\sum_{j=1}^{k} T_{2,ij}{}^{n+1}\left(p_j-p_i\right)^{n+1}=\frac{V_i}{\Delta t}\Delta\left(\frac{\phi_{2i}}{B_{\mathrm{g}}}\right)_i+\frac{V_i\left(1-\phi_{2i}\right)}{\partial t}\partial\left[\left(\frac{V_{\mathrm{L}}p_i}{p_i+p_{\mathrm{L}}}\right)\frac{1}{B_{\mathrm{g}}}\right] \tag{5-13}$$

主裂缝区：

$$\sum_{j=1}^{k} T_{\mathrm{fm},ij}{}^{n+1}\left(p_j - p_{\mathrm{fm},i}\right)^{n+1} + q_{\mathrm{fm},i}{}^{n+1} = \frac{V_{\mathrm{fm},i}}{\Delta t}\Delta\left(\frac{\phi_{\mathrm{fm},1i}}{B_{\mathrm{g}}}\right)_i + \frac{V_{\mathrm{fm},i}\left(1-\phi_{\mathrm{fm},1i}\right)}{\partial t}\partial\left[\left(\frac{V_{\mathrm{L}}p_{\mathrm{fm},i}}{p_{\mathrm{fm},i}+p_{\mathrm{L}}}\right)\frac{1}{B_{\mathrm{g}}}\right] \tag{5-14}$$

式中 $T_{\mathrm{fm},ij}$——第 $m$ 条裂缝的网状裂缝区网格 $j$ 到网格 $i$ 的传导率，$\mathrm{m^3/(s \cdot MPa)}$；

$T_{2,ij}$——外区网格 $j$ 到网格 $i$ 的传导率（若本点网格为边界网格时，传导率设为0），$\mathrm{m^3/(s \cdot MPa)}$；

$p_j$——$j$ 网格压力，MPa；

$p_i$——$i$ 网格压力，MPa；

$p_{\mathrm{fm},i}$——第 $m$ 条裂缝 $i$ 网格压力，MPa；

$p_{\mathrm{wf}}$——井底流压，MPa；

$V_i$——$i$ 网格体积，$\mathrm{m^3}$；

$V_{\mathrm{fm},i}$——第 $m$ 条裂缝的 $i$ 网格体积，$\mathrm{m^3}$；

$\Delta t$——时间步长，s；

$\phi_{\mathrm{fm},1i}$——第 $m$ 条网状裂缝区 $i$ 网格孔隙度；

$\phi_{2i}$——外区中 $i$ 网格孔隙度；

$B_{\mathrm{g}}$——气体体积系数；

$q_{\mathrm{fm},i}$——第 $m$ 条主裂缝中 $i$ 裂缝网格流出的流量，$\mathrm{m^3/s}$。

式(5－12)至式(5－14)中的内外区传导率计算表达式为：

裂缝网状裂缝区和主裂缝区传导率：

$$T_{\mathrm{fm},ij} = \frac{K_{\mathrm{fma},1}A_{ij}}{\mu_{\mathrm{g}}B_{\mathrm{g}}d_{ij}} \tag{5-15}$$

外区传导率：

$$T_{2,ij} = \frac{K_{\mathrm{a2}}A_{ij}}{\mu_{\mathrm{g}}B_{\mathrm{g}}d_{ij}} \tag{5-16}$$

结合尘气模型，式(5－15)和式(5－16)中的视渗透率表达式分别为：

网状裂缝区和主裂缝区：$K_{\mathrm{fma},1} = \dfrac{D_{\mathrm{fm,k1}}\mu_{\mathrm{g}}}{p_{ij}} + K_{\mathrm{fm},1}$

外区：$K_{\mathrm{a2}} = \dfrac{D_{\mathrm{k2}}\mu_{\mathrm{g}}}{p_{ij}} + K_2$

同样地，因气体物性参数（如气体黏度、偏差因子、体积系数等）与压力之间存在很强的非线性关系，为了求解的稳定性和可靠性，需按照5.1节中式(5－2)至式(5－6)全隐式展开基本原理对式(5－12)至式(5－14)进行展开，推导其数值试井及产量递减离散数学模型。

## 5.4　离散裂缝网络压裂水平井模型

### 5.4.1　物理模型及假设条件

除了上述压裂水平井等效物理模型外，由于地应力和储层脆性矿物含量的影响，页岩气藏水平井体积压裂增产改造过程中可能在近井带产生复杂缝网。为了更为准确描述复杂缝网的形态，许多学者提出了基于微地震监测结果提取复杂裂缝网络形态的方法(图 5－7)。

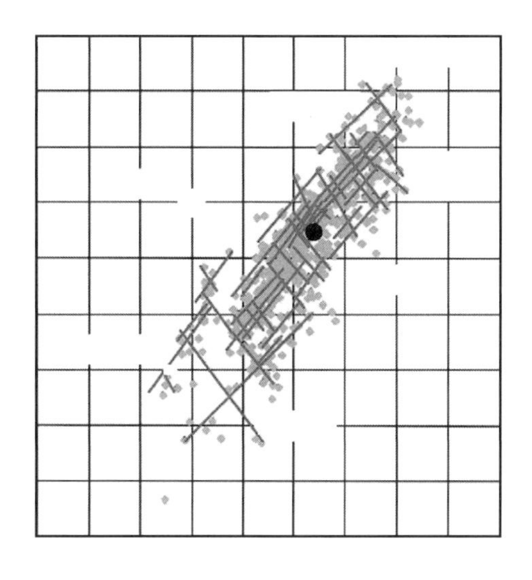

图 5－7　基于微地震监测提取的复杂压裂裂缝

但是由于页岩储层特征以及增产改造规模等因素的影响，各井的复杂裂缝网络会存在很大差异。为了便于分析和讨论复杂裂缝网络对试井及产量递减曲线特征的影响，本书结合非结构 PEBI 网格生成方法建立了一个简单的离散裂缝网络压裂水平井概念模型进行研究，其模型示意图如图 5－8 所示。

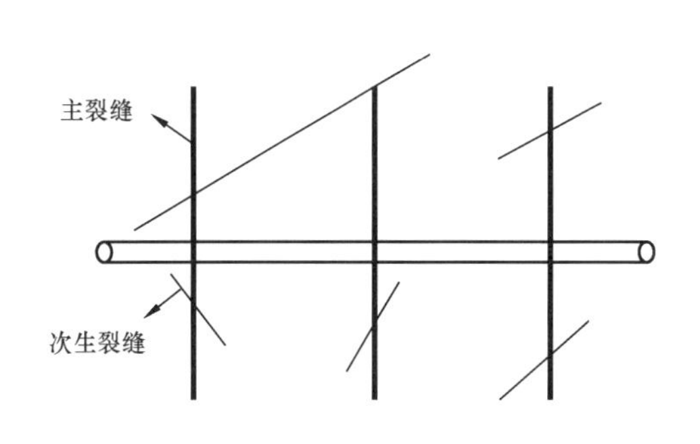


(a) 离散裂缝网络压裂水平井模型示意简图

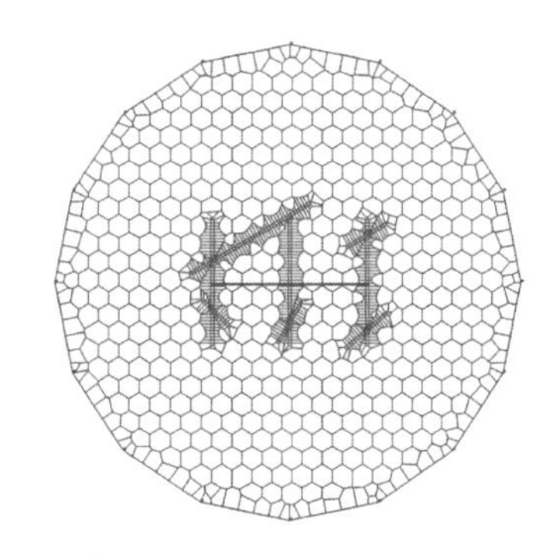

(b) 离散裂缝网络压裂水平井PEBI网格

图 5－8　离散裂缝网络压裂水平井物理概念模型

根据图 5－8 离散裂缝压裂水平井物理概念模型,建立相应的数学模型进行了如下假设:

(1)储层均质且各向同性,储层孔隙度 $\phi$、渗透率 $K$ 和储层厚度 $h$ 均相同;

(2)气藏中部有一口水平长度为 $L$ 的水平井,水平井段只打开压裂裂缝位置,通过体积压裂形成 $n_f$ 条垂直于水平井井筒的对称主裂缝,每条主裂缝上产生了一些具有不同角度和长度的次生裂缝;

(3)主裂缝和次生裂缝均穿透整个储层,主裂缝均匀间距为 $d_f$,主裂缝半长相同为 $x_f$;裂缝宽度为 $w_f$;

(4)一般地,页岩储层渗透率与压裂裂缝渗透率相差几个数量级,同时页岩气井产量比较低,因此假设气体在压裂裂缝和水平井井筒中的流动没有压降(即为无限导流);

(5)页岩气组分为单相可压缩甲烷气体,储层中气体流动满足 Knudsen 扩散和达西定律,页岩吸附解吸满足 Langmuir 等温吸附解吸规律,且解吸是瞬时的;

(6)试井分析时考虑定产生产,产量递减分析时考虑定流压生产;

(7)储层恒温,且忽略重力的影响。

### 5.4.2 数学模型建立

与对称双翼裂缝压裂水平井模型相比,离散裂缝网络模型除了裂缝数量增加且裂缝相互交叉外,其裂缝和储层中的流动控制方程式是一致的,因此其数学模型与对称双翼裂缝压裂水平井数学模型式(5－1)和式(5－2)相同。

# 第6章 页岩气藏数值试井理论及解释方法

## 6.1 数值试井井模型

页岩气藏压裂水平井动态分析(数值试井和产量递减)离散数学模型推导过程中,最大的区别是井模型的处理方式不同。与单井产量递减分析相比,试井分析需要考虑井筒储集效应的影响。尽管目前直井的井模型处理方法已比较成熟,但是压裂水平井井模型处理比较复杂,还处于探索和发展阶段。

### 6.1.1 井模型处理方法

一般地,在数值试井中将井眼视为一个特殊的网格块,即井网格块。目前对于井网格块的处理方法主要有两种,一种是源汇——Peaceman 模型法,另一种是内边界法。

(1)Peaceman 模型法。

源汇项法(Peaceman 模型法)就是将井处理为位于井网格块内的源或汇,该源或汇只与这一个网格有关。井网格和非井网格采用处理方法构建与压力有关的线性方程组,联合求解,即可获得所有网格块的压力,进一步利用产量关系式求解获得对应的流压或者井产量。这种处理方法就是著名的 Peaceman 模型处理法。在试井分析中因受井筒储集的影响,在开、关井后的一段时间,地面产量与井底产量并不相等,虽然井口产量能保持稳定,却无法获得井底的真实产量。指数式模型是目前数值试井模拟器中广泛采用的产量模型。为了利用现有的油藏工程概念准确地描述试井过程的产量,特将井眼视为一个特殊的网格块,而不是被看作一点,称为井眼网格块。这样处理后,油井在开、关井后的产量为表皮系数和井筒储集系数的函数,进而可以与离散的控制方程耦合起来进行精确试井过程模拟。当井眼被视为网格块时,需要用一个多边形来近似代替井筒这样一个圆形的区域,试验计算表明采用六边形为好,这样既保证了井筒的形状不至于与原来的形状偏离太远,又不至于使多边形的每条边边长太小,以至于在近井地带划分网格太密。考虑到井筒截面积的大小对流动的影响很大(流体在压差作用下,从地层深处向井底流动,这个流动压差绝大部分是消耗在近井带附近),在将井筒处理成多边形时,要特别注意使流动截面保持与原来井筒的截面积相同。为此,井筒近似多边形的外接圆半径 $r_1$ 要比井筒半径 $r_w$ 大,如图6-1所示。

考虑井筒表皮系数的影响,并假设气井表皮效应为稳态,即可将表皮系数看作是无限小薄层上的压降:

$$\Delta p_{\text{skin}} = \frac{q\mu}{2\pi Kh}S \qquad (6-1)$$

对井眼网格块而言,表皮系数所造成的压降可视作井块压力 $p_{wb}$ 与井底流压 $p_{wf}$ 之间的压

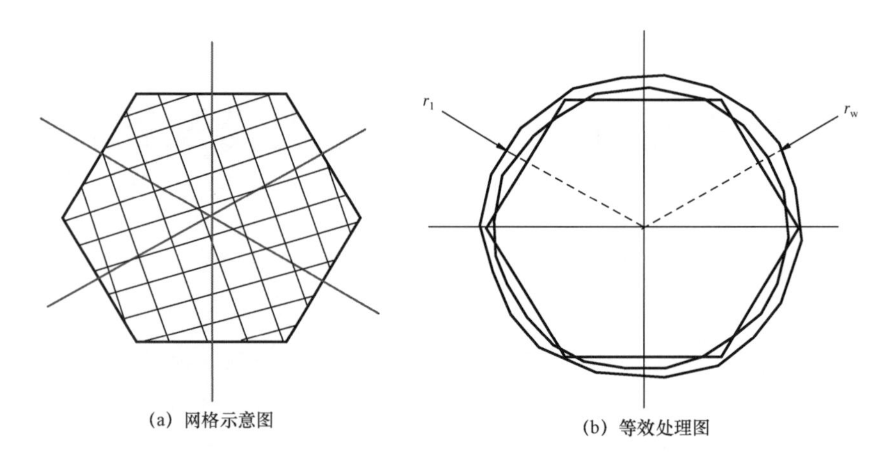


图 6－1 Peaceman 模型处理方法示意图

差,从而可以得到井块压力 $p_{wb}$、井底流压 $p_{wf}$、井口流量 $q_b$ 之间的关系。

对单相流:

$$q_b = \frac{2\pi Kh(p_{wb} - p_{wf})}{\mu S} \tag{6-2}$$

单相流油气井指数 WI 为:

$$WI = \frac{2\pi Kh}{\mu S} \tag{6-3}$$

单相流的产量模型要结合单相流油气井指数的定义和井筒储集效应的定义给出。在油气井开发过程中,有时需要改变一口或多口目标井的工作制度。当开井生产时,首先产出的是井筒中原来存储的、被压缩的液体,这种现象称为井筒存储,此时产量不可能瞬时达到恒定值 $q$,地层压力降落也将产生滞后效应。当地面关井时,关井后一段时间地层流体也要继续流入井筒,这种现象称为井筒续流。在试井分析中,井筒续流和井筒存储可以近似看成等效的,统一用"井筒存储"来表征。油气井刚开井或刚关井时,由于原油具有压缩性等多种原因,地面产量 $q$ 与井底产量 $q_b$ 并不相等。$q_b=0$(开井情形)或 $q=0$(关井情形)的那一段时间,称为"纯井筒储集"阶段。可以定义一个"井筒储集常数"来描述井筒储集效应的强弱程度,即井筒靠其中原油的压缩性等原因储存原油或释放井筒中压缩原油的弹性能量等原因排出原油的能力,并用 $C$ 代表:

$$C = \frac{dv}{dp} \approx \frac{\Delta v}{\Delta p} = \frac{qt}{\Delta p} \tag{6-4}$$

对一个井眼网格块而言,可以用一个通用的公式表示地面流量 $q$、井底流量 $q_b$ 及井筒储集系数 $C$ 之间的关系:

$$q - q_b = -C\frac{\partial p_{wf}}{\partial t} \tag{6-5}$$

其中,关井时为压力恢复过程,关井时刻,地面流量 $q=0$;开井时是为压降过程,开井时刻,井底流量为 $q_{\mathrm{b}}=0$。

联立式(6-2),有:

$$\left.\begin{aligned} q_{\mathrm{b}} &= \mathrm{WI}(p_{\mathrm{wb}} - p_{\mathrm{wf}}) \\ q_{\mathrm{b}} &= q + C\frac{\partial p_{\mathrm{wf}}}{\partial t} \end{aligned}\right\} \tag{6-6}$$

式(6-6)中,井底流动压力随时间的差分$\frac{\partial p_{\mathrm{wf}}}{\partial t}$选取向前差分的形式,而对油气井指数外的参数取关于时间的隐式格式,得:

$$\left.\begin{aligned} q_{\mathrm{b}}^{n+1} &= q^{n} + \alpha(p_{\mathrm{wf}}^{n+1} - p_{\mathrm{wf}}^{n}) \\ q_{\mathrm{b}}^{n+1} &= \mathrm{WI}^{n}(p_{\mathrm{wb}}^{n+1} - p_{\mathrm{wf}}^{n+1}) \end{aligned}\right\} \tag{6-7}$$

(2)内边界模型法。

内边界模型法是井眼本身不划分网格块,而是将井作为相邻网格块单元的边,即将各单元边作为井的边界。由于该方法考虑了井筒的物理边界,故称为内边界处理方法。与源汇项——Peaceman 模型相比,内边界处理法考虑了井与周围多个网格块的关联,如图 6-2 所示。

从图 6-2 可知,井并没有单独划分网格块单元,而是采用内边界法对井壁进行处理,使得井筒与周围多个网格块有关。该方法的具体处理见 6.1.2 节。

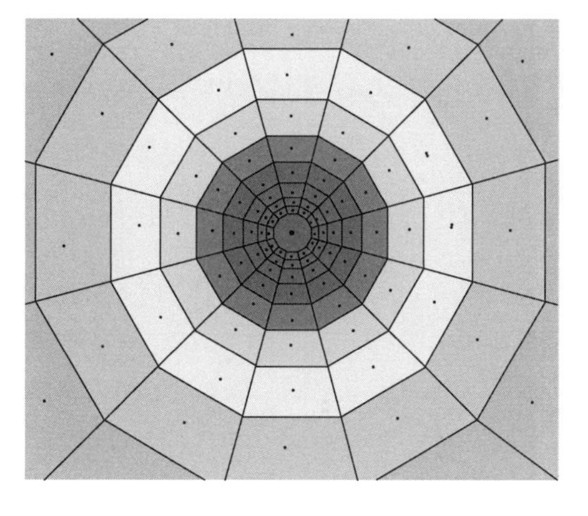

图 6-2　井网格内边界处理方法示意图

### 6.1.2　压裂水平井井模型

由于采用直井 Peaceman 井模型很难获得带有井储流动特征段的压裂水平井试井曲线,为此,本书以直井内边界模型为基础,推导获得了压裂水平井数值试井的井模型。图 6-3 为压裂裂缝单元与气藏单元对应网格流动示意图,由于裂缝宽度很窄,故不考虑流体在裂缝宽度方向的流动,即可认为流体在裂缝中属于二维平面流动。根据模型假设条件,压裂水平井裂缝和水平井井筒均考虑无限导流,即井底流压均为 $p_{\mathrm{wf}}$,采用内边界处理方法处理压降和压恢试井模型,即把裂缝划分为若干小段,把裂缝壁面作为气藏内边界处理,以研究裂缝段的地层流量与压力间的关系。

设裂缝宽度为 $w_{\mathrm{f}}$,根据达西定律,定流压条件下第 $m$ 条裂缝中 $i$ 网格流出的流量计算公式为:

$$q_{\mathrm{f}m,i}{}^{n+1} = F_{\mathrm{f}m,i}{}^{n}(p_{\mathrm{f}m,i}{}^{n+1} - p_{\mathrm{wf}}{}^{n+1}) \tag{6-8}$$

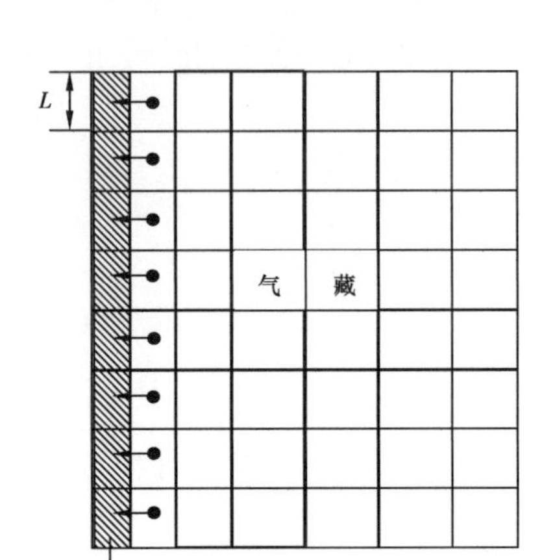


图6－3 裂缝单元与气藏单元对应网格流动示意图

式(6－8)中 $F_{fm,i}$ 为井指数，$m^3/(s \cdot MPa)$；其表达式为：

$$F_{fm,i} = \frac{KhL}{w_{fm,i}\mu_g B_g} \tag{6-9}$$

则地层流入井筒和裂缝的总流量 $q$ 为：

$$q = \sum_m \sum_i F_{fm,i}{}^{n}(p_{fm,i}{}^{n+1} - p_{wf}{}^{n+1}) \tag{6-10}$$

考虑井筒储集系数 $C$，$m^3/MPa$；地面流量为 $Q_p$，$m^3/s$；可得到耦合井筒储集效应下的方程：

$$Q_p{}^{n+1} - q^{n+1} = -\frac{C}{\Delta t}(p_{wf}{}^{n+1} - p_{wf}{}^{n}) \tag{6-11}$$

结合式(6－8)和式(6－11)可得到：

$$p_{wf}{}^{n+1} = \frac{\sum_m \sum_i F_{fm,i} p_{m,i}{}^{n+1} + \frac{C}{\Delta t} p_{wf}{}^{n} - Q_p{}^{n+1}}{\sum_m \sum_i F_{fm,i}{}^{n} + \frac{C}{\Delta t}} \tag{6-12}$$

将式(6－12)代入式(6－8)可得：

$$q_{fj,i}{}^{n+1} = \frac{F_{fm,i}{}^{n+1} \sum_m^{n_f} \sum_{k \neq i} F_{fm,i}{}^{n}(p_{m,i}{}^{n+1} - p_{m,k}{}^{n+1}) + \frac{C}{\Delta t}(p_{fm,i}{}^{n+1} - p_{wf}{}^{n}) + Q_p}{GUD_1} \tag{6-13}$$

式(6－13)中当开井时 $Q_p \neq 0$，当关井时 $Q_p = 0$，$GUD_1$ 的表达式为：

$$GUD_1 = \sum_m^{n_f} \sum_i F_{fm,i}{}^{n} + \frac{C}{\Delta t} \tag{6-14}$$

## 6.2 数值试井离散数学模型建立及求解

### 6.2.1 对称双翼裂缝压裂水平井数值试井数值离散数学模型

考虑裂缝为无限导流，将式(5－4)至式(5－6)和式(6－13)代入式(5－1)和式(5－2)可得到对称双翼裂缝压裂水平井数值试井离散数学模型。

气藏区：

$$T_{ij}{}^{(v)}_{n+1}\delta p_j{}^{(v+1)}_{n+1} - T_{mpr}\delta p_i{}^{(v+1)}_{n+1} + \sum_j \left(p_j{}^{(v)}_{n+1} - p_i{}^{(v)}_{n+1}\right)\frac{\partial T_{ij}}{\partial p_{ij}}\bigg|^{(v)}_{n+1}\delta p_{ij}{}^{(v+1)}_{n+1} = GUD_2 \tag{6-15}$$

气井裂缝区：

$$T_{\text{fm}i,j}{}^{(v)}_{n+1}\delta p_j{}^{(v+1)}_{n+1} - T_{\text{mpf}}\delta p_{\text{mf},i}{}^{(v+1)}_{n+1} + \sum_j \left(p_j{}^{(v)}_{n+1} - p_{\text{mf},i}{}^{(v)}_{n+1}\right)\frac{\partial T_{\text{fm}i,j}}{\partial p_{ij}}\bigg|^{(v)}_{n+1}\delta p_{\text{fm}i,j}{}^{(v+1)}_{n+1} +$$

$$T_{\text{mpf}k}\delta p_{\text{fm},k}{}^{(v+1)}_{n+1} = GUD_3 + GUD_4 \tag{6-16}$$

式中　$m$——压裂裂缝条数编号，取值为 1，2，…，$n_{\text{f}}$，下同。

式(6－15)和式(6－16)中：

$$T_{\text{mpr}} = \sum_j T_{ij}{}^{(v)}_{n+1} + \frac{V_i\phi_i}{\Delta t}\left(-\frac{1}{B_{\text{g}}{}^{(v)}_{2^{n+1}}}\frac{\partial B_{\text{g}}}{\partial p}\right)_i + \frac{V_i(1-\phi_i)V_{\text{L}}}{\Delta t}\left[-\left(1-\frac{p_{\text{L}}}{p{}^{(v)}_{n+1}+p_{\text{L}}}\right)\frac{1}{B_{\text{g}}{}^{(v)}_{2^{n+1}}}\frac{\partial B_{\text{g}}}{\partial p}\right.$$

$$\left.+\frac{1}{B_{\text{g}}{}^{(v)}_{n+1}}\frac{p_{\text{L}}}{\left(p^{(v)}_{n+1}+p_{\text{L}}\right)^2}\right] \tag{6-17}$$

$$T_{\text{mpf}} = \sum_j T_{\text{fm}i,j}{}^{(v)}_{n+1} + \frac{V_{\text{fm},i}\phi_{\text{fm},i}}{\Delta t}\left(-\frac{1}{B_{\text{g}}{}^{(v)}_{2^{n+1}}}\frac{\partial B_{\text{g}}}{\partial p}\right)_i + \frac{V_{\text{fm},i}(1-\varphi_{\text{fm},i})V_{\text{L}}}{\Delta t}\left[-\left(1-\frac{p_{\text{L}}}{p_{\text{fm},i}{}^{(v)}_{n+1}+p_{\text{L}}}\right)\right.$$

$$\left.\frac{1}{B_{\text{g}}{}^{(v)}_{2^{n+1}}}\frac{\partial B_{\text{g}}}{\partial p} + \frac{1}{B_{\text{g}}{}^{(v)}_{n+1}}\frac{p_{\text{L}}}{\left(p_{\text{fm},i}{}^{(v)}_{n+1}+p_{\text{L}}\right)^2} + T_{\text{mpf}k}\right] \tag{6-18}$$

$$T_{\text{mpf}k} = \frac{F_{\text{fm},i}{}^{n}\left(\sum_m^{n_{\text{f}}}\sum_{k\neq i}F_{\text{fm},k}{}^{n+1} + \frac{C}{\Delta t}\right)}{GUD_1} \tag{6-19}$$

$$GUD_2 = -\sum_j T_{ij}{}^{(v)}_{n+1}\left(p_j{}^{(v)}_{n+1} - p_i{}^{(v)}_{n+1}\right) \tag{6-20}$$

$$GUD_3 = -\sum_j T_{\text{fm}i,j}{}^{(v)}_{n+1}\left(p_j{}^{(v)}_{n+1} - p_{\text{fm}i}{}^{(v)}_{n+1}\right) \tag{6-21}$$

$$GUD_4 = \frac{F_{\text{fm},i}{}^{n}\left(\sum_m^{n_{\text{f}}}\sum_{k\neq i}F_{\text{fm},k}{}^{n+1} + \frac{C}{\Delta t}\right)}{GUD_1}p_i{}^{(v)}_{n+1} - \frac{F_{\text{fm},i}{}^{n}\left(\sum_m^{n_{\text{f}}}\sum_{k\neq i}F_{\text{fm},k}{}^{n+1} + \frac{C}{\Delta t}\right)}{GUD_1}p_{\text{fm},k}{}^{(v)}_{n+1} \tag{6-22}$$

## 6.2.2　水平井体积压裂两区复合数值试井数值离散数学模型

考虑压裂主裂缝为无限导流，将式(5－4)至式(5－6)和式(6－13)代入式(5－7)至式(5－9)可得到水平井体积压裂两区复合模型的数值试井离散数学模型。

内区：

$$T_{1,ij}{}^{(v)}_{n+1}\delta p_j{}^{(v+1)}_{n+1} - T_{\text{mpr1}}\delta p_i{}^{(v+1)}_{n+1} + \sum_j\left(p_j{}^{(v)}_{n+1} - p_i{}^{(v)}_{n+1}\right)\frac{\partial T_{1,ij}}{\partial p_{ij}}\bigg|^{(v)}_{n+1}\delta p_{ij}{}^{(v+1)}_{n+1} = GUD_{21} \tag{6-23}$$

外区：

$$T_{2,ij}{}_{n+1}^{(v)}\delta p_j{}_{n+1}^{(v+1)} - T_{mpr2}\delta p_i{}_{n+1}^{(v+1)} + \sum_j \left(p_j{}_{n+1}^{(v)} - p_i{}_{n+1}^{(v)}\right)\frac{\partial T_{2,ij}}{\partial p_{ij}}\bigg|_{n+1}^{(v)}\delta p_{ij}{}_{n+1}^{(v+1)} = GUD_{22} \tag{6-24}$$

主裂缝区：

$$T_{fmi,j}{}_{n+1}^{(v)}\delta p_j{}_{n+1}^{(v+1)} - T_{mpf}\delta p_{mf,i}{}_{n+1}^{(v+1)} + \sum_j \left(p_j{}_{n+1}^{(v)} - p_{mf,i}{}_{n+1}^{(v)}\right)\frac{\partial T_{mfi,j}}{\partial p_{ij}}\bigg|_{n+1}^{(v)}\delta p_{fmi,j}{}_{n+1}^{(v+1)} + T_{mpfk}\delta p_{fm,k}{}_{n+1}^{(v+1)} = GUD_3 + GUD_4 \tag{6-25}$$

式(6－23)至式(6－25)中：

$$T_{mpfk} = \frac{F_{fm,i}{}^{n}\left(\sum_m^{n_f}\sum_{k\neq i}F_{fm,k}{}^{n+1} + \frac{C}{\Delta t}\right)}{GUD_1} \tag{6-26}$$

$$GUD_{21} = -\sum_j T_{1,ij}{}_{n+1}^{(v)}\left(p_j{}_{n+1}^{(v)} - p_i{}_{n+1}^{(v)}\right) \tag{6-27}$$

$$GUD_{22} = -\sum_j T_{2,ij}{}_{n+1}^{(v)}\left(p_j{}_{n+1}^{(v)} - p_i{}_{n+1}^{(v)}\right) \tag{6-28}$$

$$GUD_3 = -\sum_j T_{fmi,j}{}_{n+1}^{(v)}\left(p_j{}_{n+1}^{(v)} - p_{fmi}{}_{n+1}^{(v)}\right) \tag{6-29}$$

$$GUD_4 = \frac{F_{fm,i}{}^{n}\left(\sum_m^{n_f}\sum_{k\neq i}F_{fm,k}{}^{n+1} + \frac{C}{\Delta t}\right)}{GUD_1}p_i{}_{n+1}^{(v)} - \frac{F_{fm,i}{}^{n}\left(\sum_m^{n_f}\sum_{k\neq i}F_{fm,k}{}^{n+1} + \frac{C}{\Delta t}\right)}{GUD_1}p_{fm,k}{}_{n+1}^{(v)} \tag{6-30}$$

$$T_{mpr1} = \sum_j T_{1,ij}{}_{n+1}^{(v)} + \frac{V_i\phi_{1i}}{\Delta t}\left(-\frac{1}{B_g{}_{2^{n+1}}^{(v)}}\frac{\partial B_g}{\partial p}\right)_i + \frac{V_i(1-\phi_{1i})V_L}{\Delta t}\left[-\left(1-\frac{p_L}{p_i{}_{n+1}^{(v)}+p_L}\right)\frac{1}{B_g{}_{2^{n+1}}^{(v)}}\frac{\partial B_g}{\partial p} + \frac{1}{B_g{}_{n+1}^{(v)}}\frac{p_L}{\left(p_i{}_{n+1}^{(v)}+p_L\right)^2}\right] \tag{6-31}$$

$$T_{mpr2} = \sum_j T_{2,ij}{}_{n+1}^{(v)} + \frac{V_i\phi_{2i}}{\Delta t}\left(-\frac{1}{B_g{}_{2^{n+1}}^{(v)}}\frac{\partial B_g}{\partial p}\right)_i + \frac{V_i(1-\phi_{2i})V_L}{\Delta t}\left[-\left(1-\frac{p_L}{p_i{}_{n+1}^{(v)}+p_L}\right)\frac{1}{B_g{}_{2^{n+1}}^{(v)}}\frac{\partial B_g}{\partial p} + \frac{1}{B_g{}_{n+1}^{(v)}}\frac{p_L}{\left(p_i{}_{n+1}^{(v)}+p_L\right)^2}\right] \tag{6-32}$$

$$T_{\text{mpf}} = \sum_j T_{\text{fm}i,j}{}^{(v)}_{n+1} + \frac{V_{\text{fm},i}\phi_{\text{fm},i}}{\Delta t}\left(-\frac{1}{B_{\text{g}}{}^{(v)}_{2^{n+1}}}\frac{\partial B_{\text{g}}}{\partial p}\right)_i + \frac{V_{\text{fm},i}(1-\phi_{\text{fm},i})V_{\text{L}}}{\Delta t}\left[-\left(1-\frac{p_{\text{L}}}{p_{\text{fm},i}{}^{(v)}_{n+1}+p_{\text{L}}}\right)\right.$$

$$\left.\frac{1}{B_{\text{g}}{}^{(v)}_{2^{n+1}}}\frac{\partial B_{\text{g}}}{\partial p} + \frac{1}{B_{\text{g}}{}^{(v)}_{n+1}}\frac{p_{\text{L}}}{(p_{\text{fm},i}{}^{(v)}_{n+1}+p_{\text{L}})^2} + T_{\text{mpfk}}\right] \tag{6-33}$$

## 6.2.3　水平井体积压裂裂缝多区复合数值试井数值离散数学模型

同样地，考虑压裂主裂缝为无限导流，将式(5－4)至式(5－6)和式(6－13)代入式(6－12)至式(6－14)可得到水平井体积压裂裂缝多区复合模型的数值试井离散数学模型。

网状裂缝区。

$$T_{\text{fm}i,j}{}^{(v)}_{n+1}\delta p_j{}^{(v+1)}_{n+1} - T_{\text{mpr1}}\delta p_i{}^{(v+1)}_{n+1} + \sum_j\left(p_j{}^{(v)}_{n+1} - p_i{}^{(v)}_{n+1}\right)\frac{\partial T_{\text{fm}i,j}}{\partial p_{ij}}\bigg|^{(v)}_{n+1}\delta p_{ij}{}^{(v+1)}_{n+1} = GUD_{21} \tag{6-34}$$

外区：

$$T_{2,ij}{}^{(v)}_{n+1}\delta p_j{}^{(v+1)}_{n+1} - T_{\text{mpr2}}\delta p_i{}^{(v+1)}_{n+1} + \sum_j\left(p_j{}^{(v)}_{n+1} - p_i{}^{(v)}_{n+1}\right)\frac{\partial T_{2,ij}}{\partial p_{ij}}\bigg|^{(v)}_{n+1}\delta p_{ij}{}^{(v+1)}_{n+1} = GUD_{22} \tag{6-35}$$

主裂缝井区：

$$T_{\text{fm}i,j}{}^{(v)}_{n+1}\delta p_j{}^{(v+1)}_{n+1} - T_{\text{mpf}}\delta p_{\text{mf},i}{}^{(v+1)}_{n+1} + \sum_j\left(p_j{}^{(v)}_{n+1} - p_{\text{mf},i}{}^{(v)}_{n+1}\right)\frac{\partial T_{\text{mfi},j}}{\partial p_{ij}}\bigg|^{(v)}_{n+1}\delta p_{\text{fm}i,j}{}^{(v+1)}_{n+1}$$

$$+ T_{\text{mpfk}}\delta p_{\text{fm},k}{}^{(v+1)}_{n+1} = GUD_3 + GUD_4 \tag{6-36}$$

式(6－34)至式(6－36)中：

$$T_{\text{mpr1}} = \sum_j T_{\text{fm}i,j}{}^{(v)}_{n+1} + \frac{V_i\phi_{\text{fm},1i}}{\Delta t}\left(-\frac{1}{B_{\text{g}}{}^{(v)}_{2^{n+1}}}\frac{\partial B_{\text{g}}}{\partial p}\right)_i + \frac{V_i(1-\phi_{\text{fm},1i})V_{\text{L}}}{\Delta t}\left[-\left(1-\frac{p_{\text{L}}}{p_i{}^{(v)}_{n+1}+p_{\text{L}}}\right)\right.$$

$$\left.\frac{1}{B_{\text{g}}{}^{(v)}_{2^{n+1}}}\frac{\partial B_{\text{g}}}{\partial p} + \frac{1}{B_{\text{g}}{}^{(v)}_{n+1}}\frac{p_{\text{L}}}{\left(p_i{}^{(v)}_{n+1}+p_{\text{L}}\right)^2}\right] \tag{6-37}$$

$$T_{\text{mpr2}} = \sum_j T_{2,ij}{}^{(v)}_{n+1} + \frac{V_i\phi_{2i}}{\Delta t}\left(-\frac{1}{B_{\text{g}}{}^{(v)}_{2^{n+1}}}\frac{\partial B_{\text{g}}}{\partial p}\right)_i + \frac{V_i(1-\phi_{2i})V_{\text{L}}}{\Delta t}\left[-\left(1-\frac{p_{\text{L}}}{p_i{}^{(v)}_{n+1}+p_{\text{L}}}\right)\right.$$

$$\left.\frac{1}{B_{\text{g}}{}^{(v)}_{2^{n+1}}}\frac{\partial B_{\text{g}}}{\partial p} + \frac{1}{B_{\text{g}}{}^{(v)}_{n+1}}\frac{p_{\text{L}}}{\left(p_i{}^{(v)}_{n+1}+p_{\text{L}}\right)^2}\right] \tag{6-38}$$

$$T_{\mathrm{mpf}} = \sum_j T_{\mathrm{fm}i,j}^{\overset{(v)}{n+1}} + \frac{V_{\mathrm{fm},i}\phi_{\mathrm{fm},1i}}{\Delta t}\left(-\frac{1}{B_{\mathrm{g}}^{\overset{(v)}{2^{n+1}}}}\frac{\partial B_{\mathrm{g}}}{\partial p}\right)_{\mathrm{fm},i} + \frac{V_{\mathrm{fm},i}(1-\phi_{\mathrm{fm},1i})V_{\mathrm{L}}}{\Delta t}\left[-\left(1-\frac{p_{\mathrm{L}}}{p_{\mathrm{fm},i}^{\overset{(v)}{n+1}}+p_{\mathrm{L}}}\right)\right.$$

$$\left.\frac{1}{B_{\mathrm{g}}^{\overset{(v)}{2^{n+1}}}}\frac{\partial B_{\mathrm{g}}}{\partial p} + \frac{1}{B_{\mathrm{g}}^{\overset{(v)}{n+1}}}\frac{p_{\mathrm{L}}}{\left(p_{\mathrm{fm},i}^{\overset{(v)}{n+1}}+p_{\mathrm{L}}\right)^2} + T_{\mathrm{mpf}k}\right] \tag{6-39}$$

$$T_{\mathrm{mpf}k} = \frac{F_{\mathrm{fm},i}{}^{n}\left(\sum_m^{n_{\mathrm{f}}}\sum_{k\neq i}F_{\mathrm{fm},k}{}^{n+1}+\frac{C}{\Delta t}\right)}{GUD_1} \tag{6-40}$$

$$GUD_{21} = -\sum_j T_{\mathrm{fm}i,j}^{\overset{(v)}{n+1}}\left(p_j^{\overset{(v)}{n+1}} - p_i^{\overset{(v)}{n+1}}\right) \tag{6-41}$$

$$GUD_{22} = -\sum_j T_{2,ij}^{\overset{(v)}{n+1}}\left(p_j^{\overset{(v)}{n+1}} - p_i^{\overset{(v)}{n+1}}\right) \tag{6-42}$$

$$GUD_3 = -\sum_j T_{\mathrm{fm}i,j}^{\overset{(v)}{n+1}}\left(p_j^{\overset{(v)}{n+1}} - p_{\mathrm{fm}.i}^{\overset{(v)}{n+1}}\right) \tag{6-43}$$

$$GUD_4 = \frac{F_{\mathrm{fm},i}{}^{n}\left(\sum_m^{n_{\mathrm{f}}}\sum_{k\neq i}F_{\mathrm{fm},k}{}^{n+1}+\frac{C}{\Delta t}\right)}{GUD_1}p_i^{\overset{(v)}{n+1}} - \frac{F_{\mathrm{fm},i}{}^{n}\left(\sum_m^{n_{\mathrm{f}}}\sum_{k\neq i}F_{\mathrm{fm},k}{}^{n+1}+\frac{C}{\Delta t}\right)}{GUD_1}p_{\mathrm{fm},k}^{\overset{(v)}{n+1}} \tag{6-44}$$

## 6.2.4 离散裂缝网络压裂水平井数值试井数学模型

与对称双翼裂缝压裂水平井相比,离散裂缝网络压裂水平井除了由前处理非结构生成 PEBI 网格不同外,其二者的控制方程等是一致的。因此推导的离散裂缝网络压裂水平井数值试井数学模型与前面对称双翼裂缝压裂水平井数值试井模型式(6-15)和式(6-16)也是一致的。

## 6.2.5 数学模型求解

为计算获得页岩气藏压裂水平井数学模型,需要寻求快速稳健的计算方法以及确定合理的求解技术思路。

### 6.2.5.1 求解方法

对数值试井和产量递减数值数学模型方程离散化和线性化后可得到形式如 $\boldsymbol{Ax}=\boldsymbol{B}$ 的线性方程组,其中 $\boldsymbol{A}$ 为 $n\times n$ 的非奇异矩阵,$\boldsymbol{x}$ 和 $\boldsymbol{b}$ 为 $n$ 维列向量。由于 PEBI 网格为非结构网格,各网格与其相邻网格间存在非对称关系以及系数矩阵参数非线性变化等原因,导致矩阵具有规模大、非对称、非规则、病态(矩阵条件数为 $10^4\sim10^6$)及稀疏等性质。在数值计算过程中,模拟计算的区域大小和网格数量对计算收敛快慢的影响很大,同时加上系数矩阵病态,因此稳健快速的计算方法十分重要。针对非结构网格构建的系数矩阵病态较为严重,传统迭代法如高斯—赛德尔(Gauss - Seidel)、松弛迭代(SOR)等方法均不能有效求解。而目前求解病态矩阵的主要方法包括共轭梯度法、改进的线性迭代法、奇异值分解法(SVD)、广义极小余量法(GMRES)。

综合对比发现改进的线性迭代法和广义极小余量法(GMRES)两种方法计算结果精度满足要求。其基本原理将在下面详细阐述。

(1)改进的线性迭代法。

改进的线性方程组迭代法已知近似解的计算精度,既可用于求解一般线性方程组的高精度解,也可用于求解病态方程组的解。

方法原理:

设 $Ax=b$ 的精度解为 $x^*$,已知一近似解 $x^*+\delta x$ 满足:

$$A(x^* + \delta x) = b + \delta b \neq b \tag{6-45}$$

$$\delta b = A(x^* + \delta x) - b \tag{6-46}$$

将 $A$ 进行 $LU$ 分解,求解

$$A\delta x = \delta b = A(x^* + \delta b) - b \tag{6-47}$$

右端项 $\delta b$ 用双精度计算,则

$$x^* = (x^* + \delta x) - \delta x \tag{6-48}$$

(2)广义极小余量(GMRES)。

虽然改进的线性迭代法计算结果满足要求,但是收敛速度很慢。而广义极小余量法因具有占用内存少、运算速度快且稳定性好等优点,是目前商业软件中广泛应用的计算方法。为此本书也选用广义极小余量法(GMRES)对线性方程组进行求解。

GMRES 算法是以 Galerkin 原理为基础,求解大型非对称线性方程组的 Krylov 子空间方法。记 $R^n$ 中两个 $m$ 维 Krylov 子空间分别为 $K_m$ 和 $L_m$,由 $\{v_i\}^m_{i=1}$ 和 $\{w_i\}^m_{i=1}$ 分别张成。设 $x_0 \in R^n$ 为任意一个向量,令 $x=x_0+z$,线性方程 $Ax=b$ 可改写为:

$$Az = r \tag{6-49}$$

其中 $r=b-Ax_0$。

求解方程组式(6-49)的 Galerkin 原理为:找到方程组式(6-49)的子空间 $K_m$ 中的近似解 $z_m$,使得残余向量 $r-Az_m$ 与子空间 $L_m$ 中的全部向量 $w$ 正交。

即 $z_m \in K_m, w \in L_m$,则有:

$$(r - Az_m, w) = 0 \tag{6-50}$$

设向量 $V_m=(v_1,v_2,\cdots,v_m)$,$W_m=(w_1,w_2,\cdots,w_m)$,$\{v_i\}^m_{i=1}$ 和 $\{w_i\}^m_{i=1}$ 分别为 $K_m$ 和 $L_m$ 的基底。$z_m$ 的表达式为:$z_m=V_my_m, y_m \in R^m$。则式(6-50)可写为:

$$(W^T_m A V_m) y_m = W^T_m r \tag{6-51}$$

如果 $W^T_m A V_m$ 为非奇异矩阵,则近似解为:

$$z_m = V_m(W_m^T A V_m)^{-1} W_m^T r \tag{6-52}$$

取 $K_m = Span\{r, Ar, \cdots, A^{m-1}r\}$，$L_m = AK_m = Span\{Ar, A^2r, \cdots A^m r\}$。即在 $K_m$ 中求 $z_m$ 就等价于极小化残余向量 $r - Az_m$ 的 2 范数 $\| r - Az \|_2$。

引入正交化算子 $H_m$（即上 Hessenberg 矩阵），先正交化 $K_m$，同时与 $V_m$ 产生下一迭代步的构造关系式：$AV_m = V_{m+1}\overline{H}_m = V_{m+1}\begin{bmatrix} H_m \\ h_{m+1,m}e_m^T \end{bmatrix}$，其中 $e_m^T = (0,0,\cdots,1)$，找到子空间 $K_m$ 的一组标准正交基 $\{v_i\}_{i=1}^m$，根据 $V_{m+1}^T V_{m+1} = I$ 可得：

$$\begin{aligned} \| r - Az \|_2 &= \| r - AV_m y \|_2 = \| r - V_{m+1}\overline{H}_m y \|_2 = \| r - V_{m+1}\overline{H}_m y \|_2 \\ &= \| \beta v_1 - V_{m+1}\overline{H}_m y \|_2 = \| V_{m+1}(\beta e_1 - \overline{H}_m y) \|_2 = \| \beta e_1 - \overline{H}_m y \|_2 \end{aligned} \tag{6-53}$$

由式(6－53)可知：子空间 $K_m$ 中的极小化残余向量 $\| r - Az \|_2$ 与 $R^m$ 中的极小化向量 $\| \beta e_1 - \overline{H}_m y \|_2$ 等价。

因此根据上述 GMRES 算法的基本原理，其求解线性方程组的具体步骤如下：

(1)选取初始近似值 $x^{(0)} \in R^n$，计算 $r^{(0)} = b - Ax^{(0)}$，$\beta = \| r^{(0)} \|_2$，$v^{(1)} = r^{(0)}/\beta$；

(2)定义一个$(m+1) \times m$ 阶的矩阵$\overline{H}_m = \{h_{ij}\}_{1 \leqslant i \leqslant m+1, 1 \leqslant j \leqslant m}$，设置矩阵$\overline{H}_m = 0$；

(3)计算$\{v_i\}_{i=1}^m$和$\overline{H}_m$；

(4)极小化 $\| \beta e_1 - \overline{H}_m y \|_2$，求出 $y_m$；

(5)计算 $x^{(m)} = x^{(0)} + V_m y_m$；

(6)计算 $\| r^{(m)} \|_2 = \| b - Ax^{(m)} \|_2$，当$\left| \dfrac{\| r^{(m)n} \|}{\| r^{(m)n-1} \|} - 1 \right| \leqslant e^{-8}$（$n$ 为迭代次数），停止迭代；

(7)将 $x^{(m)}$ 赋给 $x^{(0)}$，$v^{(1)} = r^{(m)} / \| r_m \|_2$，返回步骤(2)。

值得注意的是，在应用 GMRES 迭代方法求解线性方程组中，需要选择合适的 $m$ 值以防止因 $m$ 值过大而增加储存需求或 $m$ 值太小而收敛速度慢的问题。

#### 6.2.5.2 求解收敛性及稳定性

决定数值模拟计算结果正确性的主要条件是求解的收敛性和稳定性。

(1)收敛性分析。

本书采用的是先进的 PEBI 网格，是严格的局部正交网格。此类网格已被证明其数值计算是收敛的，可用来精确模拟油气藏不稳定压力和产能问题（如 Saphir 软件和 Topaze 软件）。此外本书数值试井及产量递减分析构成的线性方程组的系数矩阵为严格主对角占优矩阵，从数学角度也保障了线性方程组解的绝对收敛。只是收敛的速度快慢受网格大小和时间步长等因素的影响。但是由于影响数值计算收敛速度快慢的影响因素很多，如网格大小、时间步长以及网格气藏属性等，因此目前实际油气藏数值模拟过程中收敛速度快慢没有统一标准条件。

(2)稳定性分析。

与收敛快慢相比，计算稳定性更为重要。从数学角度来说，虽然本书推导过程中采用了无条件稳定的全隐式离散方法，但是由于离散过程中非线性项的线性化处理会引入新的误差，因此全隐式离散方法得到的线性方程组也不是无条件稳定。在数学上，数值试井与油藏数值模拟的本质是相同的。而数值试井是短期井内压力的拟合分析，其计算结果的稳定性对其网格划分和时间步长的控制有更高的要求。

一般地，网格大小和时间步长二者共同决定着解的稳定性，其基本要求：相邻网格大小比值不能太大，但无统一标准条件；时间步长采用动态变化的原则。

在实际数值模拟中，为了减少计算时间，时间步长采用指数规律增长，其时间步长计算式为：

$$\Delta t_n = 10^{\alpha} \Delta t_{n-1} \tag{6-54}$$

式中　$\Delta t_{n-1}$——$n-1$ 时刻的计算时间步长；

$\Delta t_n$——$n$ 时刻的计算时间步长；

$\alpha$——时间增长系数。

此外，在实际数值计算过程中，每一个时间步长的计算结果需通过物质平衡校验。若满足物质平衡精度要求则增加时间步长，若不满足精度要求，则使用上一时间步长或缩短时间步长进行计算，以保证解的稳定性。对于单相可压缩流体流动问题，对某个时步的物质平衡校验被称为增量物质平衡，用 $I_{MB}$ 表示，即：

$$I_{MB} = \frac{\dfrac{V_i}{\alpha_c}\left[\left(\dfrac{\phi}{B}\right)_i^{n+1} - \left(\dfrac{\phi}{B}\right)_i^{n}\right]}{\Delta t \sum_{i=1}^{N} q_{sc,i}^{\ n+1}} \tag{6-55}$$

式中　$\alpha_c$——容积转换系数；

$q_{sc,i}$——$i$ 网格源汇项。

基于上述稳定性计算原理，以本书构建的压裂水平井 PEBI 网格为基础，分别计算了有无物质平衡校验下的井底流压变化情况（图 6-4）。从图 6-4 中可以看出，通过物质平衡校验后动态调整的时间步长计算结果满足稳定性要求。

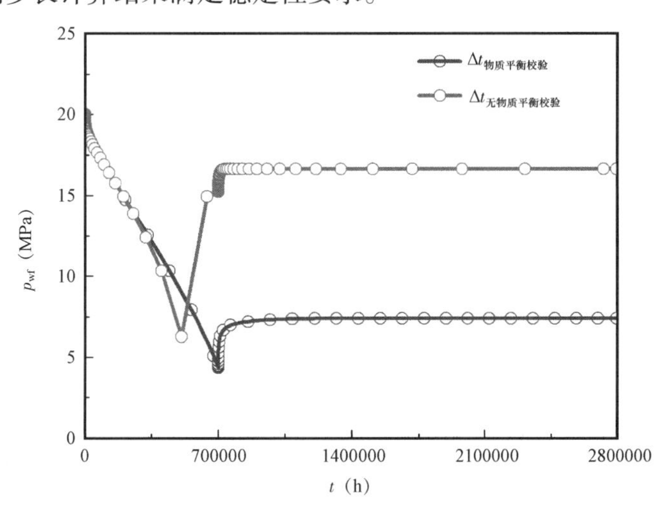


图 6-4　井底流压计算稳定性分析对比

### 6.2.5.3 求解技术思路

基于 PEBI 网格和页岩气藏压裂水平井数值试井和产量递减数值数学模型，在网格相关参数赋值和生产制度确定的基础上，应用 GMRES 方法即可求得不同时刻各网格压力等参数，其求解技术思路如图 6－5 所示。

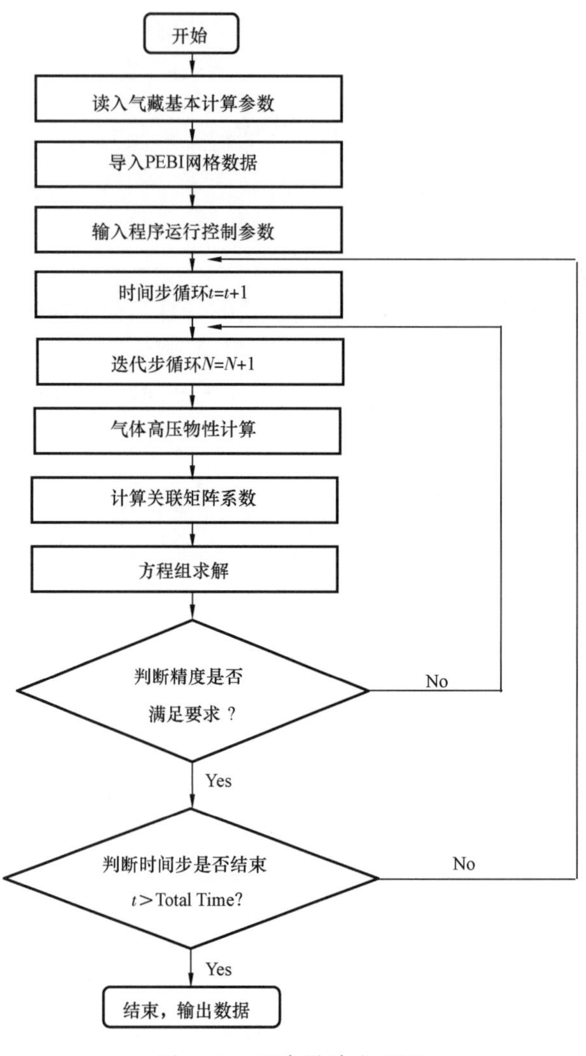


图 6－5　程序设计流程图

## 6.3　页岩气藏试井典型曲线分析

试井典型曲线流动阶段识别及相关参数影响分析是试井解释工作的基础。为此，首先利用试井商业软件验证了数值试井理论方法的正确性，而后计算获得了页岩气藏四种压裂水平井概念模型的试井典型曲线，分析讨论了对应模型下的不稳定压力动态特征和典型曲线相关参数的影响，最后提出了对应模型的数值试井解释方法。

## 6.3.1 数值试井分析方法可靠性验证

### 6.3.1.1 典型曲线计算方法

与油藏试井相比,气藏中的气体高压物性与压力存在很强的非线性关系,一般通过引入拟压力使得方程线性化,因此气井试井分析典型曲线一般是拟压力和拟压力导数的曲线。其拟压力和拟压力导数计算式分别为:

真实气体拟压力定义式为:

$$\psi(p) = 2\int_{p_0}^{p} \frac{p}{\mu_g z} dp \tag{6-56}$$

式中 $z$——气体偏差因子;

$p_0$——参考压力,一般取大气压 0.1MPa。

式(6-56)中的积分计算时采用梯形积分法对其进行数值积分,计算表达式为:

$$\psi(p) = 2\int_{p_0}^{p} \frac{p}{\mu_g z} dp = \sum_{i=1}^{n} \frac{1}{2}\left[\left(\frac{p}{\mu z}\right)_{i-1} + \left(\frac{p}{\mu z}\right)_{i-1}\right](p_j - p_{j-1}) \tag{6-57}$$

式中 $z$——气体偏差因子;

小标 $n$——压力 $p_0$ 和 $p$ 之间的离散段数,整数。

数值试井典型曲线中拟压力对时间的导数计算表达式为:

$$\psi(p)' = \frac{d\psi(p)}{dt} = \frac{\psi(p)_T - \psi(p)_{T-1}}{t_T - t_{T-1}} \tag{6-58}$$

式中 小标 $T$——$T$ 时刻;

小标 $T-1$——$T-1$ 时刻。

### 6.3.1.2 理论方法可靠性验证

页岩气藏压裂水平井数学模型忽略扩散和吸附解吸参数,其数学模型可简化为致密气藏压裂水平井数学模型。为此,以压裂水平井非结构 PEBI 网格物理模型为基础,结合前面控制体有限单元法推导的压裂水平井数值试井离散数学模型和表 6-1 中的基本计算参数,编程模拟计算了致密气藏无限导流压裂水平井井底流压。同时与国外成熟的试井分析软件(Saphir)中数值试井模块预测结果比较,本书方法计算的流压结果从趋势和数值上看一致性较好(图 6-6),其流压最大误差约 0.3%。

**表 6-1　模拟计算基础参数表**

| 储层孔隙度 $\phi$ | 0.1 | 储层有效厚度 $h$(m) | 16 | 单井控制半径 $r_e$(m) | 200 |
|---|---|---|---|---|---|
| 原始地层压力 $p_i$(MPa) | 20 | 天然气相对密度 $r_g$ | 0.57 | 储层温度(℃) | 60 |
| 裂缝壁面表皮系数 $S_f$ | 0 | 渗透率 $K$(mD) | 0.01 | 裂缝数量 $n_f$(条) | 3 |
| 裂缝间距 $d_f$(m) | 60 | 裂缝半长 $x_f$(m) | 25 | 井储系数 $C$($m^3$/MPa) | 10 |
| 模拟开井时间 $t_{on}$(h) | 4000 | 模拟开井产量 $q$($m^3$/d) | 3500 | 模拟关井时间 $t_{off}$(h) | 16000 |

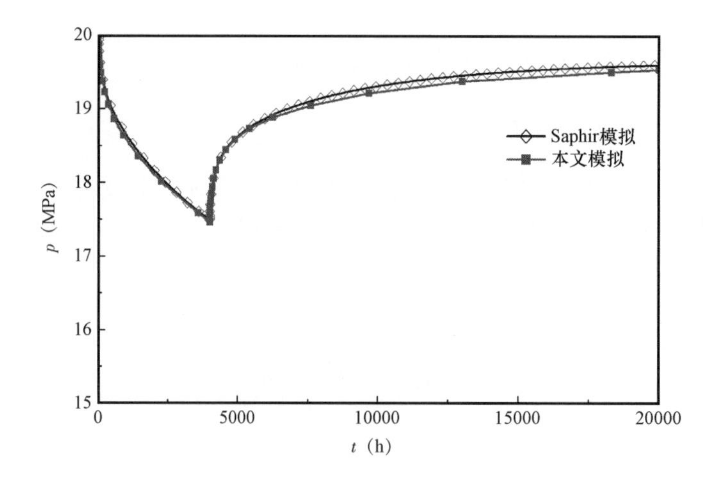


图6－6　Saphir数值试井和本书方法模拟测试下压力变化曲线对比图

在流压模拟结果对比基础上，进一步计算对比了双对数试井曲线（图6－7）。从图6－7中可以看出，本书模拟的试井曲线与Saphir软件数值试井模块模拟得到的试井曲线特征一致性较好。

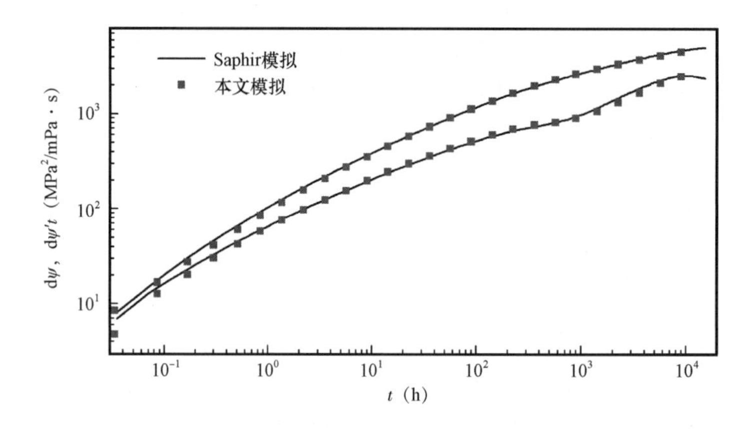


图6－7　本书与Saphir数值试井模拟计算的压力恢复试井曲线对比图

综上所述，本书理论模型模拟计算的压裂水平井井底流压、数值试井曲线与国外试井商业软件Saphir模拟结果具有一致性，从而验证了本书建立的压裂水平井数值试井分析方法和计算结果正确性和可靠性。

## 6.3.2　试井典型曲线分析

在本书数值试井理论方法和计算结果正确性验证基础上，进一步计算和分析了页岩气藏四种压裂水平井概念模型的试井典型曲线。

### 6.3.2.1　对称双翼裂缝模型试井曲线分析

（1）流动特征划分。

结合压裂水平井非结构网格和页岩气藏对称双翼裂缝压裂水平井试井分析理论，在裂缝参数和网格参数赋值(表 6 -2)基础上,可计算获得对称双翼裂缝压裂水平井试井分析典型曲线。

**表 6 -2 计算基础参数表**

| 储层孔隙度 $\phi$ | 0.08 | 储层有效厚度 $h$(m) | 16 | 单井控制半径 $r_e$(m) | 250 |
|---|---|---|---|---|---|
| 原始地层压力 $p_i$(MPa) | 20 | 天然气相对密度 $r_g$ | 0.57 | 储层温度(℃) | 60 |
| 裂缝壁面表皮系数 $S_f$ | 0.1 | 渗透率 $K$(mD) | $8\times10^{-3}$ | 裂缝数量 $n_f$(条) | 3 |
| 裂缝间距 $d_f$(m) | 100 | 裂缝半长 $x_f$(m) | 25 | 井储系数 $C$($m^3$/MPa) | 25 |
| Langmuir 体积 $V_L$($m^3/m^3$) | 3 | Langmuir 压力 $p_L$(MPa) | 10.4 | 综合扩散系数 $D_k$($m^2$/s) | $1\times10^{-9}$ |
| 开井时间 $t_{on}$(h) | $8\times10^5$ | 开井产量 $q$($m^3$/d) | 1000 | 关井时间 $t_{off}$(h) | $3.2\times10^6$ |

根据表 6 -2 中的基础参数和生产制度,计算获得了页岩气对称双翼裂缝压裂水平井试井典型曲线(图 6 -8),根据曲线特征可将其划分为 7 个流动阶段:Ⅰ为井筒储集阶段,表现为斜率为 1 的直线;Ⅱ为井筒储集与早期线性流段间的过渡流阶段,与常规气藏压裂水平井试井曲线相比,其压力导数曲线可能表现有“凹子”的特征,但是该阶段凹子可能受到井储($C$)和 Langmuir 体积($V_L$)的影响被掩盖掉;Ⅲ为裂缝间早期地层线性流,压力双对数曲线表现为平行直线;Ⅳ为裂缝系统径向流,压力导数曲线表现为水平线;Ⅴ为复合线性流,压力和压力导数曲线表现为平行直线;Ⅵ为系统径向流,压力导数曲线表现为水平线;Ⅶ为边界响应阶段,压力导数曲线急剧往下掉。

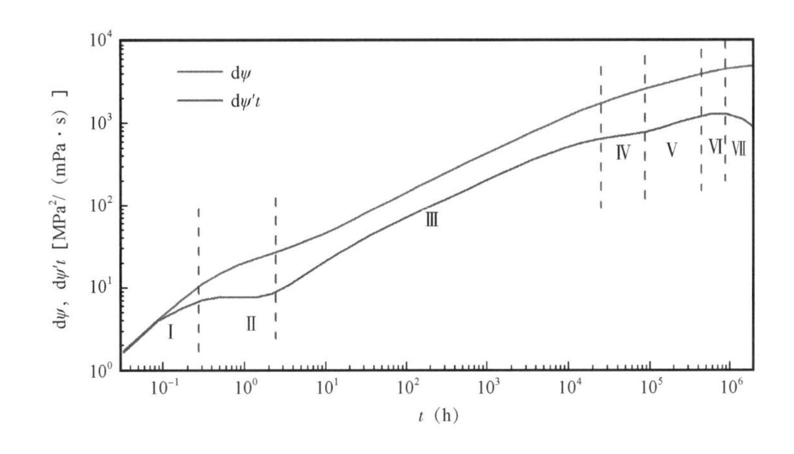


图 6 -8 页岩气藏对称双翼裂缝压裂水平井试井曲线流动阶段

(2)参数敏感性分析。

在页岩气对称双翼裂缝压裂水平井数值试井典型曲线流动阶段划分的基础上,进一步讨论了储层参数、裂缝参数等对试井典型曲线的影响。

图 6 -9 说明了井筒储集系数($C$)对页岩气藏压裂水平井试井典型曲线的影响。井储系数反映了开、关井时井筒储集效应严重程度,从图 6 -9 中可知井储系数影响井筒储集阶段,$C$ 越大,井筒效应持续的时间越长,且井筒储集阶段直线向右偏移。

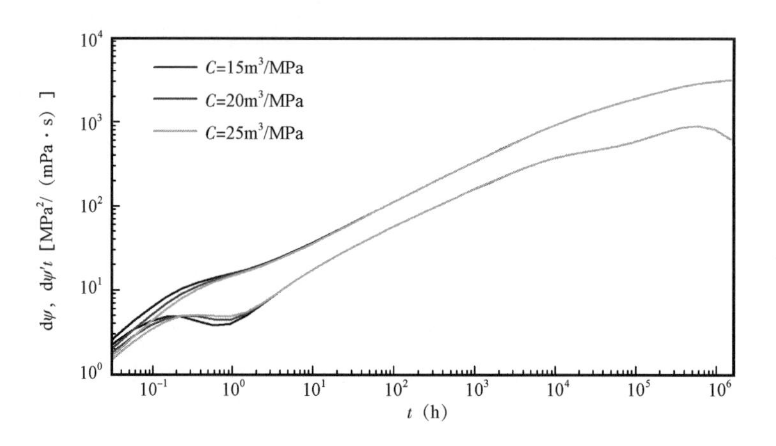


图 6－9　井储系数($C$)对页岩气藏压裂水平井试井典型曲线的影响

Langmuir 体积($V_L$)对试井典型曲线的影响显著,其主要影响过渡流、裂缝间早期线性流、早期径向流、复合线性流、系统径向流和边界反映阶段(图 6－10)。由于压裂水平井裂缝周围压力降落最低,使得页岩气解吸量最大,即基质表面的吸附气向孔隙空间补给量最大,在井储流动阶段后表现出"凹子"特征。从图 6－10 中可看出:$V_L$越大,基质表面解吸供给气量越多,即井储后过渡流的"凹子"越深,裂缝线性流时间越长,早期径向流、复合线性流、系统径向流和边界反应阶段出现的时间越晚;$V_L$越大,过渡流、早期地层线性流、早期径向流、复合线性流阶段的双对数曲线位置越低。

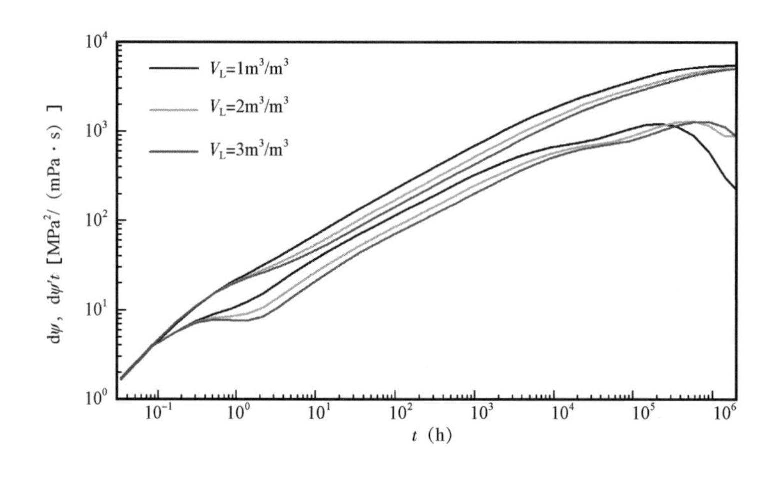


图 6－10　Langmuir 体积($V_L$)对页岩气藏压裂水平井试井典型曲线的影响

从图 6－11 可以看出 $p_L$对页岩气藏压裂水平井的试井典型曲线影响较小,主要影响过渡流、线性流和边界反映阶段。$p_L$越小,过渡流和线性流试井曲线位置越低,同时试井曲线达到边界的时间越晚,主要原因是 $p_L$越小,吸附气供给能力越大,减缓压力波及速度。

从图 6－12 中可看出综合扩散系数 $D_k = 1 \times 10^{-12} m^2/s$ 和 $D_k = 1 \times 10^{-9} m^2/s$ 时试井曲线重合,但 $D_k = 1 \times 10^{-6} m^2/s$ 下的试井曲线裂缝线性流、早期径向流、复合线性流和系统径向流

阶段的压力和压力导数曲线位置明显低于其他两种扩散系数的情况。因此在页岩储层渗透率很低情况下,扩散系数越高对页岩气开采越有利。

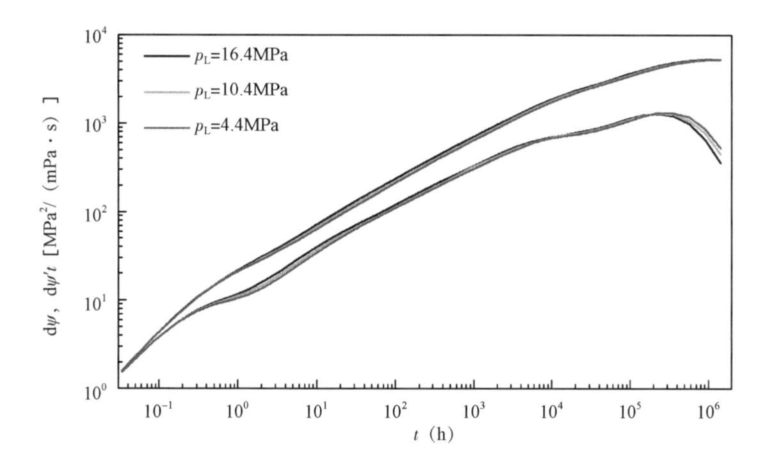


图 6-11 Langmuir 压力($p_L$)对页岩气藏压裂水平井试井典型曲线的影响

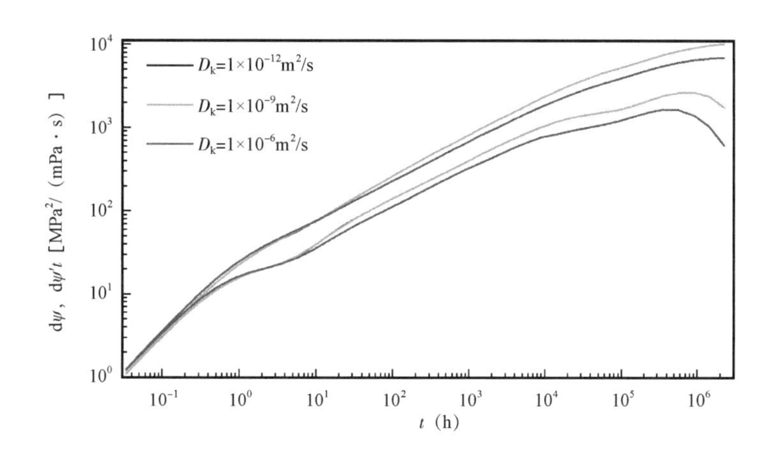


图 6-12 综合扩散系数($D_k$)对页岩气藏压裂水平井试井典型曲线的影响

图 6-13 可以看出储层渗透率($K$)对试井曲线影响显著。渗透率主要影响系统径向流位置的高低,即 $K$ 越大,系统径向流阶段的位置越低。同时由于 $K$ 越大,地层传播能力越快,各个流动阶段(早期裂缝线性流、早期径向流、复合线性流和系统径向流)时间越短以及压力波及边界的时间越早,同时试井双对数曲线的位置也越低。

裂缝间距($d_f$)主要影响试井典型曲线中早期径向流以及复合线性流阶段(图 6-14)。裂缝间距越大,裂缝间干扰出现的时间越晚,因此早期径向流持续的时间越长,而复合线性流出现的时间越晚。

图 6-15 说明了裂缝半长($x_f$)主要影响试井典型曲线的早期线性流、早期径向流和复合线性流。裂缝半长越长,早期线性流、早期径向流和复合线性流的位置也越低。其主要原因是裂缝半长越长,早期地层流入井筒的流动阻力越小。

裂缝数量($n_f$)对页岩气藏对称双翼裂缝压裂水平井的试井典型曲线影响显著

(图6-16)。其主要影响早期裂缝线性流、早期裂缝径向流、复合线性流、系统径向流和边界反映阶段。裂缝数量越多,地层流入裂缝的阻力越小,因此其各个阶段(除井筒储集阶段)试井双对数曲线的位置越低。

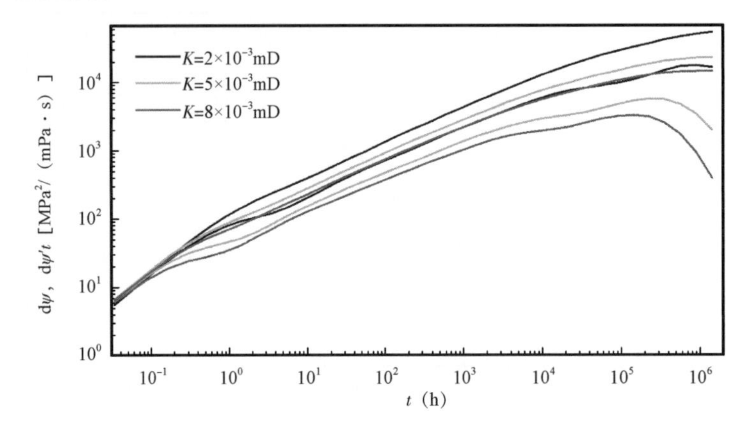


图6-13 储层渗透率($K$)对页岩气藏压裂水平井试井典型曲线的影响

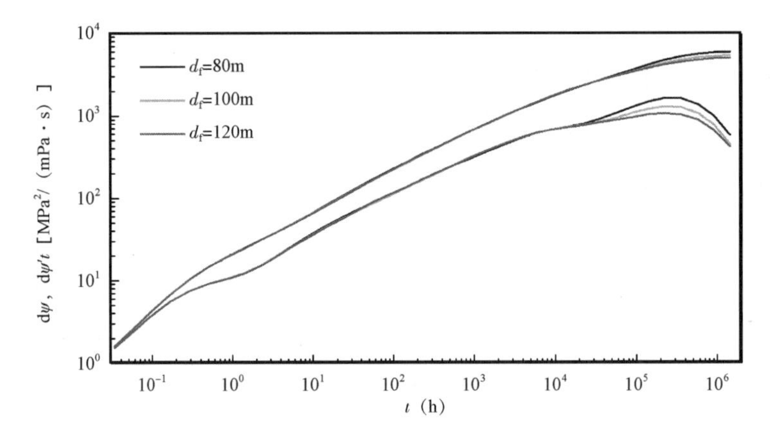


图6-14 裂缝间距($d_f$)对页岩气藏压裂水平井试井典型曲线的影响

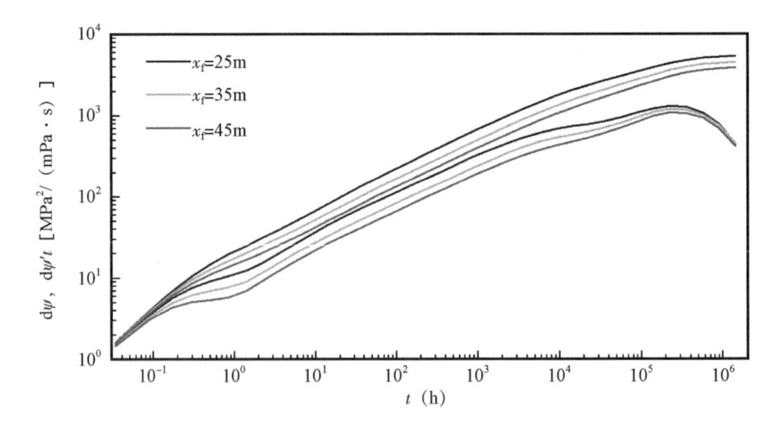


图6-15 裂缝半长($x_f$)对页岩气藏压裂水平井试井典型曲线的影响

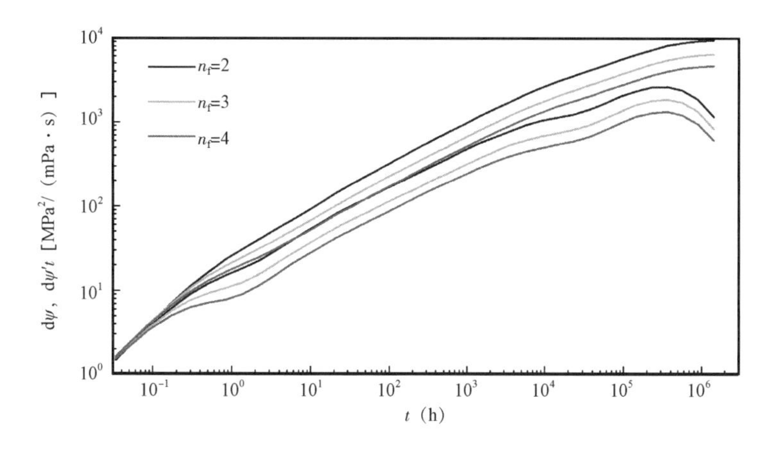


图 6－16 裂缝数量($n_f$)对页岩气藏压裂水平井试井典型曲线的影响

图 6－17 说明边界距离大小($r_e$)主要影响边界响应阶段出现早晚。$r_e$越大,压力波及边界的时间越晚,即试井的压力导数曲线向下掉的时间越晚。

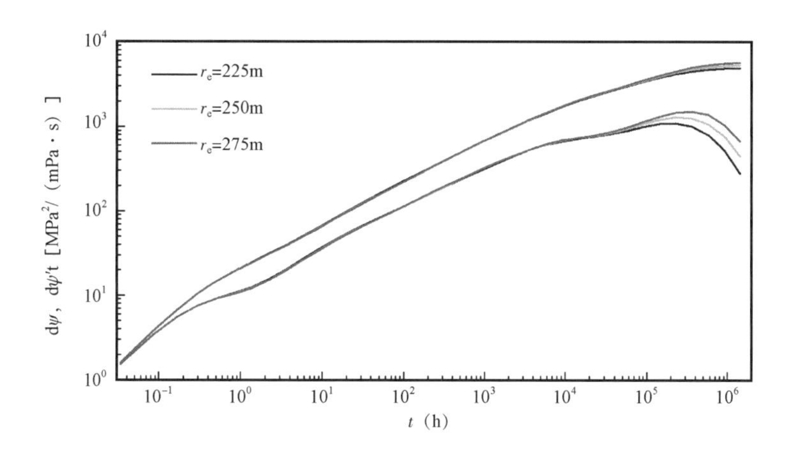


图 6－17 控制半径($r_e$)对页岩气藏压裂水平井试井典型曲线的影响

### 6.3.2.2 体积压裂两区复合模型试井曲线分析

(1)流动特征划分。

结合压裂水平井非结构网格和页岩气藏压裂水平井试井分析方法理论,在裂缝参数和网格参数赋值(表 6－3)基础上,可计算获得对应的压裂水平井两区复合试井分析典型曲线。

根据表 6－3 的基础参数和生产制度,计算获得了两区复合压裂水平井试井典型曲线(图 6－18)。根据试井曲线特征可将两区复合压裂水平井产量递减曲线划分为 9 个流动阶段:Ⅰ为井筒储集阶段,表现为斜率为 1 的直线;Ⅱ为井储与裂缝线性流间的过渡流阶段,由于生产使得近井带压降最大,因此在近井带页岩解吸的影响最大,压力导数曲线表现出“凹子”。若井储系数较大或 Langmuir 体积值较小,该阶段可能被掩盖掉;Ⅲ为早期地层线性流,压力双对数曲线表现为平行直线;Ⅳ为裂缝系统的早期径向流,压力导数曲线表现为水平线特征;Ⅴ为内区晚期线性流,压力双对数曲线表现为近似平行直线;Ⅵ为内区径向流,压力导数曲线表现为水平线，但受内区改造体积大小的影响，可能被掩盖掉；Ⅶ为体积改造区外响应阶段，由于压裂水平井改造区外物性差导致压力和压力导数双对数曲线上翘；Ⅷ为系统径向流段，表现出压力导数为水平线；Ⅸ为边界响应阶段，表现出压力导数曲线急剧下掉的特征。

**表6－3　计算基础参数表**

| 外区储层孔隙度 $\phi_2$ | 0.08 | 储层有效厚度 $h$(m) | 16 | 单井控制半径 $r_e$(m) | 275 |
|---|---|---|---|---|---|
| 原始地层压力 $p_i$(MPa) | 20 | 天然气相对密度 $r_g$ | 0.57 | 储层温度(℃) | 60 |
| 裂缝壁面表皮系数 $S_f$ | 0.1 | 井储系数 $C$($m^3$/MPa) | 5 | 裂缝数量 $n_f$(条) | 3 |
| 裂缝间距 $d_f$(m) | 100 | 裂缝半长 $x_f$(m) | 25 | Langmuir 体积 $V_L$($m^3/m^3$) | 1 |
| Langmuir 压力 $p_L$(MPa) | 10.4 | 综合扩散系数 $D_k$($m^2$/s) | $1\times10^{-9}$ | 外区渗透率 $K_2$(mD) | $5\times10^{-4}$ |
| 内区渗透率 $K_1$(mD) | $1\times10^{-2}$ | 内区孔隙度 $\phi_1$ | 0.15 | 内区控制半径 $r_{内}$(m) | 220 |
| 开井时间 $t_{on}$(h) | $2\times10^6$ | 开井产量 $q$($m^3$/d) | 1000 | 关井时间 $t_{off}$(h) | $6\times10^6$ |

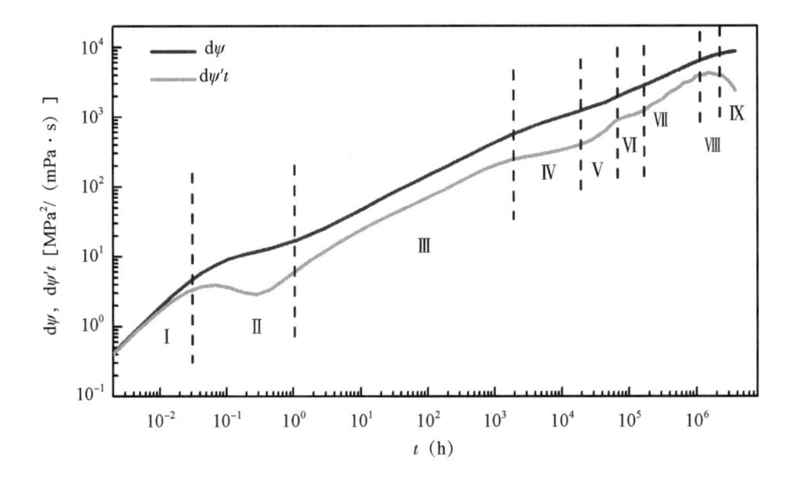


图6－18　页岩气藏两区复合压裂水平井试井曲线流动阶段划分图

但是值得注意的是，虽然页岩气藏水平井体积压裂后完整的流态阶段有9个，但是受吸附解吸、体积改造区域的改造程度（渗透率大小）和面积大小等多种因素影响，包括过渡流、内区早期径向流、内区晚期线性流、内区径向流以及系统径向流阶段具有被掩盖的可能。

（2）参数敏感性分析。

在页岩气藏压裂水平井两区复合数值试井典型曲线流动阶段划分的基础上，进一步讨论了储层参数、裂缝参数等对试井典型曲线的影响。

图6－19表明了井筒储集系数（$C$）对页岩气藏两区复合压裂水平井试井曲线的影响。从图中可知井储系数影响井筒储集阶段，$C$越大，井筒储集效应阶段直线向右偏移。同时井储系数达到一定值（如 $C=15m^3/MPa$）时，井筒储集与早期裂缝线性流之间的过渡流的凹子可能被掩盖掉。

体积压裂外区渗透率主要影响体积改造区外响应阶段、系统径向流段和边界响应阶段（图6－20）。外区渗透率越大，外区响应阶段的持续时间越短，系统径向流和边界响应阶段进入的时间越早。

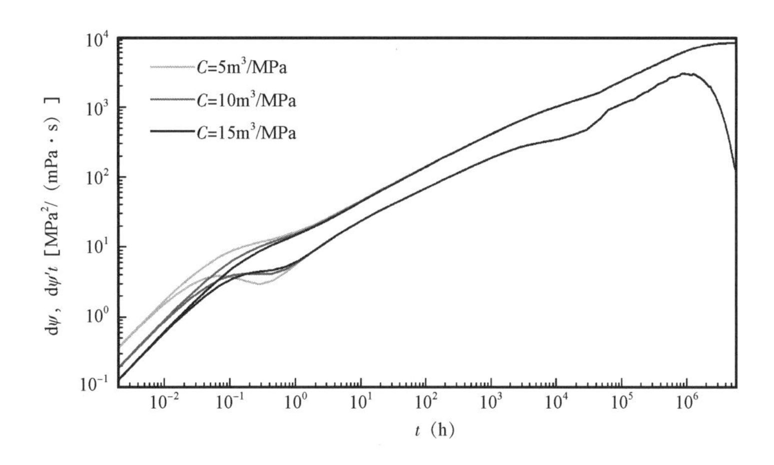


图6-19 井筒储集系数($C$)对试井典型曲线的影响

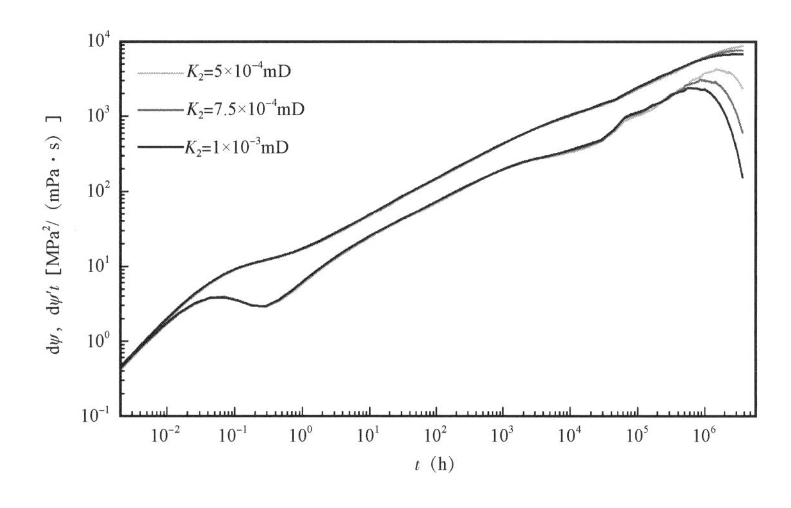


图6-20 外区渗透率($K_2$)对试井典型曲线的影响

Langmuir 体积($V_L$)主要影响除井筒储集效应的整个阶段(图6-21)。从图6-21中可以看出$V_L$越大,压力和压力导数曲线的位置越低。基质表面的气体解吸作用可减缓压力降落及压力波及速率,即$V_L$越大(解吸能力越强),试井曲线边界响应的时间越晚。同时由于生产使得压裂水平井裂缝周围压力降落最低,因此近井带附近页岩气解吸量最大,即基质表面的吸附气向孔隙空间补给量最大,在井储流动阶段表现出“凹子”特征。从图中可看出$V_L$越大,基质解吸供给气量越多,即井储后的“凹子”越深。

与 Langmuir 体积($V_L$)相比,Langmuir 压力($p_L$)对页岩气藏压裂水平井的试井典型曲线影响较小(图6-22)。$p_L$越小,过渡流“凹子”有一定程度加深,早期线性流试井曲线位置降低,试井曲线达到边界的时间越晚,主要原因是$p_L$越小,吸附气供给能力越大,对减缓压力波及速率有一定作用。

综合扩散系数($D_k$)对试井典型曲线的改造区外响应阶段、系统径向流和边界响应阶段有一定影响(图6-23)。从图中可看出在综合扩散系数$D_k=1\times10^{-12}m^2/s$和$D_k=1\times10^{-9}m^2/s$

时试井曲线基本重合，但 $D_k = 1 \times 10^{-6} m^2/s$ 的试井曲线体积改造区外响应阶段、系统径向流和边界响应阶段压力导数曲线位置明显低于其他两种扩散系数的情况。说明扩散系数达到一定程度时对页岩气渗透率极低的改造区外的气体流动影响较大。

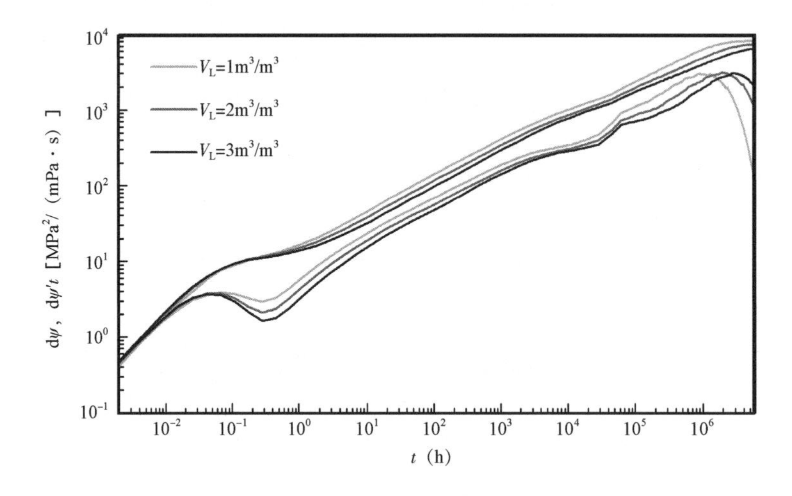


图 6-21　Langmuir 体积($V_L$)对试井典型曲线的影响

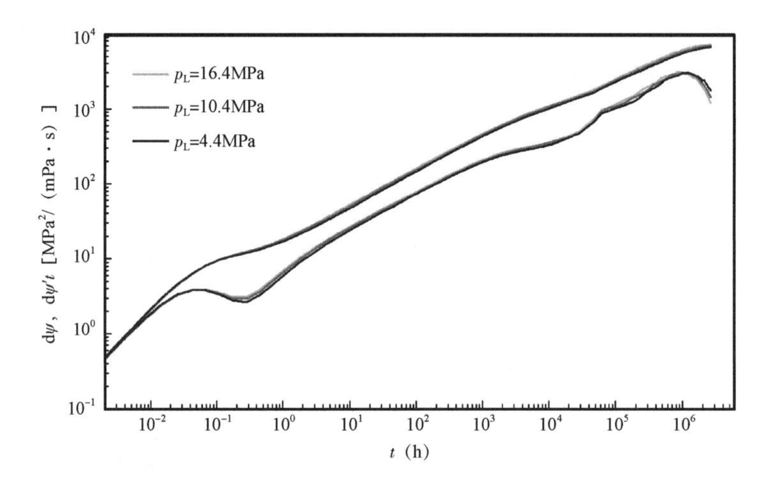


图 6-22　Langmuir 压力($p_L$)对试井典型曲线的影响

体积压裂改造区半径($r_{内}$)主要影响内区径向流、外区响应阶段、系统径向流和边界响应阶段(图 6-24)。即改造区半径越大，内区径向流阶段持续的时间越长，外区响应阶段出现的时间越晚，甚至可能被掩盖掉(若外区面积太小)，同时系统径向流和边界响应阶段出现的时间越早。

图 6-25 可以看出裂缝半长($x_f$)只影响过渡流、裂缝间地层线性流和裂缝系统早期径向流三个阶段。裂缝半长越长，其双对数曲线在过渡流、裂缝线性流和裂缝系统早期径向流阶段的位置越低。其主要原因是裂缝半长越长，地层与裂缝接触的面积越大，即等效地层流入裂缝的渗透率越高。

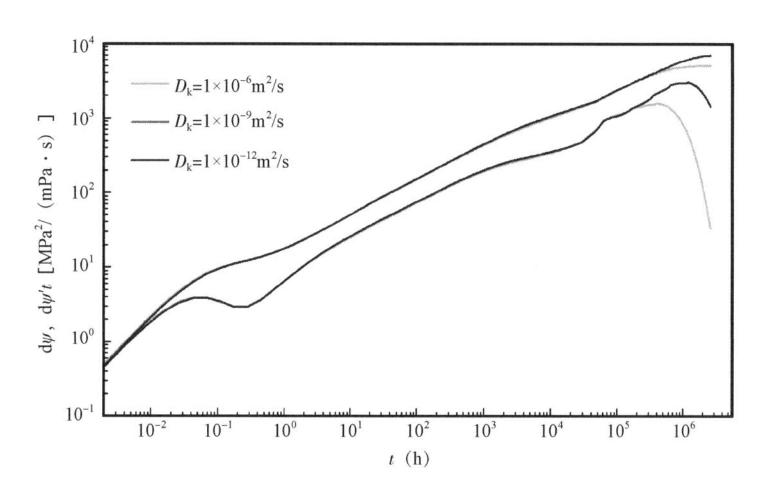


图 6－23　综合扩散系数($D_k$)对试井典型曲线的影响

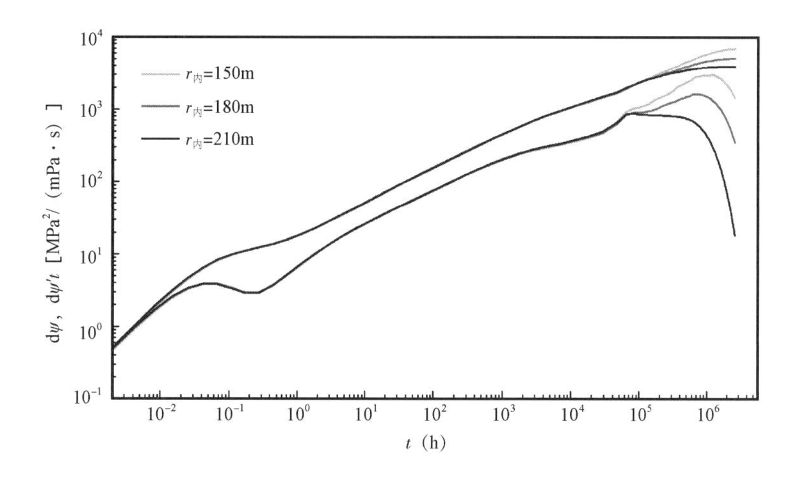


图 6－24　体积压裂内区半径($r_内$)对试井典型曲线的影响

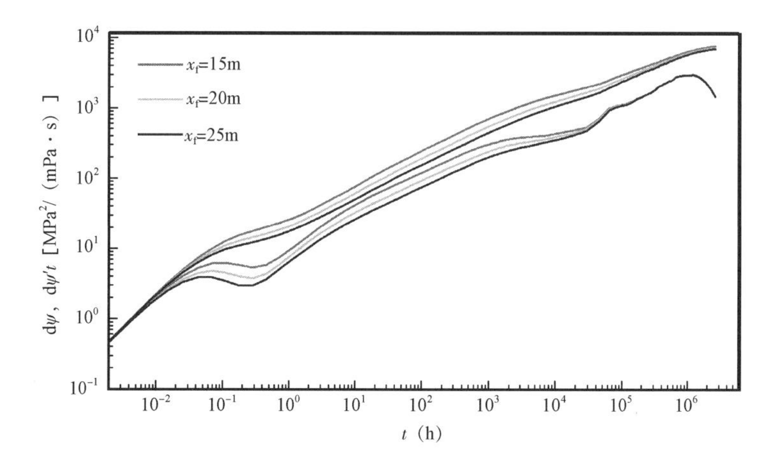


图 6－25　裂缝半长($x_f$)对试井典型曲线的影响

裂缝间距($d_f$)主要影响裂缝系统径向流、内区晚期线性流和内区晚期径向流段(图 6-26)。裂缝间距越大,即裂缝间相互干扰出现的时间越晚,使得裂缝系统径向流阶段持续时间越长,内区晚期线性流和内区晚期径向流段出现的时间越晚。

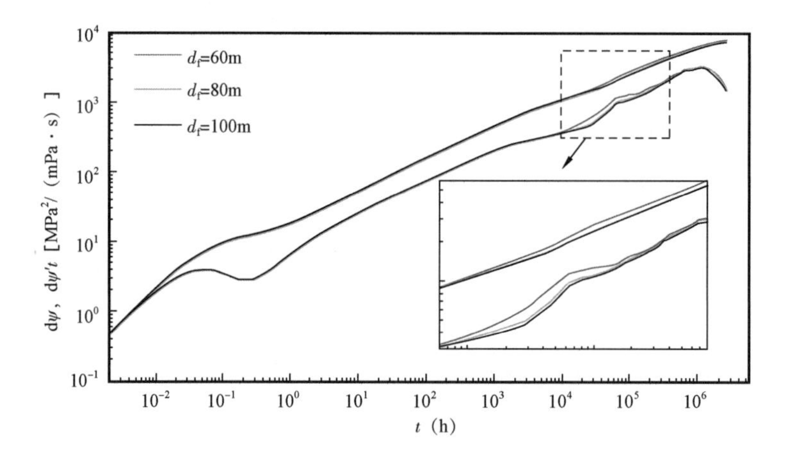


图 6-26 裂缝间距($d_f$)对试井典型曲线的影响

图 6-27 说明了裂缝数量($n_f$)对页岩气体积压裂两区复合模型试井典型曲线的影响。从图中可以看出,裂缝条数主要影响过渡流、早期线性流,早期径向流、内区晚期线性流以及内区径向流阶段。裂缝数量越多,对应影响阶段的双对数试井典型曲线的位置越靠下,主要原因是裂缝数量越多,内区流入裂缝中的流动阻力越小。

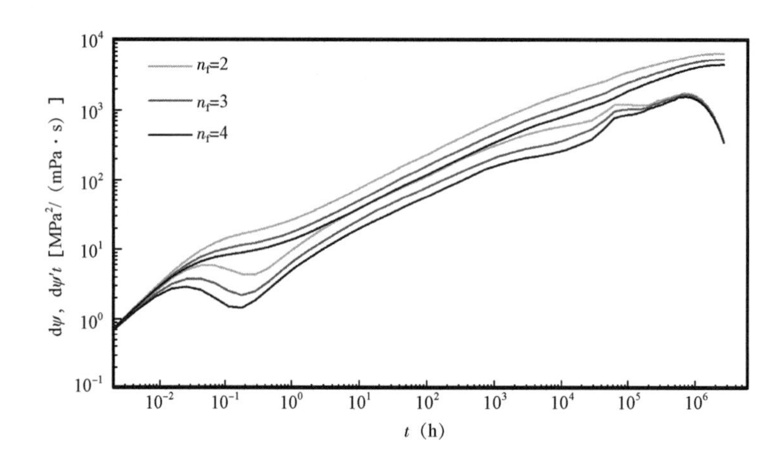


图 6-27 裂缝数量($n_f$)对试井典型曲线的影响

体积压裂内区渗透率($K_1$)对试井曲线的过渡流、裂缝系统线性流、裂缝系统早期径向流、内区晚期线性流和内区径向流影响显著(图 6-28)。内区渗透率越大,对应影响阶段的双对数试井典型曲线的位置越低。

外区控制半径($r_e$)主要影响外区响应阶段、系统径向流和边界响应阶段(图 6-29)。即控制半径越小,外区响应阶段持续的时间越短,系统径向流和边界响应阶段出现的时间越早。但是若外区控制半径与内区控制半径相差不大时,其系统径向流段可能被掩盖掉。

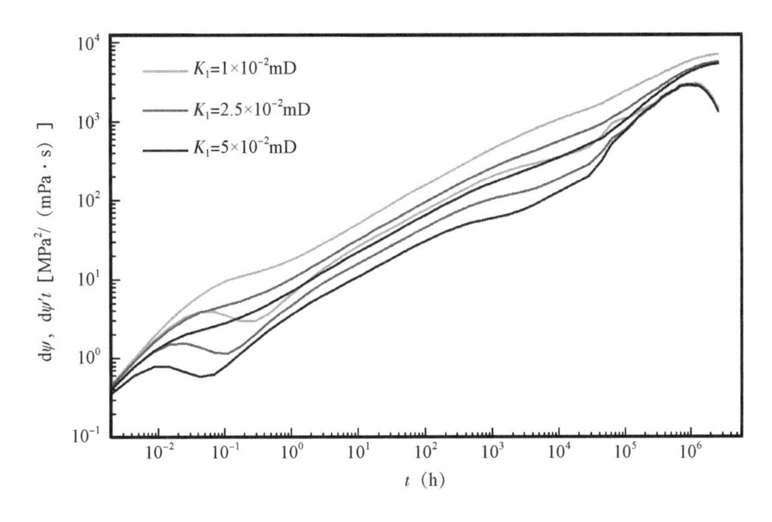


图6-28 体积压裂区渗透率($K_1$)对试井典型曲线的影响

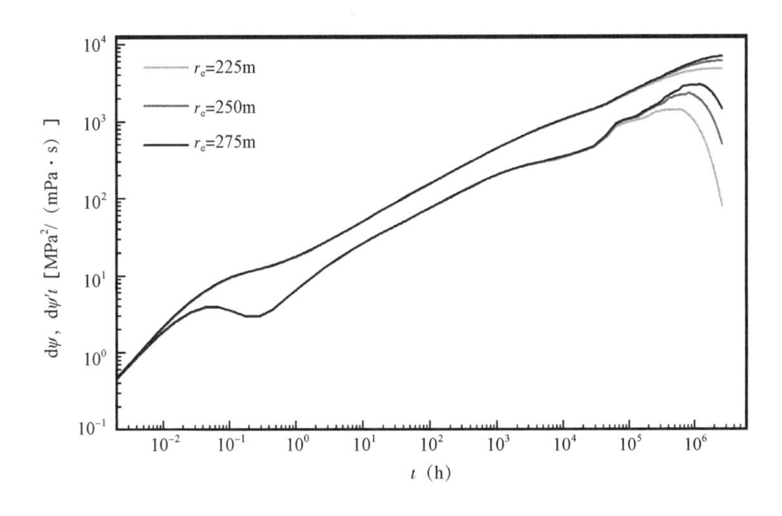


图6-29 控制半径($r_e$)对试井典型曲线的影响

### 6.3.2.3 体积压裂裂缝多区复合模型试井曲线分析

(1)流动特征划分。

在压裂水平井非结构网格和页岩气藏压裂水平井试井分析方法理论基础上,通过对裂缝参数和网格参数赋值(表6-4),可计算获得对应页岩气水平井体积压裂裂缝多区复合模型试井分析典型曲线。

根据表6-4的基础参数和生产制度,可计算得到压裂水平井裂缝多区复合试井典型曲线(图6-30)。根据曲线特征可将其划分为8个流动阶段:Ⅰ为井筒储集阶段,表现为斜率为1的直线;Ⅱ为井储与裂缝间地层线性流间的过渡流,由于生产影响,近井带压降最大,即页岩解吸影响最大,使得过渡流段压力导数曲线表现出“凹子”特征。若井储系数较大或者Langmuir吸附解吸作用较小,该阶段“凹子”可能被掩盖掉;Ⅲ为裂缝间地层线性流,试井双对数曲线表现为近似平行线；Ⅳ为体积改造各裂缝区径向流或过渡流，压力导数曲线表现为水平线，但是若各裂缝区改造规模较小，压力导数曲线并不水平而表现为过渡流；Ⅴ为裂缝区之间干扰影响下的流动阶段；Ⅵ为体积改造区外响应阶段，由于压裂水平井改造区外物性差导致定产压降典型曲线压力、压力导数上翘；Ⅶ为系统径向流段，压力导数曲线为水平线，Ⅷ为边界响应阶段，表现为压力导数急剧下掉的特征。

**表 6－4　计算基础参数表**

| 外区储层孔隙度 $\phi_2$ | 0.08 | 储层有效厚度 $h$(m) | 16 | 单井控制半径 $r_e$(m) | 275 |
|---|---|---|---|---|---|
| 原始地层压力 $p_i$(MPa) | 20 | 天然气相对密度 $r_g$ | 0.57 | 储层温度(℃) | 60 |
| 裂缝壁面表皮系数 $S_f$ | 0.1 | 井储系数 $C$($m^3$/MPa) | 5 | 裂缝数量 $n_f$(条) | 3 |
| 裂缝间距 $d_f$(m) | 100 | 裂缝半长 $x_f$(m) | 25 | Langmuir 体积 $V_L$($m^3/m^3$) | 1 |
| Langmuir 压力 $p_L$(Pa) | 10.4 | 综合扩散系数 $D_k$($m^2$/s) | $1\times10^{-9}$ | 外区渗透率 $K_2$(mD) | $7.5\times10^{-4}$ |
| 内区区渗透率 $K_1$(mD) | $1\times10^{-2}$ | 内区孔隙度 $\phi_1$ | 0.10 | 裂缝区总改造面积 $A_F$($m^2$) | 33040 |
| 开井时间 $t_{on}$(h) | $1.8\times10^5$ | 开井产量 $q$($m^3$/d) | 1000 | 关井时间 $t_{off}$(h) | $5.4\times10^5$ |

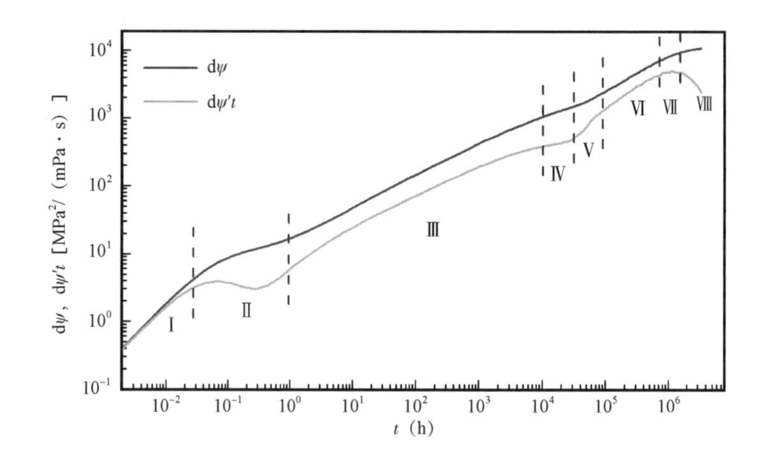


图6－30　页岩气藏压裂水平井裂缝多区复合试井典型曲线流动阶段划分

但是值得注意的是，虽然页岩气藏体积压裂裂缝多区复合模型试井典型曲线完整流态阶段有 8 个，但是受井储、吸附解吸、改造区域的改造程度（渗透率大小）和改造面积大小等多种因素影响，包括各裂缝区早期径向流和系统径向流等阶段具有被掩盖的可能。

（2）参数敏感性分析。

图 6－31 说明了井筒储集系数对页岩气藏体积压裂裂缝多区复合压裂水平井试井典型曲线的影响。从图中可知井储系数($C$)影响井筒储集效应阶段，$C$ 越大，井筒储集效应持续的时间越长，井筒储集阶段直线向右偏移，且过渡流压力导数的“凹子”越小。当井储系数达到一定值(如 $C=10m^3/MPa$)时，井筒储集与早期裂缝线性流之间的过渡流“凹子”可能被掩盖掉。

体积压裂外区渗透率($K_2$)主要影响外区响应阶段、系统径向流段和边界响应阶段(图 6－32)。外区渗透率越大，外区响应阶段的持续时间越短，系统径向流和边界响应阶段进入的时间越早。

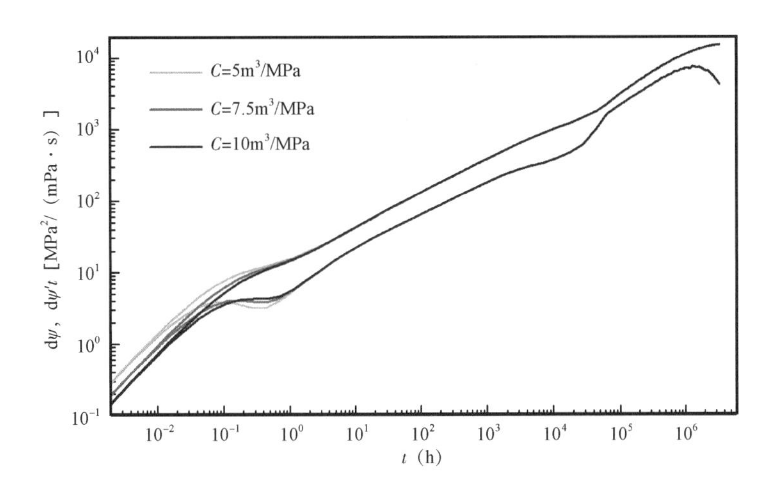


图6-31 井储系数(C)对试井典型曲线的影响图

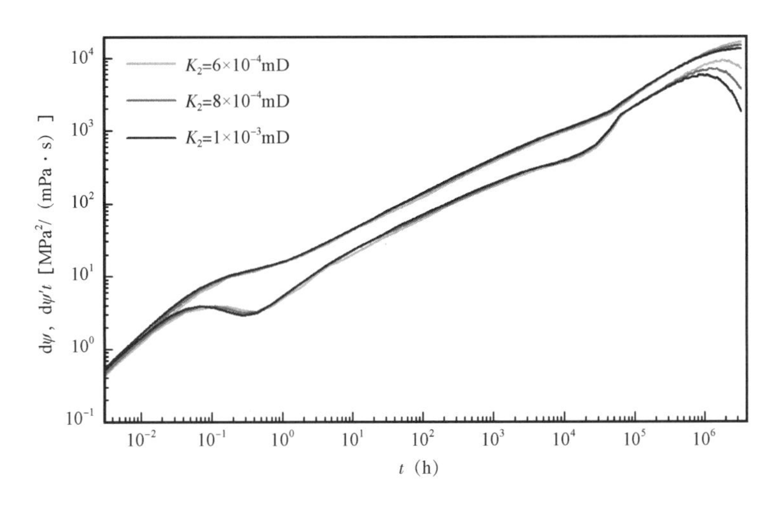


图6-32 体积压裂外区渗透率($K_2$)对试井典型曲线的影响

体积压裂各裂缝区渗透率($K_1$)主要影响井储与裂缝线性流间的过渡流、各裂缝改造区的地层线性流、裂缝区径向流/过渡流以及裂缝区干扰流阶段(图6-33)。裂缝区渗透率越大,井储与线性流之间过渡流、改造裂缝区的线性流和裂缝区径向流/过渡流阶段的双对数曲线位置越低,且进入裂缝干扰阶段的时间越早。主要原因是$K_1$越大,裂缝区气体流动的阻力变小。

体积压裂裂缝区改造总面积($A_F$)主要影响裂缝区径向流/过渡流、裂缝区之间干扰、体积改造区外响应阶段、系统径向流(可能被掩盖)、边界控制流阶段(图6-34)。随着$A_F$增大,即裂缝区线性流后的过渡流持续时间增加且可能呈现明显的裂缝改造区的径向流;各裂缝改造区干扰出现的时间越晚,且持续的时间越短;改造区外响应段、径向流段试井双对数曲线的位置越低。主要原因是各裂缝区改造范围越大,系统的流动阻力减小。

Langmuir体积($V_L$)主要影响除井筒储集效应试井典型曲线的整个阶段(图6-35)。从图中可以看出:基质表面的气体解吸作用可减缓压力降落,即$V_L$越大(解吸能力越强),试井曲线边界响应出现的时间越晚;压裂水平井裂缝周围压力降落最大,使得页岩气解吸量最大,即基质表面的吸附气向孔隙空间补给量最大，使得井储后的过渡流段表现出“凹子”特征；$V_L$越大，压力和压力导数曲线的位置越低，且井储后的“凹子”越深，但受$V_L$影响，过渡流阶段“凹子”可能被掩盖掉。

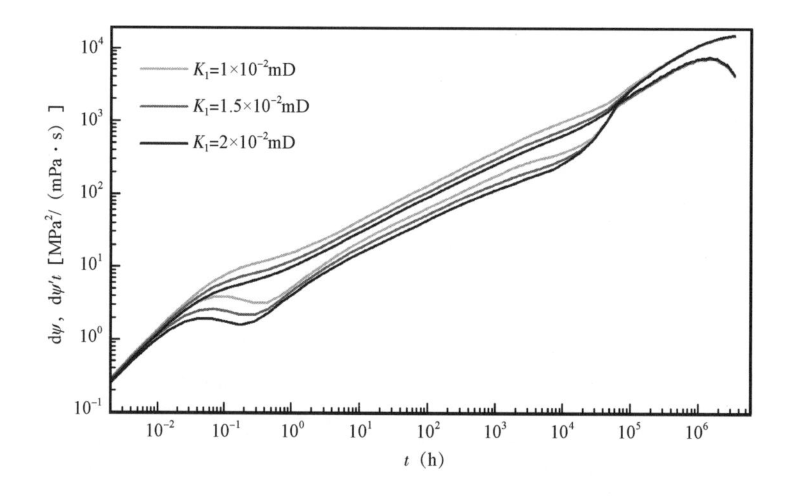


图6－33　体积压裂各裂缝改造区渗透率($K_1$)对试井典型曲线的影响

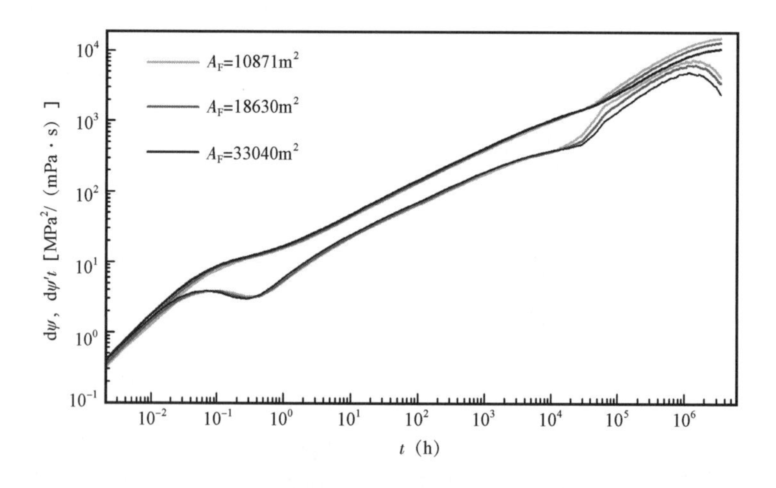


图6－34　体积压裂裂缝改造总面积($A_F$)对试井典型曲线的影响

与Langmuir体积($V_L$)相比，Langmuir压力($p_L$)对页岩气藏体积压裂裂缝多区复合模型压裂水平井的试井典型曲线影响较小，但是同样具有减缓压力降落的作用(图6－36)。$p_L$越小，井储后过渡流“凹子”变深，试井曲线达到边界的时间越晚。其主要原因是$p_L$越小，页岩解吸气供给能力越大。

综合扩散系数($D_k$)对裂缝多区复合压裂水平井试井典型曲线的外区响应阶段、系统径向流和边界响应阶段有一定影响(图6－37)。从图中可看出在综合扩散系数$D_k=1\times10^{-11}m^2/s$和$D_k=1\times10^{-9}m^2/s$时试井曲线基本重合，但$D_k=1\times10^{-7}m^2/s$时，其试井曲线中体积改造区外响应阶段、系统径向流和边界响应阶段位置明显低于其他两种扩散系数的情况。说明扩散作用对储层渗透率极低情况下的气体流动有一定的提高作用。

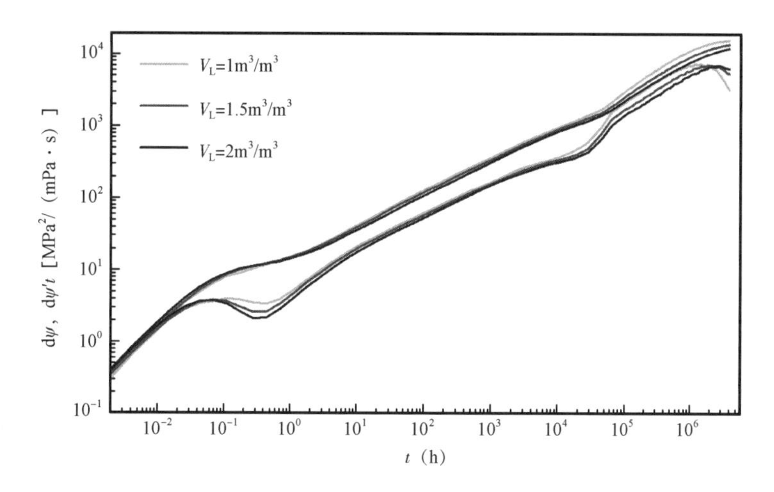


图 6－35　Langmuir 体积（$V_L$）对试井典型曲线的影响

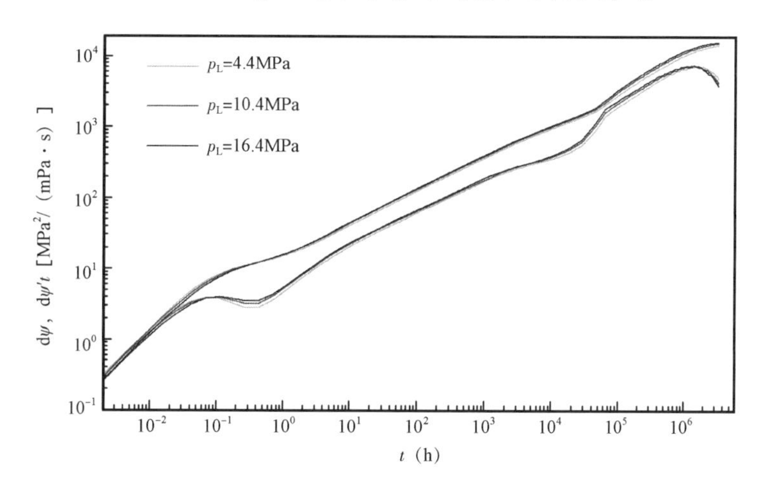


图 6－36　Langmuir 压力（$p_L$）对试井典型曲线的影响

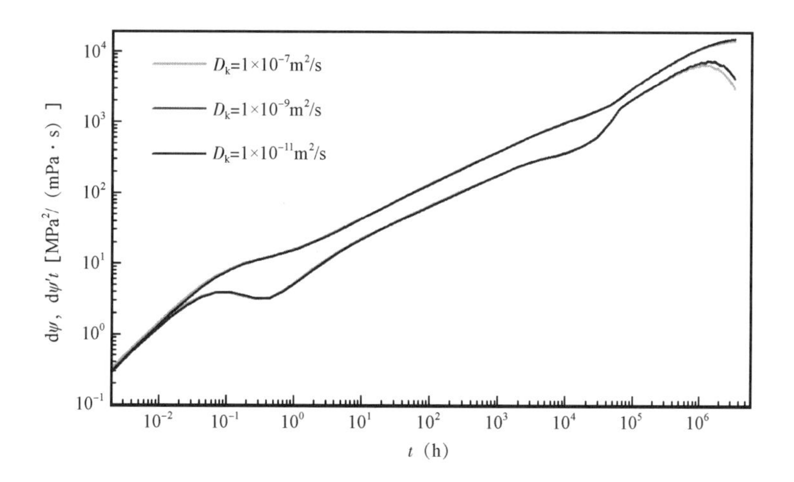


图 6－37　综合扩散系数（$D_k$）对试井典型曲线的影响

裂缝间距($d_f$)主要影响外区物性差响应段、系统径向流和边界控制流段(图6-38)。由于裂缝干扰段与外区物性差反映段叠加作用的影响,裂缝间距越大,裂缝之间的干扰减弱(流动阻力减小)。总体表现为裂缝间距越大,体积改造区外响应阶双对数曲线位置降低。

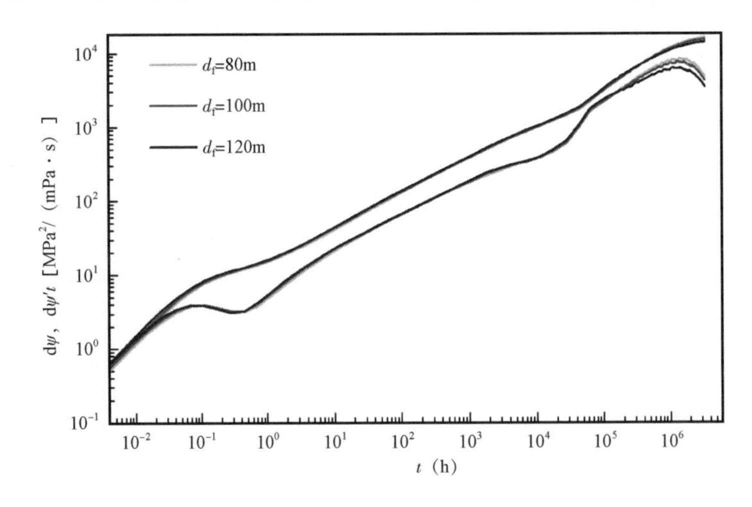


图6-38 裂缝间距($d_f$)对试井典型曲线的影响

图6-39可看出裂缝条数($n_f$)影响除井储外的所有阶段。由于裂缝数量越多,裂缝区改造区的总面积增加,即整个储层流动能力增加,从而使得试井双对数曲线的位置越低。

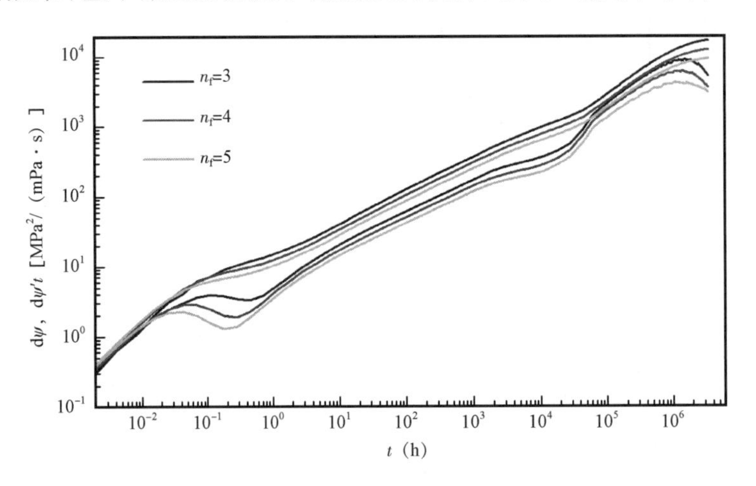


图6-39 裂缝条数($n_f$)对试井典型曲线的影响

图6-40可以看出裂缝半长($x_f$)主要影响井储与裂缝地层线性流之间的过渡流、裂缝间地层线性流和各裂缝区内早期径向流/过渡流和裂缝区之间干扰四个阶段。裂缝半长越长,其双对数曲线在对应影响阶段的位置越低。其主要原因是裂缝半长越长,各裂缝区的改造面积增加,即地层流入裂缝的阻力变小。

外区控制半径($r_e$)主要影响外区物性差响应阶段、系统径向流和边界响应阶段(图6-41)。即控制半径越大,外区响应阶段持续时间越长,系统径向流和边界响应阶段出现的时间越晚。但是若外区控制半径较小时,其系统径向流段可能被掩盖掉。

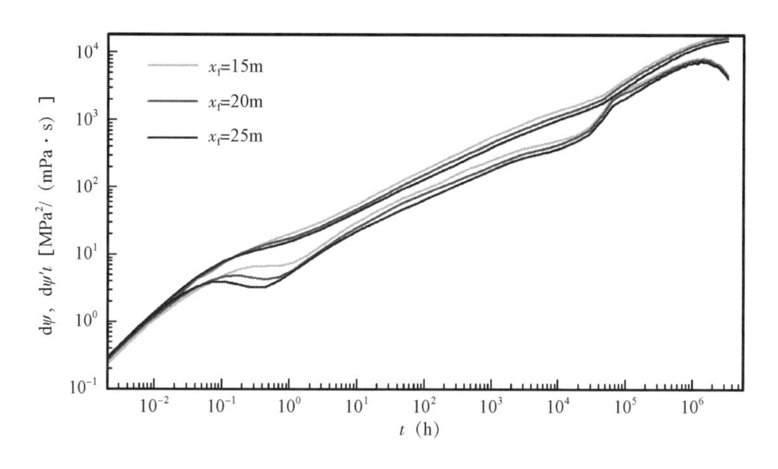


图 6 - 40 裂缝半长($x_f$)对试井典型曲线的影响

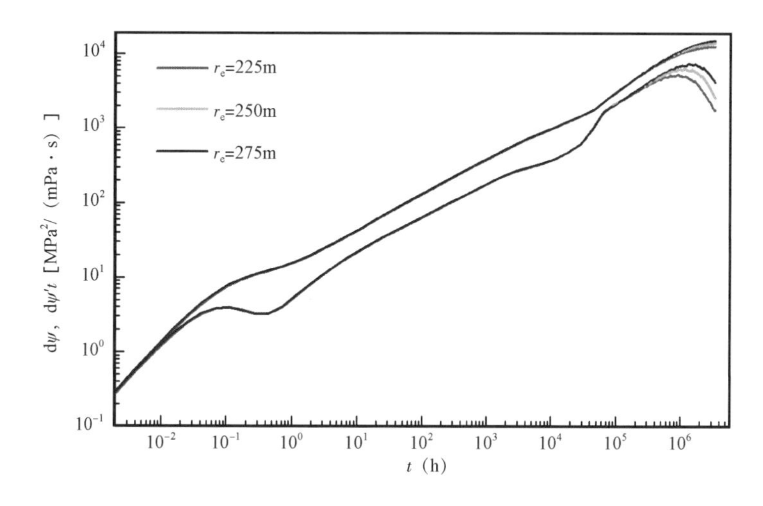


图 6 - 41 控制半径($r_e$)对页岩气藏压裂水平井试井典型曲线的影响

### 6.3.2.4 离散裂缝网络模型试井曲线分析

(1)流动特征分析。

在离散裂缝网络压裂水平井非结构 PEBI 网格和页岩气藏压裂水平井试井分析方法理论基础上,通过对裂缝和网格参数赋值(表 6 - 5),可计算获得页岩气藏对应的离散裂缝网络压裂水平井试井分析典型曲线。

**表 6 - 5 计算基础参数表**

| 储层孔隙度 $\phi$ | 0.08 | 储层有效厚度 $h$(m) | 16 | 单井控制半径 $r_e$(m) | 300 |
|---|---|---|---|---|---|
| 原始地层压力 $p_i$(MPa) | 20 | 天然气相对密度 $r_g$ | 0.57 | 储层温度(℃) | 60 |
| 裂缝壁面表皮系数 $S_f$ | 0.1 | 渗透率 $K$(mD) | $7\times10^{-3}$ | 主裂缝数量 $n_f$(条) | 3 |
| 主裂缝间距 $d_f$(m) | 100 | 主裂缝半长 $x_f$(m) | 80 | 井储系数 $C$(m³/MPa) | 25 |
| Langmuir 体积 $V_L$(m³/m³) | 6 | Langmuir 压力 $p_L$(MPa) | 10.4 | 综合扩散系数 $D_k$(m²/s) | $1\times10^{-9}$ |
| 开井时间 $t_{on}$(h) | $4\times10^4$ | 开井产量 $q$(m³/d) | 10000 | 关井时间 $t_{off}$(h) | $1.2\times10^5$ |

根据表6-5的基础参数和生产制度,可计算得到离散裂缝网络压裂水平井试井典型曲线(图6-42)。根据曲线特征可将其划分为8个流动阶段:Ⅰ为井筒储集阶段,表现为斜率为1的直线;Ⅱ为井储与裂缝间地层线性流间的过渡流(第一过渡流);Ⅲ裂缝间地层线性流,试井双对数曲线表现为斜率近似为1/2的平行线;Ⅳ为裂缝间干扰流,由于裂缝之间相互干扰的影响,使得压力和压力导数曲线向上翘;Ⅴ为系统近似的复合线性流,双对数曲线表现为近似的平行直线;Ⅵ为近似复合线性流和系统径向流之间的过渡流(第二过渡流),表现为双对数曲线往上翘,且压力导数斜率值比系统复合线性流斜率值大;Ⅶ为系统径向流段,压力导数曲线表现为水平线;Ⅷ为边界响应阶段,压力导数曲线表现出急剧下掉的特征。

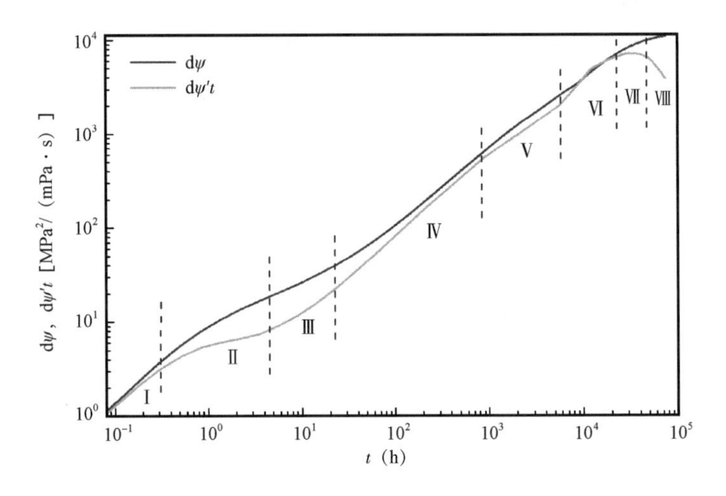


图6-42 页岩气藏离散裂缝网络压裂水平井试井典型曲线流动阶段划分

(2)参数敏感性分析。

图6-43说明了井筒储集系数($C$)对页岩气藏离散裂缝网络压裂水平井试井典型曲线的影响。从图中可知井储系数$C$主要影响井筒储集效应和第一过渡流阶段,$C$越大,井筒储集效应持续的时间越长,井筒储集阶段直线向右偏移,且过渡流压力导数的“凹子”越小。当井储系数达到一定值时,井筒储集与早期裂缝线性流之间的过渡流“凹子”可能被掩盖掉。

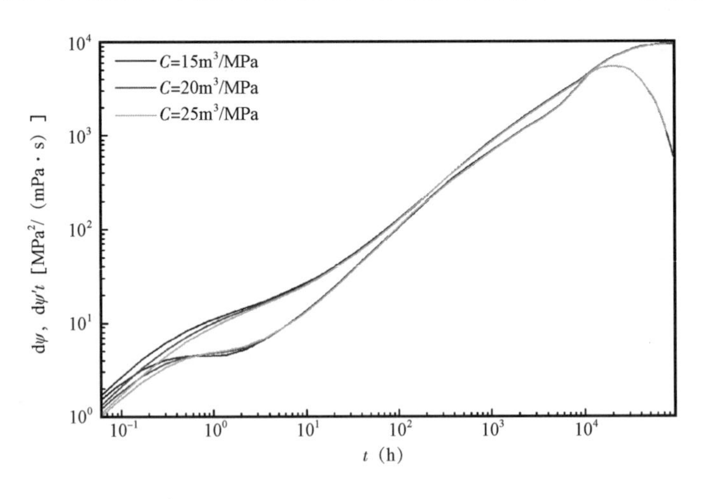


图6-43 井储系数($C$)对试井典型曲线的影响

离散裂缝网络复杂程度主要影响试井典型曲线除井筒储集效应外的整个流动阶段(图6-44)。缝网越复杂,即裂缝数量越多,裂缝总长度也越长,气体流入井底的流动阻力越小,因此缝网越复杂对应影响阶段试井双对数曲线的位置越靠下。

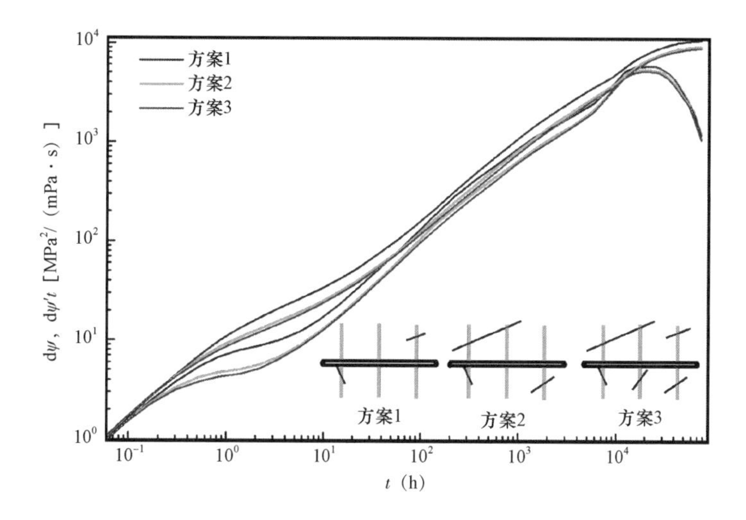


图6-44 缝网复杂程度对试井典型曲线的影响

图6-45表明储层渗透率($K$)主要影响离散裂缝网络压裂水平井试井典型曲线的第一过渡流、裂缝间地层线性流、裂缝干扰流、系统径向流和边界响应阶段。储层渗透率($K$)越大,第一过渡流、裂缝间地层线性流、系统径向流和边界响应阶段的试井曲线位置越低,系统进入径向流和边界响应阶段的时间越早,但是$K$越大,裂缝干扰流阶段的试井曲线位置越高。其主要原因是$K$越大,裂缝网络之间的流动干扰作用越强,即该阶段干扰压降越大,使得对应裂缝干扰流阶段的试井曲线位置越高。

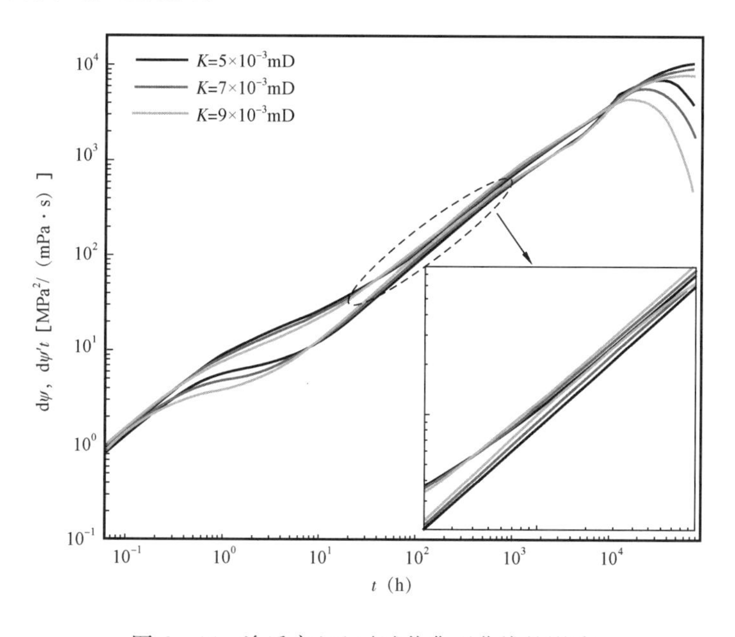


图6-45 渗透率($K$)对试井典型曲线的影响

Langmuir 体积($V_L$)主要影响除井筒储集效应试井典型曲线的整个阶段(图6-46)。从图中可以看出:基质表面的气体解吸作用可减缓压力降落,即 $V_L$越大(解吸能力越强),双对数曲线的位置越低,且试井曲线边界响应出现的时间越晚;压裂水平井裂缝周围压力降落最大,使得页岩气解吸量最大,即基质表面的吸附气向孔隙空间补给量最大,使得井储后的过渡流段的压力导数表现出"凹子"特征;$V_L$越小,"凹子"越浅,受 $V_L$影响,过渡流阶段的"凹子"可能被掩盖掉。

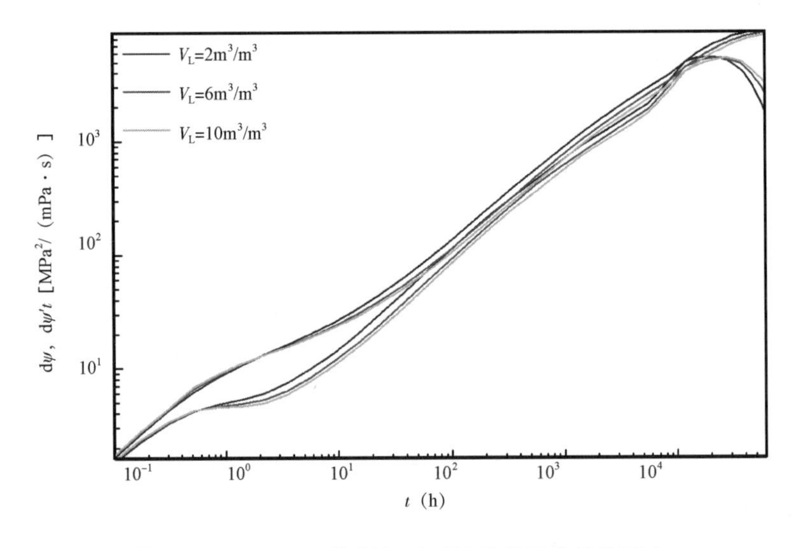


图6-46 Langmuir 体积($V_L$)对试井典型曲线的影响

与 Langmuir 体积($V_L$)相比,Langmuir 压力($p_L$)对页岩气藏离散裂缝网络压裂水平井的试井典型曲线影响较小,但是同样具有减缓压力降落的作用(图6-47)。$p_L$越小,井储后过渡流段压力导数"凹子"变深,试井曲线达到边界的时间越晚。其主要原因是 $p_L$越小,页岩解吸气供给能力越大。

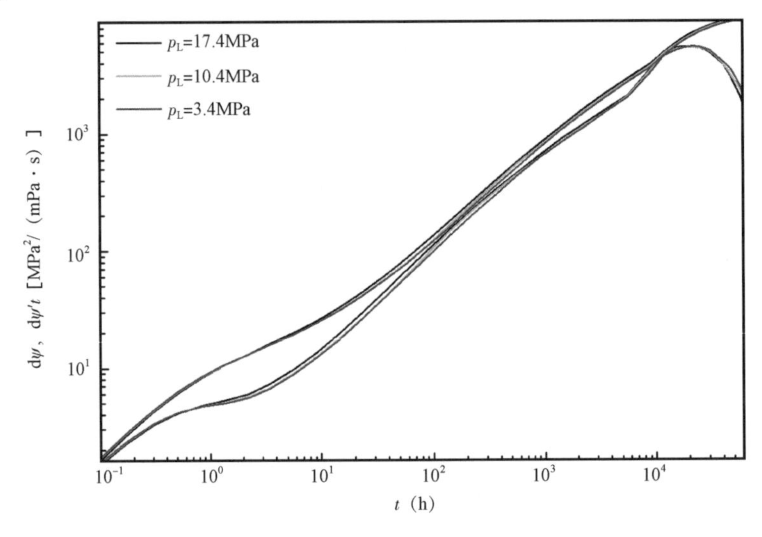


图6-47 Langmuir 压力($p_L$)对试井典型曲线的影响

图 6－48 表明扩散系数（$D_k$）主要影响试井典型曲线的裂缝干扰流阶段，但总体影响很小。从图 6－48 可以看出：$D_k = 1 \times 10^{-9} m^2/s$ 和 $D_k = 1 \times 10^{-11} m^2/s$ 的曲线基本重合，而 $D_k = 1 \times 10^{-7} m^2/s$时，裂缝干扰流阶段的位置高于前面两个扩散系数值对应的曲线位置。其主要原因：尽管扩散系数具有提高气体流动能力的作用，但是气体流动能力提高，缝网之间的干扰压降也增加，且在一定范围内，裂缝干扰阶段下的干扰压降大于扩散系数提高的气体流动压降。

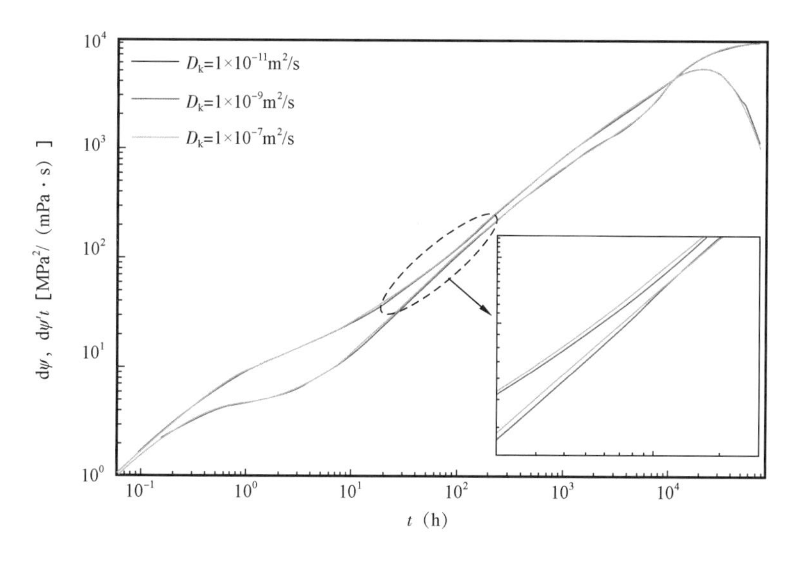


图 6－48　扩散系数（$D_k$）对试井典型曲线的影响

控制半径（$r_e$）主要影响第二过渡流、系统径向流和边界响应阶段（图 6－49）。即控制半径越大，第二过渡流持续时间越长，系统径向流和边界响应阶段出现的时间越晚。但是若 $r_e$较小时，其系统径向流段可能被掩盖掉。

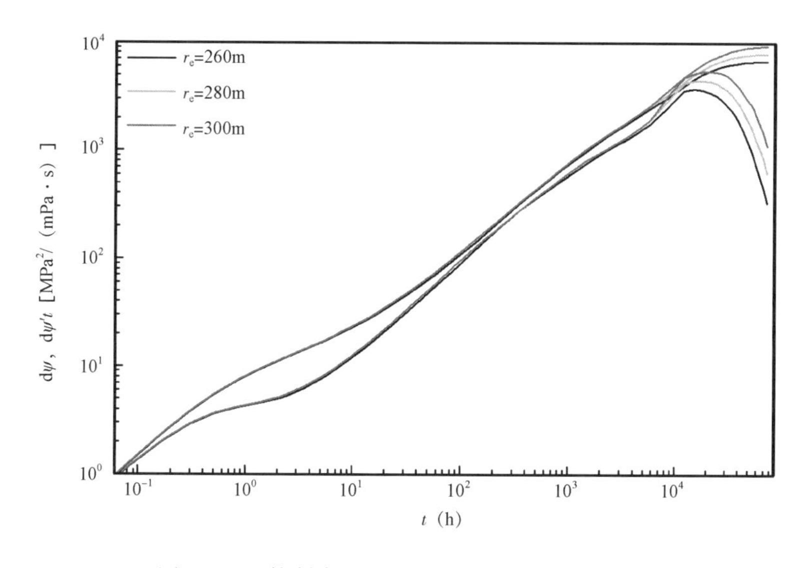


图 6－49　控制半径（$r_e$）对试井典型曲线的影响

## 6.4 数值试井解释方法

曲线拟合法是现代试井解释分析方法的核心。解析试井解释方法主要是利用实测试井曲线与无量纲典型曲线的拟合,结合无量纲定义反求相关参数。而与解析试井解释方法不同,数值试井解释方法的实质是通过数值模拟的方法拟合实测试井典型曲线来获取相关参数。

### 6.4.1 解释步骤

页岩气藏压裂水平井数值试井解释方法的主要步骤如下:

(1)结合测试井地质、钻完井以及测试资料等,确定数值试井的基础参数(如水平井长度、压裂段数、孔隙度、地层温度、气体相对密度等)、测试制度和测试时间;

(2)将页岩气压裂水平井实际不稳定压力测试数据处理为拟压力,并绘制试井双对数曲线;

(3)分析实测试井双对数曲线特征,选择合理的页岩气藏压裂水平井数值试井理论模型;

(4)输入测试井井模型的基本参数(水平井长度、主裂缝半长、SRV 区面积、离散裂缝网络等),生成数值试井理论模型对应的非结构 PEBI 网格;

(5)输入测试井的气藏基本参数,导入非结构网格,并设置开、关井测试制度,计算理论模型的井底流压曲线和理论试井曲线;

(6)拟合实际测试与理论模型的双对数试井曲线以及实测压力恢复测试曲线与模拟计算的井底流压曲线,若达到满意拟合效果,则解释结果为理论曲线对应的解释模型和相关参数;若拟合效果达不到要求,则调整相关基础参数重复步骤(3)和(5),直到达到拟合满意效果。

### 6.4.2 解释分析方法

曲线拟合分析是数值试井解释分析的核心工作,其实质是分析理论曲线和实际曲线的差异,不断调整相关基础参数使其逼近实测曲线。根据 6.3 节中页岩气藏不同压裂水平井数值试井理论曲线参数敏感性分析结果,可形成数值试井解释方法,具体如下。

(1)对称双翼裂缝压裂水平井模型。

① 井筒储集效应段:若理论双对数曲线在实测双对数曲线左边,则增大井筒储集系数 $C$,反之,则减小井筒储集系数 $C$。

② 过渡流阶段:若理论双对数曲线中的压力导数曲线“凹子”浅于实测双对数曲线中的压力导数“凹子”,则增加 Langmuir 压力($V_L$)或减小 Langmuir($p_L$),反之,则减小 $V_L$或增加 $p_L$。

③ 早期裂缝线性流和裂缝径向流段:在这两个流动阶段期间,若理论双对数曲线总体位置高于实测试井双对数曲线,则增加裂缝半长,反之,则减小。

④ 复合线性流段:裂缝间距($d_f$)决定着复合线性流段出现的早晚,若理论曲线复合线性流段出现时间早于实测试井曲线,则增大 $d_f$,反之,则减小。

⑤ 系统径向流段:渗透率决定着试井压力导数曲线系统径向流段的位置高低,若理论压力导数曲线系统径向流段低于实测曲线,则减小渗透率,反之,则增加。

(2)水平井体积压裂两区复合模型。

① 井筒储集效应阶段:参数调整与对称双翼裂缝压裂水平井模型对应阶段①的调整一致。

② 过渡流阶段:参数调整与对称双翼裂缝压裂水平井模型中对应阶段②的调整一致。

③ 早期线性流和裂缝系统径向流段:参数调整与对称双翼裂缝压裂水平井模型中对应阶段③的调整一致。

④ 内区晚期线性流段:裂缝间距($d_f$)决定着内区线性流段出现的早晚,若理论试井曲线晚期线性流段出现时间早于实测试井曲线,则增大$d_f$,反之,则减小。

⑤ 内区径向流段:内区控制半径($r_{内}$)大小决定着内区径向流段持续时间的长短,若理论试井曲线中压力导数曲线径向流段长于实际测试曲线,则减小$r_{内}$,反之则增加;内区渗透率决定内区径向流位置高低,若理论试井曲线径向流段位置低于实际测试曲线,则减小$K_1$,反之则增加。

⑥ 外区响应阶段:若该阶段理论试井曲线的压力导数曲线持续时间短于实测曲线,则减小外区渗透率,反之增加。

⑦ 系统径向流段:若理论试井曲线的压力导数曲线高于实测曲线,则增大外区渗透率,反之减小。

(3)水平井体积压裂裂缝多区复合模型。

① 井筒储集效应阶段:参数调整与对称双翼裂缝压裂水平井模型对应阶段①的调整一致。

② 过渡流阶段:参数调整与对称双翼裂缝压裂水平井模型中对应阶段②的调整一致。

③ 裂缝间地层线性流段:若理论双对数曲线总体位置高于实测试井双对数曲线,则增加裂缝半长($x_f$)或增加改造区渗透率($K_1$),反之,则减小$x_f$或($K_1$)。

④ 裂缝区径向流/过渡流段:若理论压力导数曲线持续的时间短于实测压力导数曲线,则增加各区改造面积($A_F$),反之则减小。

⑤ 干扰流段:若理论压力导数曲线高于实测压力导数曲线,则可适当增加$A_F$、$V_L$或减小$p_L$,反之减小$A_F$、$V_L$或增加$p_L$。

⑥ 外区响应阶段:若理论压力导数曲线高于实测压力导数曲线,可适当增加$d_f$、$K_2$或$D_k$,反之减小。

⑦ 系统径向流段:由于页岩气外区渗透率很低,在一定测试时间内该阶段很难出现,该阶段一般由外区渗透率决定,若理论压力导数曲线段高于实测曲线,则增加外区渗透率$K_2$,反之减小$K_2$。

(4)离散裂缝压裂水平井模型。

① 井筒储集效应阶段:参数调整与对称双翼裂缝压裂水平井模型对应阶段①的调整一致。

② 过渡流阶段:参数调整与对称双翼裂缝压裂水平井模型对应阶段②的调整一致。

③ 裂缝间地层线性流段:若理论双对数曲线总体位置高于实测试井双对数曲线,则增加离散裂缝复杂程度(即增加裂缝总长度)和储层渗透率($K$),反之,则减小裂缝复杂程度和$K$。

④ 裂缝干扰流阶段:若理论双对数曲线总体位置高于实测试井双对数曲线,则增加离散

裂缝复杂程度(即增加裂缝总长度)或适当减小储层渗透率 $K$、扩散系数 $D_k$,反之,则减小裂缝复杂程度或增加 $K$、$D_k$。

⑤ 系统复合线性流和第二过渡流阶段:若理论双对数曲线总体位置高于实测试井双对数曲线,则增加离散裂缝复杂程度(即增加裂缝总长度),反之,则减小离散裂缝复杂程度。

⑥ 系统径向流段:若理论双对数曲线总体位置高于实测试井双对数曲线,则增加缝网复杂程度和 $K$,或者减小控制半径 $r_e$,反之则减小缝网复杂程度和 $K$,或增加 $r_e$。

⑦ 边界响应段:若理论双对数曲线早以实测试井双对数曲线,则增加控制半径 $r_e$,反之则减小 $r_e$。

在上述四种压裂水平井数值试井解释参数调整依据基础上,将理论曲线与实测曲线形态调整到基本一致时,可进一步参考6.3节中敏感性分析结果,从拟合整体出发,适当对部分参数(如 $V_L$ 和 $p_L$ 等)进行调整以到达满意的拟合效果。

## 6.5 现场应用分析

(1)威201-H1井。

威201-H1井位于四川省威远县新场镇西沟村九组,井深2823.48m,套管射孔完井。该井于2011年1月10日开钻。2011年2月13日完钻。完钻层位龙马溪组,岩性为灰黑色、黑色页岩。储层井段:1460~2740m,产层中深:2100m(垂深:1517.80m)。该井在生产层位龙马溪组采用加砂压裂,射孔井段共11段。该井于2012年5月3日到6月8日开展了试井测试施工。该井为压裂水平井,储层温度为77.62℃,储层平均孔隙度为0.039,储层有效厚度为69.99m,气体相对密度为0.593,水平井段井径为0.108m,进行了11段水力压裂,完井水平井段长度为1079m。该井关井前以平均产量为 $1.13\times10^4 m^3/d$ 的制度生产了约270d,之后进行了关井压力恢复测试,关井持续时间约15d(360h)。

结合页岩气藏压裂水平井数值试井解释步骤及解释方法,对该井实测数据进行分析和拟合,其拟合效果和解释结果分别为图6-50和表6-6。

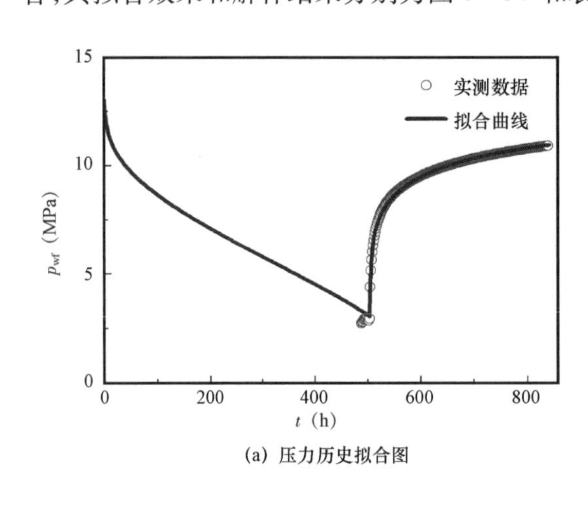


(a) 压力历史拟合图

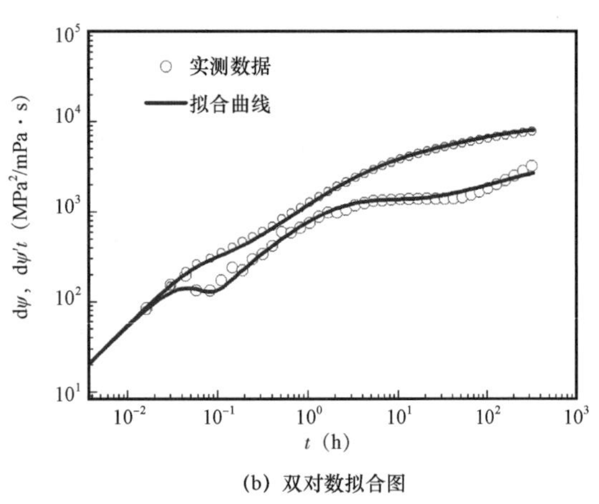


(b) 双对数拟合图

图6-50 威201-H1井试井分析拟合效果图

表6-6 威201-H1井试井解释结果

| 试井解释模型 | 页岩气无限导流对称双翼裂缝压裂水平井模型 |
|---|---|
| 井筒储集系数 $C$($m^3$/MPa) | 12 |
| 裂缝壁面表皮系数 $S$ | 0.017 |
| 储层渗透率 $K$(mD) | $4.98\times10^{-4}$ |
| 各压裂段裂缝半长 $x_f$(m) | 43 |
| Langmuir 压力 $p_L$(MPa) | 5 |
| Langmuir 体积 $V_L$($m^3/m^3$) | 2 |
| 扩散系数 $D_k$($m^2$/s) | $1\times10^{-11}$ |
| 外推地层压力 $p$(MPa) | 12.11 |

从测试双对数曲线看,该井测试曲线出现了明显的井筒储集阶段、裂缝早期线性流阶段、早期径向流阶段和第二线性流阶段,但是并未出现明显的系统径向流阶段。通过对测试曲线的综合分析,选用页岩气藏无限导流对称双翼裂缝压裂水平井数值试井模型对该井进行试井解释分析。从表6-6的解释结果看出,页岩储层的渗透率为$4.98\times10^{-4}$mD,体现了页岩储层低渗透的特点;各压裂段平均裂缝半长为43m;Langmuir 压力为5MPa,Langmuir 体积为$2m^3/m^3$,体现了吸附解吸作用的影响;扩散系数为$1\times10^{-11}m^2/s$,说明对提高储层流动有一定作用;地层压力为12.11MPa,体现了目前的地层能量。

(2)永页1HF井。

永页1HF井位于重庆市永川区来苏镇观音井村2组,其构造位置为四川盆地川南低褶带永川新店子构造南东斜坡。完钻垂深为3988.15m(斜深为5578m),完井层位为志留系龙马溪组,地层压力系数约1.80MPa/100m,水平井长度为1502.58m。该井在生产层位龙马溪组采用加砂压裂,射孔井段共23段。该井于2016年2月1日到2月6日开展了试井测试施工。该井为压裂水平井,储层温度为135℃,储层平均孔隙度为0.0538,储层有效厚度为30m,气体相对密度为0.571,水平井段井径为0.108m,进行了23段水力压裂。该井关井前以平均产量约为$14.12\times10^4m^3/d$生产,之后进行了关井压力恢复测试,关井持续时间约4.36d(104.6h)。

通过脆性矿物含量和地应力分析表明:永川地球岩心矿物分析测试脆性矿物含量平均53.6%,与威远和焦石坝相比,脆性矿物含量低,黏土矿物含量高(表6-7);三轴应力关系具正应力特征且水平两向应力差异较大(差异系数0.13~0.17、差值9.6~12.7MPa)(表6-8);形成复杂缝网有一定难度。

表6-7 永川—威远—礁石坝地区脆性矿物对比

| 区块 | 井号 | 脆性矿物含量(%) | | | | 黏土矿物(%) | 优质页岩力学脆性指数(%) |
|---|---|---|---|---|---|---|---|
| | | 总量 | 硅质 | 钙质 | 其他 | | |
| 永川 | 永页1 | 53.60 | 40.50 | 9.29 | 3.80 | 41.30 | 49.72 |
| 威远 | 威页1HF | 65.35 | 36.72 | 25.00 | 3.63 | 29.50 | 49.63 |
| 焦石坝 | 焦页1 | 62.44 | 44.42 | 9.72 | 8.30 | 34.63 | 56.66 |

**表 6－8　永川—威远—礁石坝地应力对比表**

| 井号 | 垂向应力（MPa） | 最大水平主应力（MPa） | 最小水平地应力（MPa） | 三轴应力关系 | 水平应力差异系数 | 水平应力差值（MPa） |
|---|---|---|---|---|---|---|
| 永页 1 | 92.6～96.1 | 83.93～90.08 | 74.33～79.08 | $\sigma_v > \sigma_H > \sigma_h$ | 0.13～0.17 | 10.1～12.7 |
| 威页 1HF | 88.4～89.6 | 90.6～91.1 | 82.0～85.8 | $\sigma_H > \sigma_v > \sigma_h$ | 0.06～0.1 | 5.3～8.6 |
| 焦页 1 | 49.2～54.6 | 52.2～55.5 | 48.6～49.9 | $\sigma_H > \sigma_v > \sigma_h$ | 0.09～0.14 | 3.0～6.9 |

从脆性矿物含量和地应力分析可以看出，永川地区页岩压裂形成缝网难度大，同时从试井压恢测试曲线看，由于测试时间短，其完整流动阶段并未测出，也未体现体积压裂缝网特征，因此选用了对称双翼裂缝模型进行解释分析，其拟合效果如图 6－51 所示。从表 6－9 的解释结果看出，页岩储层的渗透率为 $1.28\times10^{-3}$mD，体现了页岩储层低渗透的特点；各压裂段平均裂缝半长为 51.3m；Langmuir 压力为 30.3MPa，Langmuir 体积为 $5m^3/m^3$，体现了吸附解吸作用的影响；扩散系数为 $2\times10^{-11}m^2/s$，说明对提高储层流动有一定作用，但影响很小；地层压力为 74.72MPa，体现了地层高压特点；外推地层压力与预测地层压力（72.2MPa）接近。

**表 6－9　永页 1HF 井试井解释结果**

| 试井解释模型 | 页岩气无限导流对称双翼裂缝压裂水平井模型 |
|---|---|
| 井筒储集系数 $C(m^3/MPa)$ | 0.88 |
| 裂缝壁面表皮系数 $S$ | 0.08 |
| 储层渗透率 $K$(mD) | $1.28\times10^{-3}$ |
| 各压裂段裂缝半长 $x_f$(m) | 51.3 |
| Langmuir 压力 $p_L$(MPa) | 30.3 |
| Langmuir 体积 $V_L(m^3/m^3)$ | 5 |
| 扩散系数 $D_k(m^2/s)$ | $2\times10^{-11}$ |
| 外推地层压力 $p$(MPa) | 74.72 |

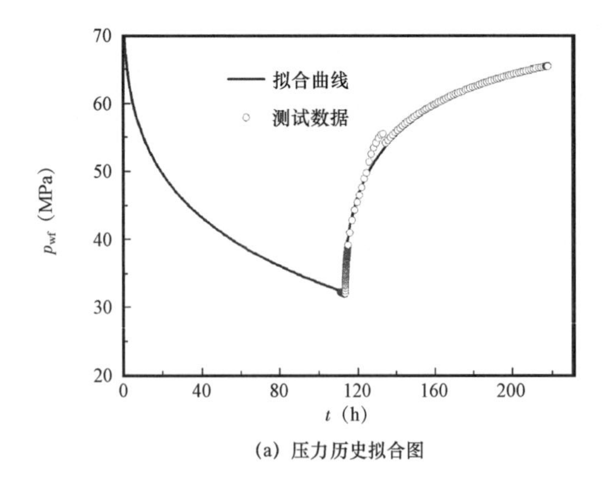


(a) 压力历史拟合图

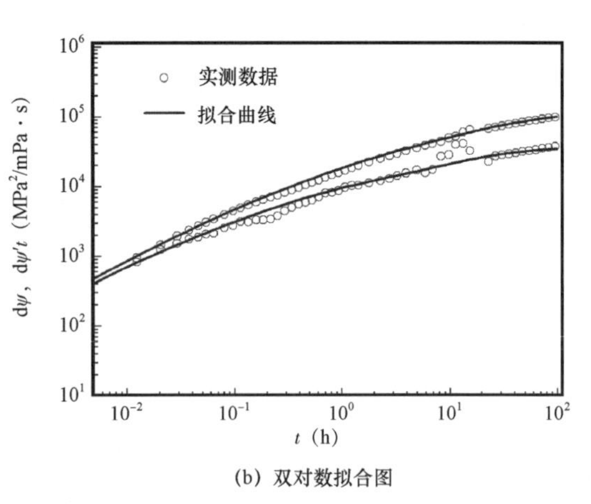


(b) 双对数拟合图

图 6－51　永页 1HF 井试井分析拟合效果图

# 第7章 页岩气藏压裂水平井产量递减分析理论及解释方法

页岩气藏储层渗透率极低,采用试井分析的方法诊断气藏储层和增产改造裂缝等参数需要气井长期关井。由于天然气下游用户需求等原因,长期关井开展压力测试工作将严重影响其生产。然而,以长期生产动态数据为基础的先进的产量递减分析方法是一种不关井诊断油气藏相关参数的方法,其弥补了试井分析的不足。在一系列产量递减分析方法中,Blasingame产量递减分析方法因严格的物质平衡理论推导,同时具有考虑单井变产量和变流压的特点,已成为目前广泛应用的产量递减分析方法。

与常规气藏相比,页岩基质表面的吸附解吸作用使得常规气藏的物质平衡理论不再适用于页岩气藏,同时其运移机理和井型的复杂性使得目前页岩气藏的 Blasingame 产量递减分析理论还处于空白。为此本章从物质平衡理论推导入手开展了页岩气藏压裂水平井的 Blasingame 产量递减理论研究。

## 7.1 产量递减分析数学模型建立

### 7.1.1 产量递减分析理论方法建立

页岩气藏因基质表面存在吸附解吸现象,要实现页岩气藏现代产量递减分析的关键之一是需要修正传统气藏的物质平衡方程。设页岩气藏在一定区域内是封闭的,在页岩气藏物质平衡方程的推导过程中考虑了岩石的压缩、束缚水的膨胀、页岩的解吸,忽略外部水的侵入,其原始地层压力下和开发过程中某时刻的气藏容积分别如图7-1和图7-2所示。

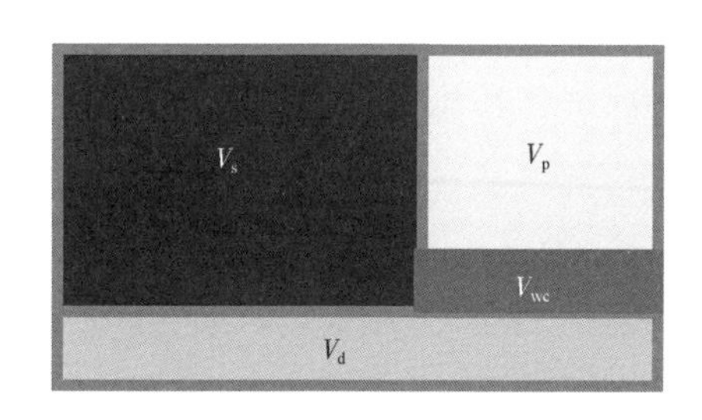


图7-1 原始压力下气藏容积

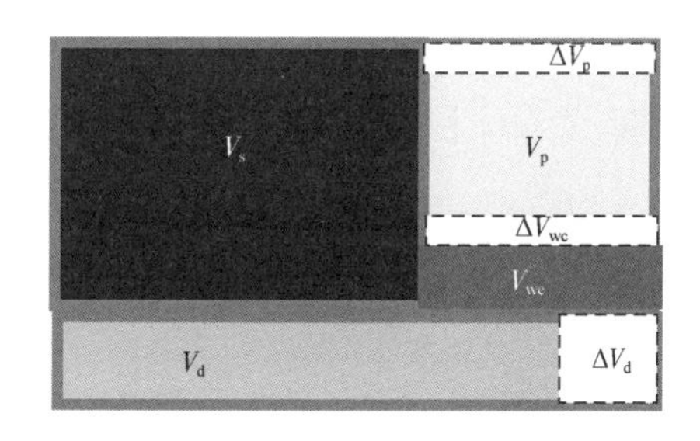


图7-2 开发过程中的气藏容积

假设气藏的含气面积为 $A$,储层的有效厚度为 $h$,则气藏的岩石体积 $V_b$ 为:

$$V_b = Ah \tag{7-1}$$

气藏岩石体积由骨架体积($V_s$)和孔隙体积($V_p$)两部分组成。设岩石的孔隙度为 $\phi$,则气藏的孔隙体积为:

$$V_p = Ah\phi \tag{7-2}$$

由于气藏孔隙体积中有一部分被束缚水体积($V_{wc}$)占据,剩余的体积为页岩中的游离气体积 $V_{ci}$。设原始条件下气体饱和度为 $s_{gi}$,则原始页岩气游离气体积为:

$$V_{ci} = Ah\phi s_{gi} \tag{7-3}$$

束缚水体积为:

$$V_{wc} = V_p - V_{ci} = Ah\phi(1 - s_{gi}) \tag{7-4}$$

一般地,页岩吸附气满足 Langmuir 等温吸附定律,即原始地层压力下,吸附气体积 $V_d$ 为:

$$V_d = \rho_B V_b V_L \frac{p_i}{p_L + p_i} \tag{7-5}$$

式中 $\rho_B$——岩石密度,kg/m³;

$V_L$——Langmuir 等温吸附体积,m³/t;

$p_L$——为 Langmuir 压力,MPa;

$A$——含气面积,m²;

$h$——有效厚度,h;

$p_i$——为原始地层压力,MPa。

为了让式(7-5)中 Langmuir 体积($V_L$)单位与第四章渗流数学模型方程的单位一致,则方程(7-5)可转换为:

$$V_d = V_b V_L \frac{p_i}{p_L + p_i} \tag{7-6}$$

式中 $V_L$——单位岩石体积下的 Langmuir 等温吸附体积,m³/m³,下同。

气藏开发过程中容积变化较为复杂,当采出一定气量($G_p$)时,气藏的压力从原始地层压力($p_i$)降为目前地层压力($p$)。由于地层压力降低,孔隙体积减小(岩石骨架体积增加)($\Delta V_p$),束缚水体积增加($\Delta V_{sw}$),吸附气体积减小(即游离气体积增加量)($\Delta V_d$),其对应的计算公式分别为:

孔隙体积减小量(岩石体积膨胀量):

$$\Delta V_p = V_p c_f \Delta p \tag{7-7}$$

束缚水体积增加量:

$$\Delta V_{sw} = V_{wc} c_w \Delta p \tag{7-8}$$

式中 $c_f$——岩石体积压缩系数,$MPa^{-1}$;

$c_w$——束缚水压缩系数,$MPa^{-1}$。

吸附气体积减小量(游离气体积增加量):

$$\Delta V_d = V_b V_L\left(\frac{p_i}{p_L + p_i} - \frac{p}{p_L + p}\right) \tag{7-9}$$

当气体产出量为 $G_p$，地层压力降为 $p$ 时，气藏游离气容积 $V_c$ 为：

$$V_c = V_{ci} - \Delta V_p - \Delta V_{sw} + \Delta V_d \tag{7-10}$$

结合式(7－1)至式(7－4)、式(7－6)至式(7－8)可得：

$$V_c = V_{ci}\left\{1 - \frac{[c_f + (1 - s_{gi})c_w]\Delta p}{s_{gi}}\right\} - V_{ci}\frac{V_L}{\phi s_{gi}}\left(\frac{p_i}{p_L + p_i} - \frac{p}{p_L + p}\right) \tag{7-11}$$

式(7－11)可进一步转为：

$$(G_f - G_p)B_g = G_f B_{gi}\left\{1 - \frac{[c_f + (1 - s_{gi})c_w](p_i - p_L)}{s_{gi}} - \frac{V_L B_g}{\phi s_{gi}}\left(\frac{p_i}{p_L + p_i} - \frac{p}{p_L + p}\right)\right\} \tag{7-12}$$

式中 $G_f$——游离气原始地质储量，$10^4 m^3$。

式(7－12)两边同乘以 $s_{gi}/(G_f B_{gi})$，可得页岩气藏物质平衡方程：

$$\frac{p}{Z}\left\{s_{gi} - [c_f + (1 - s_{gi})c_w](p_i - p) - \frac{V_L B_g}{\phi}\left(\frac{p_i}{p_L + p_i} - \frac{p}{p_L + p}\right)\right\} = \frac{p_i}{Z_i}\left(1 - \frac{G_p}{G_f}\right)s_{gi} \tag{7-13}$$

式中 $Z$——地层压力为 $p$ 下的气体偏差因子；

$Z_i$——地层压力为 $p_i$ 下的气体偏差因子。

与气体压缩系数相比，岩石和水的压缩系数可忽略，则式(7－13)可进一步化简为：

$$\frac{p}{Z}\left[1 - \frac{V_L B_g}{\phi s_{gi}}\left(\frac{p_i}{p_L + p_i} - \frac{p}{p_L + p}\right)\right] = \frac{p_i}{Z_i}\left(1 - \frac{G_p}{G_f}\right) \tag{7-14}$$

在孔隙体积相同的情况下，由式(7－14)可计算页岩气藏不同吸附能力下的物质平衡曲线(图7－3)。

从图7－3中可以看出，页岩气吸附解吸作用对物质平衡曲线影响很大，因此利用传统物质平衡理论下 Blasingame 产量递减理论开展页岩气藏动态分析会存在很大偏差。为此基于推导的页岩气藏物质平衡理论，可进一步推导得到页岩气藏的 Blasingame 产量递减理论分析中的相关参数。

进一步对式(7－14)两边同时进行时间求导，可得：

$$\frac{\partial p}{\partial t} = \frac{-qs_{gi}}{G_f}\frac{p_i}{Z_i}\frac{Z}{p\left[c_g(s_{gi} - c_d) - \frac{\partial c_d}{\partial p}\right]} \tag{7-15}$$

式(7－15)中 $\partial c_d/\partial p$ 的表达式为：

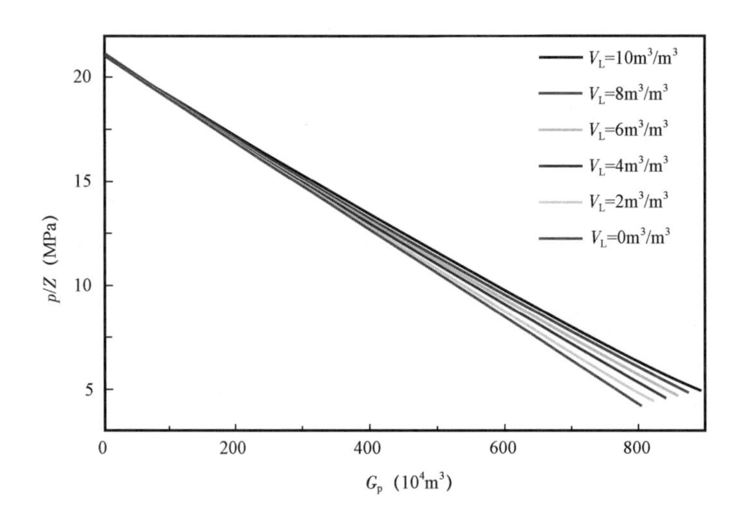


图 7-3 不同 Langmuir 体积下的页岩气藏物质平衡图

$$\frac{\partial c_d}{\partial p} = \frac{B_g V_L}{\phi s_{gi}}\left\{ - c_g\left(\frac{p_i}{p_i + p_L} - \frac{p}{p_L + p}\right) + \left[ - \frac{1}{p_i + p} + \frac{p}{(p_L + p)^2}\right]\right\} \tag{7-16}$$

令:

$$c_t = (c_g - c_g c_d) - \frac{\partial c_d}{\partial p} \tag{7-17}$$

将式(7-17)代入式(7-15),可得:

$$\frac{\partial p}{\partial t} = - \frac{q p_i Z}{G_f Z_i p c_t} \tag{7-18}$$

考虑页岩气吸附的影响,原始地质储量为:

$$G = G_f + \frac{G_f B_{gi}}{\phi s_{gi}} \frac{V_L p_i}{p_L + p_i} \tag{7-19}$$

式(7-19)变换可得:

$$G_f = G \frac{\phi s_{gi}(p_L + p_i)}{\phi s_{gi}(p_L + p_i) + B_{gi} V_L p_i} \tag{7-20}$$

令:

$$w = \frac{\phi s_{gi}(p_L + p_i)}{\phi s_{gi}(p_L + p_i) + B_{gi} V_L p_i} \tag{7-21}$$

结合式(7-18)至式(7-21)可得:

$$q = - \frac{w Z_i G c_t p}{Z p_i} \frac{\partial p}{\partial t} \tag{7-22}$$

进一步结合 Blasingame 产量递减理论，可对常规气藏产量递减理论进行修正。Blasingame 现代产量递减相关参数定义如下。

规整化拟压力定义：

$$p_{\mathrm{p}} = \left(\frac{\mu Z}{p}\right)_{\mathrm{i}} \int_0^p \frac{p}{\mu Z}\mathrm{d}p \tag{7-23}$$

物质平衡时间定义：

$$t_{\mathrm{ca}} = \frac{(\mu c_{\mathrm{t}})_{\mathrm{i}}}{q} \int_0^t \frac{q}{\mu c_{\mathrm{t}}}\mathrm{d}t \tag{7-24}$$

将式(7－23)代入式(7－24)可得到页岩气藏物质拟平衡时间表达式：

$$t_{\mathrm{ca}} = \frac{(\mu c_{\mathrm{t}})_{\mathrm{i}}}{q}\int_{p_{\mathrm{i}}}^{p} \frac{wZ_{\mathrm{i}}Gp}{Zp_{\mathrm{i}}\mu}\mathrm{d}p = \frac{wG\,(\mu c_{\mathrm{t}}Z)_{\mathrm{i}}}{qp_{\mathrm{i}}}\int_{p_{\mathrm{i}}}^{p} \frac{p}{\mu Z}\mathrm{d}p \tag{7-25}$$

结合式(7－24)和式(7－25)，可得修正的物质拟平衡时间：

$$t_{\mathrm{ca}} = \frac{wGc_{\mathrm{ti}}}{q}(p_{\mathrm{pi}} - p_{\mathrm{p}}) \tag{7-26}$$

同时根据油气藏渗流力学理论，气井进入拟稳态时其标准的流动方程为：

$$q = J[m(p) - m(p_{\mathrm{wf}})] \tag{7-27}$$

其中，$J$ 为采气指数，$\mathrm{m^3/MPa}$。$m(p)$ 和 $m(p_{\mathrm{wf}})$ 分别为平均地层压力下的拟压力和井底流压的拟压力，其拟压力定义为：

$$m(p) = 2\int_0^p \frac{p}{\mu Z}\mathrm{d}p \tag{7-28}$$

结合式(7－23)和式(7－28)的定义，式(7－27)可变化为：

$$\frac{p_{\mathrm{p}} - p_{\mathrm{pwf}}}{q} = \frac{(\mu Z)_{\mathrm{i}}}{2Jp_{\mathrm{i}}} \tag{7-29}$$

结合方程(7－26)和式(7－29)可得：

$$\frac{p_{\mathrm{pi}} - p_{\mathrm{p}}}{q} + \frac{p_{\mathrm{p}} - p_{\mathrm{wf}}}{q} = m_{\mathrm{a}}t_{\mathrm{ca}} + b_{\mathrm{a,ss}} \tag{7-30}$$

式中　$b_{\mathrm{a,ss}} = (\mu \cdot z)_{\mathrm{i}}/(2 \cdot J \cdot p_{\mathrm{i}})$，$m_{\mathrm{a}} = 1/(w \cdot G \cdot c_{\mathrm{t}})$。

式(7－30)化简结果与常规气藏的 Blasingame 现代产量递减理论数学公式形式一致，即：

规整化产量：

$$\frac{q}{\Delta p_{\mathrm{p}}} = \frac{q}{p_{\mathrm{pi}} - p_{\mathrm{pwf}}} \tag{7-31}$$

规整化累计产量积分：

$$\left(\frac{q}{\Delta p_{\mathrm{p}}}\right)_{\mathrm{i}} = \frac{1}{t_{\mathrm{ca}}}\int_{0}^{t_{\mathrm{ca}}}\frac{q}{p_{\mathrm{pi}} - p_{\mathrm{pwf}}}\mathrm{d}t \tag{7-32}$$

规整化累计产量积分导数：

$$\left(\frac{q}{\Delta p_{\mathrm{p}}}\right)_{\mathrm{id}} = -\frac{\mathrm{d}\left(\frac{q}{\Delta p_{\mathrm{p}}}\right)_{\mathrm{i}}}{\mathrm{d}\ln t_{\mathrm{ca}}} = -t_{\mathrm{ca}}\frac{\mathrm{d}\left(\frac{q}{\Delta p_{\mathrm{p}}}\right)_{\mathrm{i}}}{\mathrm{d}t_{\mathrm{ca}}} \tag{7-33}$$

根据式(7－26)，式(7－31)至式(7－33)的计算结果，可绘制出基于严格物质平衡推导下考虑页岩气吸附解吸作用的 Blasingame 现代产量递减曲线。

### 7.1.2 产量递减离散数学模型建立

6.1 节已利用井模型建立了页岩气藏无限导流裂缝压裂水平井定产生产下流压计算的数学模型。为此，以第 5 章压裂水平井渗流数学模型为基础，仅对主裂缝生产网格中源汇项 $q_{\mathrm{f}m,i}$项进行处理，即可得到定流压条件下的页岩气藏无限导流压裂水平井产量递减数学模型。

对第 5 章中式(5－2)、式(5－9)和式(5－14)中源汇项的井指数采用显式处理，则考虑定流压条件下产量递减分析中的源汇项可表达为：

$$q_{\mathrm{fm},i}^{\ n+1} = F_{\mathrm{fm},i}^{\ n}\left(p_{\mathrm{fm},i}^{\ n+1} - p_{\mathrm{wf}}\right) \tag{7-34}$$

式中　$p_{\mathrm{wf}}$——恒定流压，MPa。

#### 7.1.2.1 对称双翼裂缝压裂水平井产量递减数学模型

将式(5－4)至式(5－6)、式(6－13)和式(7－34)代入式(5－1)和式(5－2)，可得到对称双翼裂缝压裂水平井定流压条件下产量递减离散数学模型：

气藏区：

$$T_{ij}{}^{\overset{(v)}{n+1}}\delta p_j{}^{\overset{(v+1)}{n+1}} - T_{\mathrm{mpr}}\delta p_i{}^{\overset{(v+1)}{n+1}} + \sum_j\left(p_j{}^{\overset{(v)}{n+1}} - p_i{}^{\overset{(v)}{n+1}}\right)\frac{\partial T_{ij}}{\partial p_{ij}}\Bigg|^{\overset{(v)}{n+1}}\delta p_{ij}{}^{\overset{(v+1)}{n+1}} = GUD_2 \tag{7-35}$$

气井裂缝区：

$$T_{\mathrm{f}mi,j}{}^{\overset{(v)}{n+1}}\delta p_j{}^{\overset{(v+1)}{n+1}} - T_{\mathrm{mpf}}\delta p_{\mathrm{mf},i}{}^{\overset{(v+1)}{n+1}} + \sum_j\left(p_j{}^{\overset{(v)}{n+1}} - p_{\mathrm{mf},i}{}^{\overset{(v)}{n+1}}\right)\frac{\partial T_{\mathrm{f}mi,j}}{\partial p_{ij}}\Bigg|^{\overset{(v)}{n+1}}\delta p_{\mathrm{f}mi,j}{}^{\overset{(v+1)}{n+1}} = GUD_3 + GUD_4 \tag{7-36}$$

式中　$m$——压裂裂缝条数编号，取值为 1，2，…，$n_{\mathrm{f}}$。

式(7－35)和式(7－36)中：

$$T_{\mathrm{mpr}} = \sum_j T_{ij}{}^{\overset{(v)}{n+1}} + \frac{V_i\phi_i}{\Delta t}\left(-\frac{1}{B_{\mathrm{g}}{}^{2\overset{(v)}{n+1}}}\frac{\partial B_{\mathrm{g}}}{\partial p}\right)_i + \frac{V_i(1-\phi_i)V_{\mathrm{L}}}{\Delta t}$$
$$\left[-\left(1 - \frac{p_{\mathrm{L}}}{p^{\overset{(v)}{n+1}} + p_{\mathrm{L}}}\right)\frac{1}{B_{\mathrm{g}}{}^{2\overset{(v)}{n+1}}}\frac{\partial B_{\mathrm{g}}}{\partial p} + \frac{1}{B_{\mathrm{g}}{}^{\overset{(v)}{n+1}}}\frac{p_{\mathrm{L}}}{\left(p^{\overset{(v)}{n+1}} + p_{\mathrm{L}}\right)^2}\right] \tag{7-37}$$

$$T_{\mathrm{mpf}}=\sum_{j}T_{\mathrm{fm}i,j}{}^{(v)}_{n+1}+\frac{V_{\mathrm{fm},i}\phi_{\mathrm{fm},i}}{\Delta t}\left(-\frac{1}{B_{\mathrm{g}}{}^{(v)}_{2^{n+1}}}\frac{\partial B_{\mathrm{g}}}{\partial p}\right)_{i}+\frac{V_{\mathrm{fm},i}(1-\phi_{\mathrm{fm},i})V_{\mathrm{L}}}{\Delta t}$$

$$\left[-\left(1-\frac{p_{\mathrm{L}}}{p_{\mathrm{fm},i}{}^{(v)}_{n+1}+p_{\mathrm{L}}}\right)\frac{1}{B_{\mathrm{g}}{}^{(v)}_{2^{n+1}}}\frac{\partial B_{\mathrm{g}}}{\partial p}+\frac{1}{B_{\mathrm{g}}{}^{(v)}_{n+1}}\frac{p_{\mathrm{L}}}{(p_{\mathrm{fm},i}{}^{(v)}_{n+1}+p_{\mathrm{L}})^{2}}+F_{\mathrm{fm},i}{}^{n}\right] \tag{7-38}$$

$$GUD_{2}=-\sum_{j}T_{ij}{}^{(v)}_{n+1}\left(p_{j}{}^{(v)}_{n+1}-p_{i}{}^{(v)}_{n+1}\right) \tag{7-39}$$

$$GUD_{3}=-\sum_{j}T_{\mathrm{fm}i,j}{}^{(v)}_{n+1}\left(p_{j}{}^{(v)}_{n+1}-p_{\mathrm{fm}i}{}^{(v)}_{n+1}\right) \tag{7-40}$$

$$GUD_{4}=F_{\mathrm{fm}i,j}{}^{n}p_{i}{}^{(v)}_{n+1}-F_{\mathrm{fm}i,j}{}^{n}p_{\mathrm{wf}} \tag{7-41}$$

进一步，定流压下压裂水平井地面总产量为：

$$Q^{n+1}=\sum_{m=1}^{n_{\mathrm{f}}}\sum_{i}F_{\mathrm{fm},i}{}^{n}(p_{\mathrm{fm},i}{}^{n+1}-p_{\mathrm{wf}}) \tag{7-42}$$

#### 7.1.2.2　水平井体积压裂两区复合产量递减数学模型

考虑压裂主裂缝为无限导流，将式(5-4)至式(5-6)、式(6-13)和式(7-34)代入式(5-7)至式(5-9)，可得到定流压下水平井体积压裂两区复合模型产量递减离散数学模型。

内区：

$$T_{1,ij}{}^{(v)}_{n+1}\delta p_{j}{}^{(v+1)}_{n+1}-T_{\mathrm{mpr1}}\delta p_{i}{}^{(v+1)}_{n+1}+\sum_{j}\left(p_{j}{}^{(v)}_{n+1}-p_{i}{}^{(v)}_{n+1}\right)\frac{\partial T_{1,ij}}{\partial p_{ij}}\bigg|^{(v)}_{n+1}\delta p_{ij}{}^{(v+1)}_{n+1}=GUD_{21} \tag{7-43}$$

外区：

$$T_{2,ij}{}^{(v)}_{n+1}\delta p_{j}{}^{(v+1)}_{n+1}-T_{\mathrm{mpr2}}\delta p_{i}{}^{(v+1)}_{n+1}+\sum_{j}\left(p_{j}{}^{(v)}_{n+1}-p_{i}{}^{(v)}_{n+1}\right)\frac{\partial T_{2,ij}}{\partial p_{ij}}\bigg|^{(v)}_{n+1}\delta p_{ij}{}^{(v+1)}_{n+1}=GUD_{22} \tag{7-44}$$

主裂缝区：

$$T_{\mathrm{fm}i,j}{}^{(v)}_{n+1}\delta p_{j}{}^{(v+1)}_{n+1}-T_{\mathrm{mpf}}\delta p_{\mathrm{mf},i}{}^{(v+1)}_{n+1}+\sum_{j}\left(p_{j}{}^{(v)}_{n+1}-p_{\mathrm{mf},i}{}^{(v)}_{n+1}\right)\frac{\partial T_{\mathrm{mfi},j}}{\partial p_{ij}}\bigg|^{(v)}_{n+1}\delta p_{\mathrm{fm}i,j}{}^{(v+1)}_{n+1}=GUD_{3}+GUD_{4} \tag{7-45}$$

式(7-43)至式(7-45)中：

$$T_{\mathrm{mpr1}}=\sum_{j}T_{1,ij}{}^{(v)}_{n+1}+\frac{V_{i}\phi_{1i}}{\Delta t}\left(-\frac{1}{B_{\mathrm{g}}{}^{(v)}_{2^{n+1}}}\frac{\partial B_{\mathrm{g}}}{\partial p}\right)_{i}+\frac{V_{i}(1-\phi_{1i})V_{\mathrm{L}}}{\Delta t}$$

$$\left[-\left(1-\frac{p_{\mathrm{L}}}{p_{i}{}^{(v)}_{n+1}+p_{\mathrm{L}}}\right)\frac{1}{B_{\mathrm{g}}{}^{(v)}_{2^{n+1}}}\frac{\partial B_{\mathrm{g}}}{\partial p}+\frac{1}{B_{\mathrm{g}}{}^{(v)}_{n+1}}\frac{p_{\mathrm{L}}}{(p_{i}{}^{(v)}_{n+1}+p_{\mathrm{L}})^{2}}\right] \tag{7-46}$$

$$T_{\mathrm{mpr2}} = \sum_j T_{2,ij}{}^{\overset{(v)}{n+1}} + \frac{V_i \phi_{2i}}{\Delta t}\left(-\frac{1}{B_{\mathrm{g}}{}^{\overset{(v)}{2n+1}}}\frac{\partial B_{\mathrm{g}}}{\partial p}\right)_i + \frac{V_i(1-\phi_{2i})V_{\mathrm{L}}}{\Delta t}$$

$$\left[-\left(1-\frac{p_{\mathrm{L}}}{p_i{}^{\overset{(v)}{n+1}}+p_{\mathrm{L}}}\right)\frac{1}{B_{\mathrm{g}}{}^{\overset{(v)}{2n+1}}}\frac{\partial B_{\mathrm{g}}}{\partial p} + \frac{1}{B_{\mathrm{g}}{}^{\overset{(v)}{n+1}}}\frac{p_{\mathrm{L}}}{(p_i{}^{\overset{(v)}{n+1}}+p_{\mathrm{L}})^2}\right] \tag{7-47}$$

$$T_{\mathrm{mpf}} = \sum_j T_{\mathrm{fm}i,j}{}^{\overset{(v)}{n+1}} + \frac{V_{\mathrm{fm},i}\phi_{\mathrm{fm},i}}{\Delta t}\left(-\frac{1}{B_{\mathrm{g}}{}^{\overset{(v)}{2n+1}}}\frac{\partial B_{\mathrm{g}}}{\partial p}\right)_i + \frac{V_{\mathrm{fm},i}(1-\phi_{\mathrm{fm},i})V_{\mathrm{L}}}{\Delta t}$$

$$\left[-\left(1-\frac{p_{\mathrm{L}}}{p_{\mathrm{fm},i}{}^{\overset{(v)}{n+1}}+p_{\mathrm{L}}}\right)\frac{1}{B_{\mathrm{g}}{}^{\overset{(v)}{2n+1}}}\frac{\partial B_{\mathrm{g}}}{\partial p} + \frac{1}{B_{\mathrm{g}}{}^{\overset{(v)}{n+1}}}\frac{p_{\mathrm{L}}}{(p_{\mathrm{fm},i}{}^{\overset{(v)}{n+1}}+p_{\mathrm{L}})^2} + F_{\mathrm{fm},i}{}^{n}\right] \tag{7-48}$$

$$GUD_{21} = -\sum_j T_{1,ij}{}^{\overset{(v)}{n+1}}\left(p_j{}^{\overset{(v)}{n+1}} - p_i{}^{\overset{(v)}{n+1}}\right) \tag{7-49}$$

$$GUD_{22} = -\sum_j T_{2,ij}{}^{\overset{(v)}{n+1}}\left(p_j{}^{\overset{(v)}{n+1}} - p_i{}^{\overset{(v)}{n+1}}\right) \tag{7-50}$$

$$GUD_3 = -\sum_j T_{\mathrm{fm}i,j}{}^{\overset{(v)}{n+1}}\left(p_j{}^{\overset{(v)}{n+1}} - p_{\mathrm{fm}i}{}^{\overset{(v)}{n+1}}\right) \tag{7-51}$$

$$GUD_4 = F_{\mathrm{fm}i,j}{}^{n} p_i{}^{\overset{(v)}{n+1}} - F_{\mathrm{fm}i,j}{}^{n} p_{\mathrm{wf}} \tag{7-52}$$

同样地,结合式(7－43)至式(7－52)可求得不同时刻下每个网格压力,进一步利用式(7－42)可计算获得定流压下压裂水平井地面总产量。

#### 7.1.2.3 水平井体积压裂裂缝多区复合产量递减数学模型

考虑压裂主裂缝为无限导流,将式(5－4)至式(5－6)、式(6－13)和式(7－34)代入式(6－12)至式(6－14)可得到,定流压条件下水平井体积压裂裂缝多区复合模型的产量递减离散数学模型。

网状裂缝区:

$$T_{\mathrm{fm}i,j}{}^{\overset{(v)}{n+1}}\delta p_j{}^{\overset{(v+1)}{n+1}} - T_{\mathrm{mpr1}}\delta p_i{}^{\overset{(v+1)}{n+1}} + \sum_j\left(p_j{}^{\overset{(v)}{n+1}} - p_i{}^{\overset{(v)}{n+1}}\right)\frac{\partial T_{\mathrm{fm}i,j}}{\partial p_{ij}}\bigg|^{\overset{(v)}{n+1}}\delta p_{ij}{}^{\overset{(v+1)}{n+1}} = GUD_{21} \tag{7-53}$$

外区:

$$T_{2,ij}{}^{\overset{(v)}{n+1}}\delta p_j{}^{\overset{(v+1)}{n+1}} - T_{\mathrm{mpr2}}\delta p_i{}^{\overset{(v+1)}{n+1}} + \sum_j\left(p_j{}^{\overset{(v)}{n+1}} - p_i{}^{\overset{(v)}{n+1}}\right)\frac{\partial T_{2,ij}}{\partial p_{ij}}\bigg|^{\overset{(v)}{n+1}}\delta p_{ij}{}^{\overset{(v+1)}{n+1}} = GUD_{22} \tag{7-54}$$

主裂缝井区:

$$T_{\mathrm{fm}i,j}{}^{\overset{(v)}{n+1}}\delta p_j{}^{\overset{(v+1)}{n+1}} - T_{\mathrm{mpf}}\delta p_{\mathrm{mf},i}{}^{\overset{(v+1)}{n+1}} + \sum_j \left(p_j{}^{\overset{(v)}{n+1}} - p_{\mathrm{mf},i}{}^{\overset{(v)}{n+1}}\right)\frac{\partial T_{\mathrm{mfi},j}}{\partial p_{ij}}\bigg|^{\overset{(v)}{n+1}}\delta p_{\mathrm{fm}i,j}{}^{\overset{(v+1)}{n+1}} = GUD_3 + GUD_4 \tag{7-55}$$

式(7－53)至式(7－55)中:

$$T_{\mathrm{mpr1}} = \sum_j T_{\mathrm{fm}i,j}{}^{\overset{(v)}{n+1}} + \frac{V_i\phi_{\mathrm{fm},1i}}{\Delta t}\left(-\frac{1}{B_{\mathrm{g}}{}^{2\overset{(v)}{n+1}}}\frac{\partial B_{\mathrm{g}}}{\partial p}\right)_i + \frac{V_i(1-\phi_{\mathrm{fm},1i})V_{\mathrm{L}}}{\Delta t}$$

$$\left[-\left(1-\frac{p_{\mathrm{L}}}{p_i{}^{\overset{(v)}{n+1}}+p_{\mathrm{L}}}\right)\frac{1}{B_{\mathrm{g}}{}^{2\overset{(v)}{n+1}}}\frac{\partial B_{\mathrm{g}}}{\partial p} + \frac{1}{B_{\mathrm{g}}{}^{\overset{(v)}{n+1}}}\frac{p_{\mathrm{L}}}{(p_i{}^{\overset{(v)}{n+1}}+p_{\mathrm{L}})^2}\right] \tag{7-56}$$

$$T_{\mathrm{mpr2}} = \sum_j T_{2,ij}{}^{\overset{(v)}{n+1}} + \frac{V_i\phi_{2i}}{\Delta t}\left(-\frac{1}{B_{\mathrm{g}}{}^{2\overset{(v)}{n+1}}}\frac{\partial B_{\mathrm{g}}}{\partial p}\right)_i + \frac{V_i(1-\phi_{2i})V_{\mathrm{L}}}{\Delta t}$$

$$\left[-\left(1-\frac{p_{\mathrm{L}}}{p_i{}^{\overset{(v)}{n+1}}+p_{\mathrm{L}}}\right)\frac{1}{B_{\mathrm{g}}{}^{2\overset{(v)}{n+1}}}\frac{\partial B_{\mathrm{g}}}{\partial p} + \frac{1}{B_{\mathrm{g}}{}^{\overset{(v)}{n+1}}}\frac{p_{\mathrm{L}}}{(p_i{}^{\overset{(v)}{n+1}}+p_{\mathrm{L}})^2}\right] \tag{7-57}$$

$$T_{\mathrm{mpf}} = \sum_j T_{\mathrm{fm}i,j}{}^{\overset{(v)}{n+1}} + \frac{V_{\mathrm{fm},i}\phi_{\mathrm{fm},1i}}{\Delta t}\left(-\frac{1}{B_{\mathrm{g}}{}^{2\overset{(v)}{n+1}}}\frac{\partial B_{\mathrm{g}}}{\partial p}\right)_{\mathrm{fm},i} + \frac{V_{\mathrm{fm},i}(1-\phi_{\mathrm{fm},1i})V_{\mathrm{L}}}{\Delta t}$$

$$\left[-\left(1-\frac{p_{\mathrm{L}}}{p_{\mathrm{fm},i}{}^{\overset{(v)}{n+1}}+p_{\mathrm{L}}}\right)\frac{1}{B_{\mathrm{g}}{}^{2\overset{(v)}{n+1}}}\frac{\partial B_{\mathrm{g}}}{\partial p} + \frac{1}{B_{\mathrm{g}}{}^{\overset{(v)}{n+1}}}\frac{p_{\mathrm{L}}}{(p_{\mathrm{fm},i}{}^{\overset{(v)}{n+1}}+p_{\mathrm{L}})^2} + F_{\mathrm{fm},i}{}^{n}\right] \tag{7-58}$$

$$GUD_{21} = -\sum_j T_{\mathrm{fm}i,j}{}^{\overset{(v)}{n+1}}\left(p_j{}^{\overset{(v)}{n+1}} - p_i{}^{\overset{(v)}{n+1}}\right) \tag{7-59}$$

$$GUD_{22} = -\sum_j T_{2,ij}{}^{\overset{(v)}{n+1}}\left(p_j{}^{\overset{(v)}{n+1}} - p_i{}^{\overset{(v)}{n+1}}\right) \tag{7-60}$$

$$GUD_3 = -\sum_j T_{\mathrm{fm}i,j}{}^{\overset{(v)}{n+1}}\left(p_j{}^{\overset{(v)}{n+1}} - p_{\mathrm{fm}i}{}^{\overset{(v)}{n+1}}\right) \tag{7-61}$$

$$GUD_4 = F_{\mathrm{fm}i,j}{}^{n}p_i{}^{\overset{(v)}{n+1}} - F_{\mathrm{fm}i,j}{}^{n}p_{\mathrm{wf}} \tag{7-62}$$

同样地,结合式(7－53)至式(7－62)可求得不同时刻下每个网格压力,进一步利用式(7－42)可计算获得定流压下压裂水平井地面总产量。

#### 7.1.2.4 离散裂缝网络压裂水平井产量递减数学模型

与对称双翼裂缝压裂水平井相比,离散裂缝网络压裂水平井除了前处理非结构 PEBI

网格生成不同外,其二者的控制方程等均是一致的。因此推导得到的离散裂缝网络压裂水平井产量递减数学模型与前面对称双翼裂缝压裂水平井模型[式(7-35)和式(7-36)]也是一致的。

## 7.2 产量递减分析方法可靠性验证

当页岩气藏压裂水平井产量数学模型忽略扩散和吸附解吸参数,其数学模型可简化为致密气藏压裂水平井产量数学模型。为此,首先以压裂水平井非结构 PEBI 网格模型为基础,结合前面控制体有限单元法推导的压裂水平井产量数学模型和表 7-1 中的基本参数,编程计算了致密气藏无限导流压裂水平井定流压下的产量递减曲线。与国外成熟的产量递减分析软件(Topaze)预测结果比较,从变化趋势和数值上看,本书方法计算结果均具有较好的一致性(图 7-4)。

表 7-1 Blasingame 产量递减曲线计算基础参数表

| 储层孔隙度 $\phi$ | 0.1 | 储层有效厚度 $h$(m) | 16 | 单井控制半径 $r_e$(m) | 250 |
|---|---|---|---|---|---|
| 原始地层压力 $p_i$(MPa) | 20 | 定压生产下井底流压 $p_{wf}$(MPa) | 16 | 储层温度(℃) | 60 |
| 天然气相对密度 $r_g$ | 0.57 | 渗透率 $K$(mD) | 0.01 | 裂缝数量 $n_f$(条) | 3 |
| 水平井长度 $L$(m) | 375 | 裂缝间距 $d_f$(m) | 125 | 裂缝半长 $x_f$(m) | 25 |

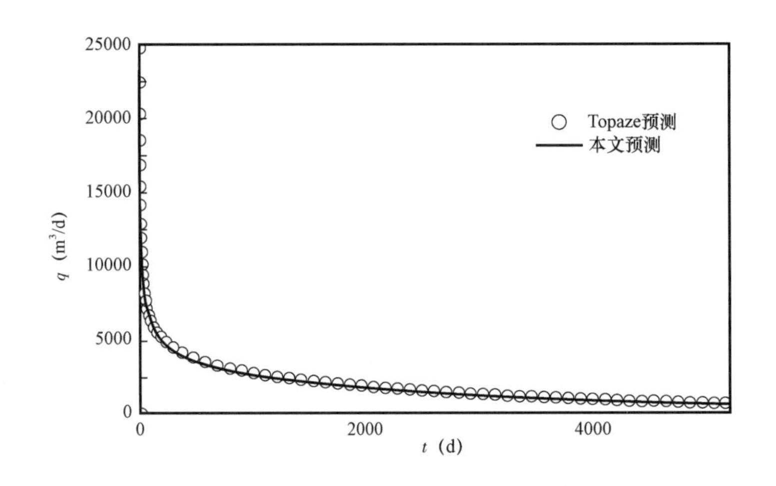


图 7-4 Topaze 和本书方法预测的产量递减曲线对比图

进一步基于本书预测的数据利用 Topaze 软件绘制 Blasingame 曲线,并与 7.1 节 Blasingame 理论方法编程计算的 Blasingame 曲线对比,其曲线特征一致性较好(图 7-5,图 7-6)。但值得说明的是由于 Topaze 软件绘制的产量递减曲线的纵坐标单位与 Blasingame 理论曲线制作方法的纵坐标单位不一致,因此只分析了曲线特征的一致性。

综上所述,从预测的产量曲线和 Blasingame 产量递减曲线特征一致性来看,本书建立的产量预测模型以及 Blasingame 现代产量递减分析方法计算的结果是正确和可靠的。

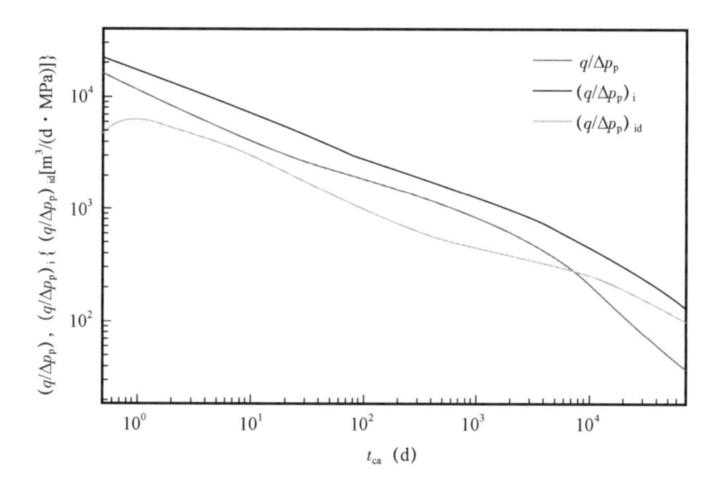


图7－5　本书计算的Blasingame典型曲线

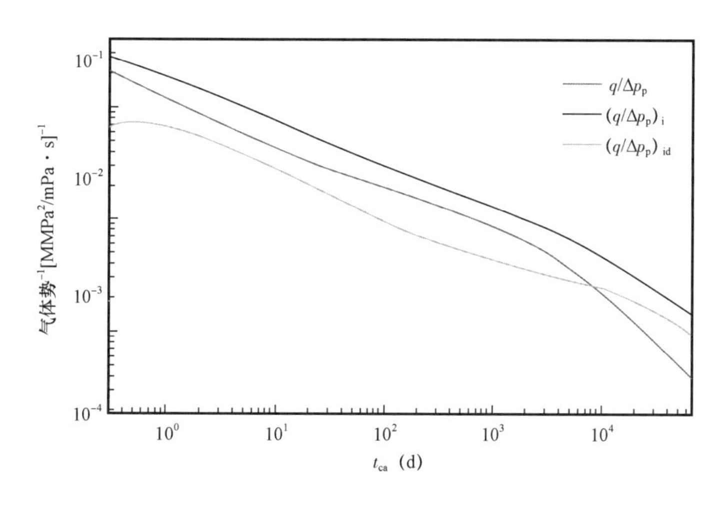


图7－6　Topaze绘制的Blasingame典型曲线

## 7.3　页岩气藏产量递减典型曲线分析

在致密气藏压裂水平井产量预测和Blasingame递减分析方法正确性和可靠性验证的基础上，进一步计算获得了考虑页岩气藏四种压裂水平井概念模型的Blasingame产量递减典型曲线，划分了其流动阶段，并讨论了相关参数的影响。

### 7.3.1　对称双翼裂缝压裂水平井模型产量递减曲线分析

#### 7.3.1.1　流动阶段划分

结合压裂水平井非结构网格和页岩气藏对称双翼裂缝压裂水平井产量递减分析方法理论，在裂缝参数和网格参数赋值（表7－2）基础上，可计算获得对应的Blasingame现代产量递减典型曲线。

表 7－2　计算基础参数表

| 储层孔隙度 $\phi$ | 0.1 | 储层有效厚度 $h$(m) | 16 | 单井控制半径 $r_e$(m) | 200 |
|---|---|---|---|---|---|
| 原始地层压力 $p_i$(MPa) | 20 | 定压生产下井底流压 $p_{wf}$(MPa) | 12 | 储层温度(℃) | 60 |
| 天然气相对密度 $r_g$ | 0.57 | 渗透率 $K$(mD) | $5\times10^{-4}$ | 裂缝数量 $n_f$(条) | 3 |
| 水平井长度 $L$(m) | 300 | 裂缝间距 $d_f$(m) | 100 | 裂缝半长 $x_f$(m) | 25 |
| Langmuir 体积 $V_L$($m^3/m^3$) | 3 | Langmuir 压力 $p_L$(MPa) | 10.4 | 综合扩散系数 $D_k$($m^2$/s) | $1\times10^{-9}$ |

为了更好分析其流动阶段，图 7－7 整合了规整化产量和规整化压力曲线。根据图7－7中曲线特征可将其划分为 4 个流动阶段。为更好说明各阶段的流态特征，分别计算获得对应流动阶段某时刻下各网格压力，绘制了相应的压力云图，直观地表现其流动阶段特征。综合各种信息确定了各流动阶段特征如下：

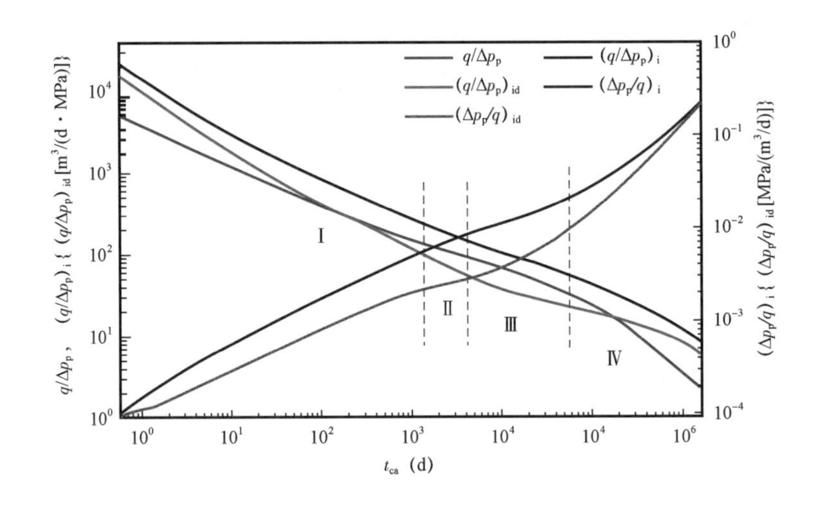


图 7－7　页岩气藏对称双翼裂缝压裂水平井产量递减流态划分图

Ⅰ为裂缝间地层线性流：规整化压力积分和压力积分导数表现为平行直线；规整化产量曲线斜率恒定；压力云图[图 7－8(a)]说明地层流体以线性流的形式向压裂裂缝供给。

Ⅱ为裂缝早期径向流段：压力积分导数表现近似的水平线；规整化产量曲线斜率绝对值变小，且恒定(斜率与Ⅰ阶段不同)；压力云图[图 7－8(b)]说明地层流体以径向流形式向压裂裂缝供给。

Ⅲ为系统复合线性流：由于裂缝间干扰导致流动阻力增加，规整化压力及压力积分导数表现近似平行直线向上翘，规整化产量曲线斜率绝对值增加；压力云图[图 7－8(c)]可看出裂缝间压力出现明显干扰，呈现系统线性流特征。

Ⅳ为系统拟稳定流：压力波及整个系统边界，规整化压力积分和压力积分导数表现为斜率 1 的直线，而规整化产量表现为斜率为－1 的直线；压力云图[图 7－8(d)]可看出边界压力已下降，说明压力波已波及边界，且流态呈现拟稳定流(椭圆流)特征。

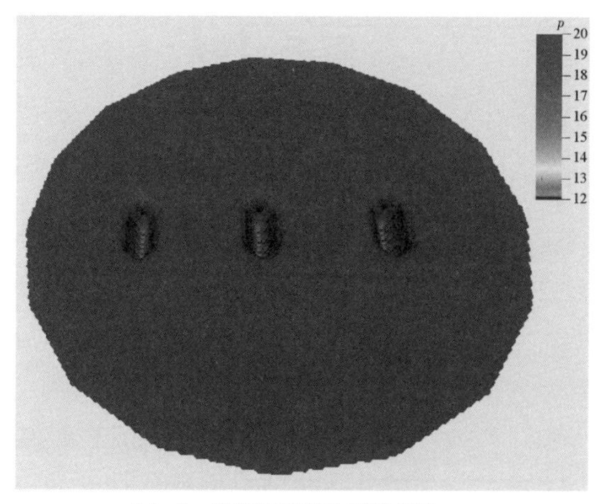


(a) Ⅰ：裂缝周围地层早期线性流

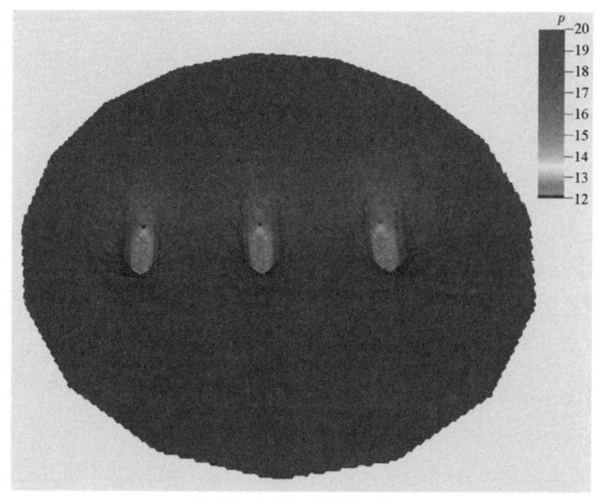


(b) Ⅱ：裂缝早期径向流

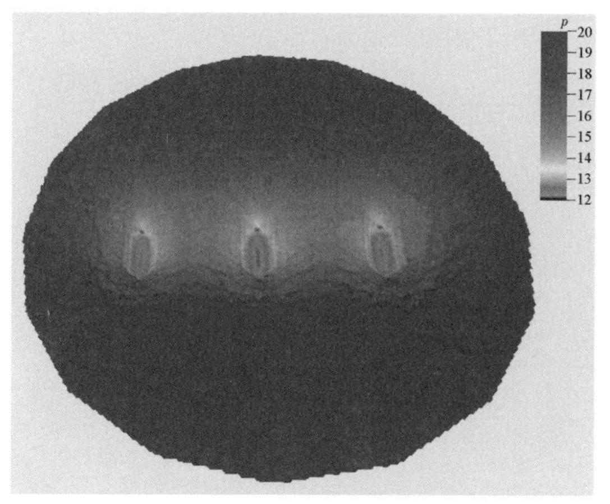


(c) Ⅲ：系统复合线性流

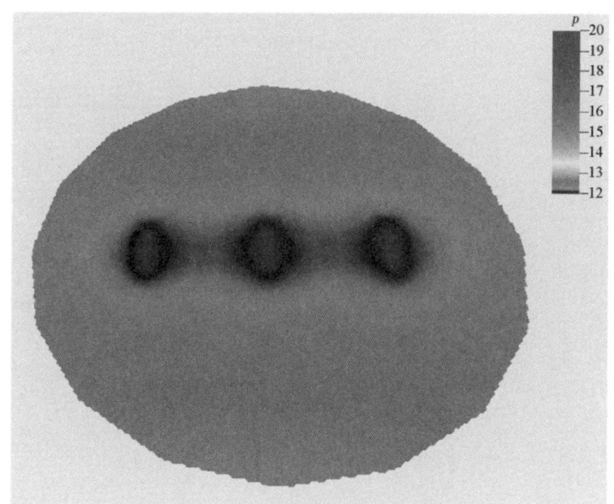


(d) Ⅳ：系统拟稳定流（椭圆流）

图7-8　页岩气藏对称双翼裂缝压裂水平井压力云图

### 7.3.1.2　参数敏感性分析

在 Blasingame 产量递减典型曲线流动阶段划分基础上，进一步分析了储层参数、裂缝参数对产量递减典型曲线的影响。

图7-9可以看出 Langmuir 体积（$V_L$）对 Blasingame 曲线影响较大。$V_L$越大，同一时刻下的规整化产量、规整化产量积分和规整化产量积分导数值就越大，即 $V_L$越大对产量提高有利。同时从趋势看规整化产量基本上随 $V_L$线性增加。

与 $V_L$相比，Langmuir 压力（$p_L$）对 Blasingame 产量递减曲线的影响要小（图7-10），并且对产量递减曲线的影响是非线性的。从图7-10可以看出，$p_L$越小，同一时刻下的规整化产量、规整化产量积分和规整化产量积分导数值越大，即 $p_L$越小对页岩气产量提高有利。

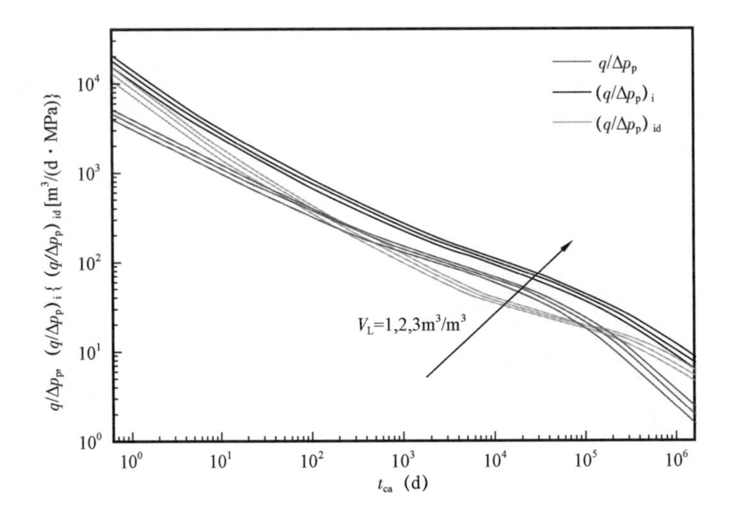


图 7－9　Langmuir 体积($V_L$)对页岩气藏压裂水平井 Blasingame 曲线的影响

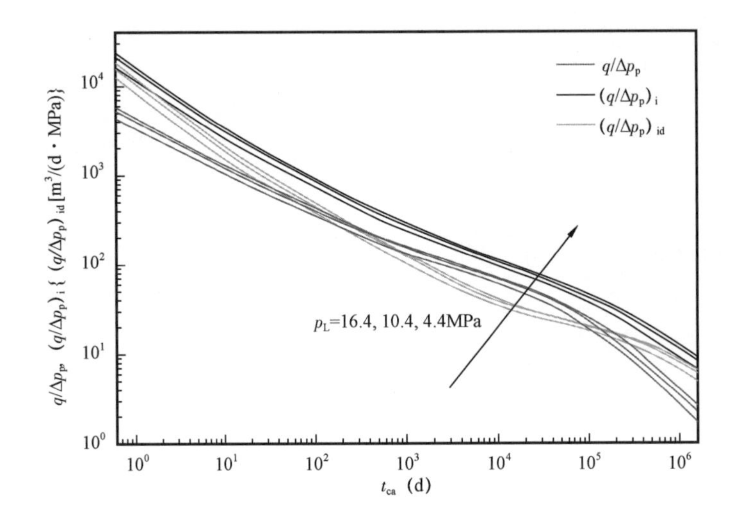


图 7－10　Langmuir 压力($p_L$)对页岩气藏压裂水平井 Blasingame 曲线的影响

图 7－11 说明了气体综合扩散系数($D_k$)对 Blasingame 产量递减曲线的影响。从曲线上看,$D_k$对 Blasingame 曲线影响不大,且在储层高渗透情况下扩散作用对产能的贡献可以忽略。从图可知在渗透率为 $5\times10^{-4}$mD 的储层中,$D_k=1\times10^{-11}$和 $1\times10^{-9}\mathrm{m}^2/\mathrm{s}$ 时,规整化产量基本相等,而 $D_k=1\times10^{-7}\mathrm{m}^2/\mathrm{s}$ 下的规整化产量要略高。由图 7－11 可知,当页岩储层基质渗透率很低时,气体扩散对提高单井产量具有一定的作用。

图 7－12 说明了储层渗透率($K$)对 Blasingame 产量递减曲线的影响。从曲线上看,$K$ 对 Blasingame 曲线影响显著,渗透率越大,同一时刻下(压力波及边界之前)的规整化产量、规整化产量积分和规整化产量积分导数值就越大,但由于物质平衡原因,渗透率越大,产量递减曲线进入拟稳态的时间越早。

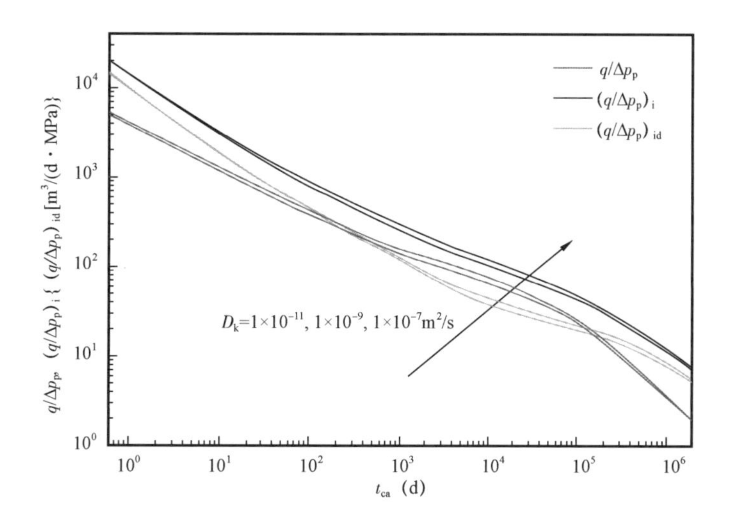


图7-11 扩散系数($D_k$)对页岩气藏压裂水平井 Blasingame 曲线的影响

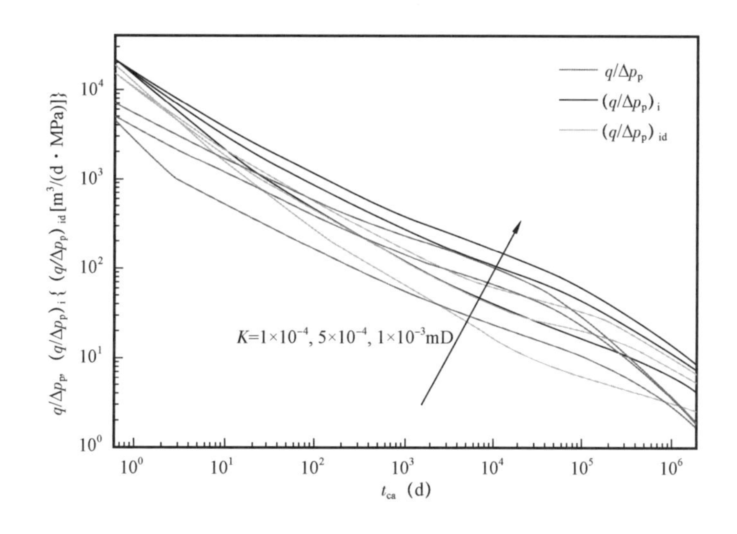


图7-12 渗透率($K$)对页岩气藏压裂水平井 Blasingame 曲线的影响

从图7-13和图7-14可看出压裂裂缝半长($x_f$)和裂缝数量($n_f$)对 Blasingame 曲线的影响基本相同。即$x_f$越长或$n_f$越多,同一时刻下(压力波及边界之前)的规整化产量、规整化产量积分、规整化产量积分导数就越大,但由于物质平衡原因,$x_f$越长或$n_f$越多,产量递减曲线进入拟稳态的时间越早。因此页岩气井增加压裂改造规模和裂缝数量有利于提高单井产量。

图7-15说明了裂缝间距($d_f$)对 Blasingame 产量递减曲线的影响。从曲线上看,$d_f$主要影响 Blasingame 曲线的系统线性流阶段,即$d_f$越大,Blasingame 曲线进入系统线性流阶段的时间越晚,且规整化产量值越大,但从总体上看$d_f$对产量递减曲线影响较小。

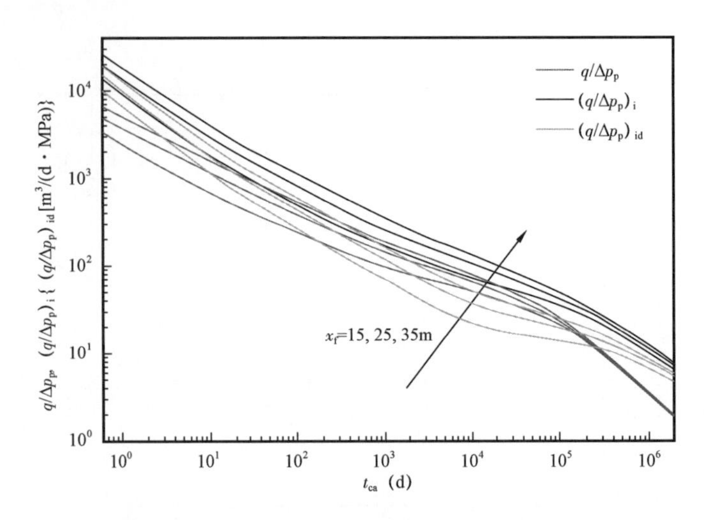


图7-13　裂缝半长($x_f$)对页岩气藏压裂水平井 Blasingame 曲线的影响

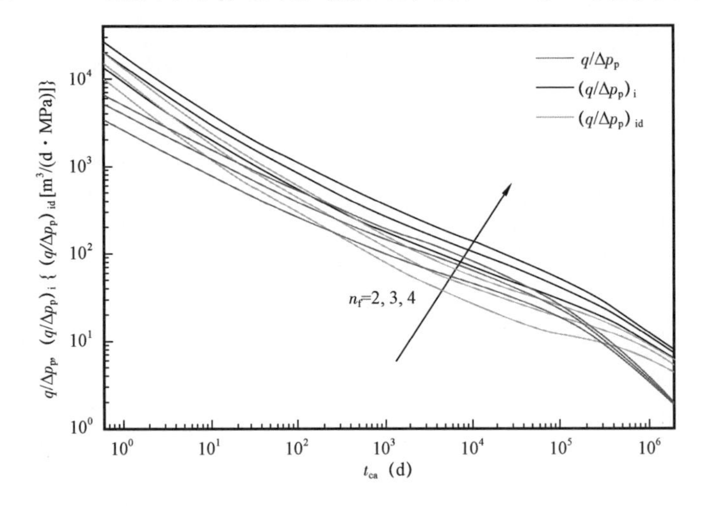


图7-14　裂缝条数($n_f$)对页岩气藏压裂水平井 Blasingame 曲线的影响

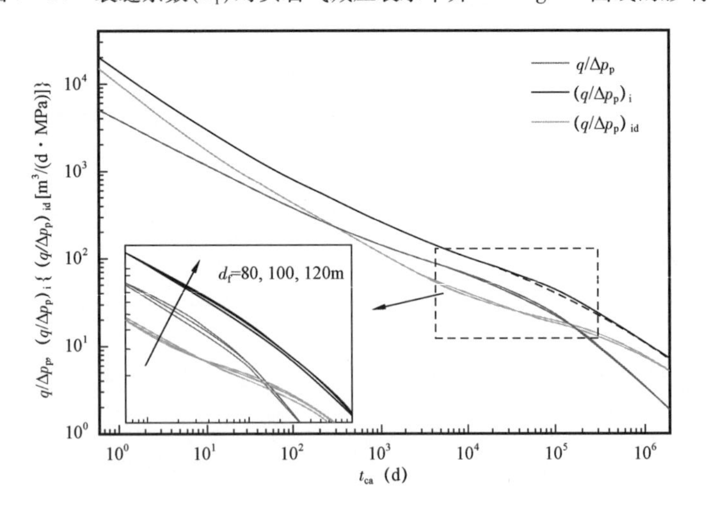


图7-15　裂缝间距($d_f$)对页岩气藏压裂水平井 Blasingame 曲线的影响

图7-16表明了井控半径($r_e$)主要影响Blasingame产量递减曲线的拟稳定流阶段。从曲线上看,$r_e$越大,产量递减曲线进入拟稳定流阶段的时间越晚,只有当系统进入拟稳定流阶段才能获取准确的单井控制储量。

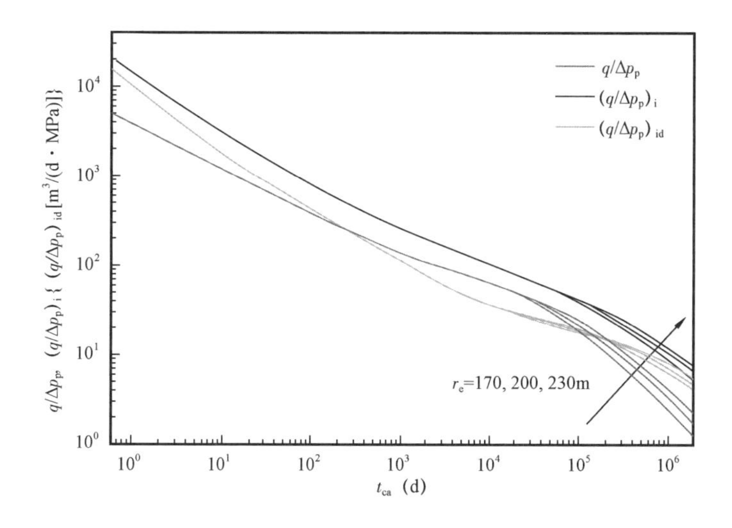


图7-16 井控半径($r_e$)对页岩气藏压裂水平井Blasingame曲线的影响

## 7.3.2 两区复合压裂水平井模型产量递减曲线分析

### 7.3.2.1 流动阶段划分

结合压裂水平井非结构网格和页岩气藏压裂水平井产量递减分析方法理论,在裂缝参数和压裂水平井两区复合模型网格参数赋值(表7-3)基础上,可计算获得对应的压裂水平井Blasingame产量递减典型曲线。

**表7-3 计算基础参数表**

| 外区储层孔隙度 $\phi_1$ | 0.05 | 内区储层孔隙度 $\phi_2$ | 0.1 | 储层有效厚度 $h$(m) | 16 |
|---|---|---|---|---|---|
| 原始地层压力 $p_i$(MPa) | 20 | 定压生产下井底流压 $p_{wf}$(MPa) | 12 | 储层温度(℃) | 60 |
| 天然气相对密度 $r_g$ | 0.57 | 外区渗透率 $K_2$(mD) | $5\times10^{-4}$ | 裂缝数量 $n_f$(条) | 3 |
| 水平井长度 $L$(m) | 180 | 裂缝间距 $d_f$(m) | 60 | 裂缝半长 $x_f$(m) | 25 |
| Langmuir体积 $V_L$($m^3/m^3$) | 3 | Langmuir压力 $p_L$(MPa) | 10.4 | 综合扩散系数 $D_k$($m^2$/s) | $1\times10^{-9}$ |
| 内区渗透率 $K_1$(mD) | $1\times10^{-2}$ | 内区控制半径 $r_{内}$(m) | 130 | 单井控制半径 $r_e$(m) | 250 |

进一步结合规整化产量、规整化压力曲线(图7-17)以及压力云图(图7-18)可将两区复合压裂水平井产量递减曲线划分为5个流动阶段,其各流动阶段特征如下。

Ⅰ为裂缝间地层线性流:规整化压力积分和压力积分导数表现为平行直线,同时规整化产量曲线斜率恒定;压力云图(图7-18a)说明在生产早期压力波波及裂缝周围,裂缝左右两端的地层流体以线性流形式向裂缝供给。

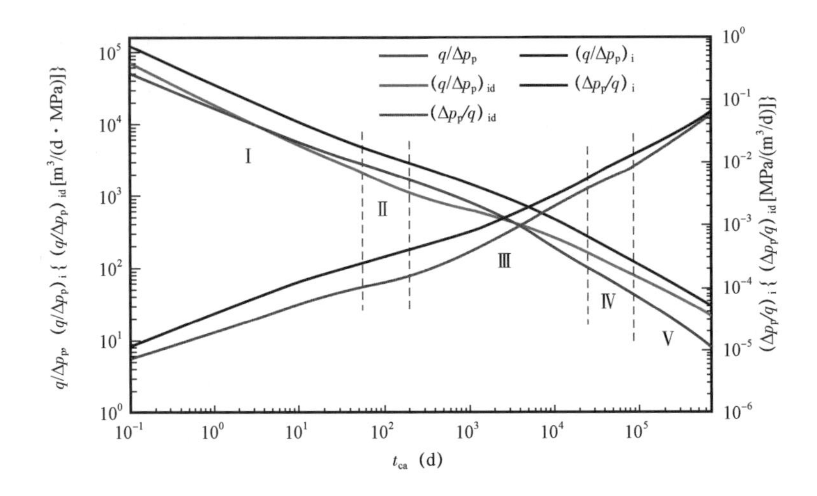


图 7－17　页岩气藏两区复合压裂水平井 Blasingame 产量递减流动阶段划分图

Ⅱ为内区裂缝间的径向流：规整化压力积分导数曲线表现近似的水平直线，同时由于供给区域增加，规整化产量曲线斜率绝对值变小，且恒定（斜率与Ⅰ阶段不同）；压力云图（图 7－18b）说明随着生产时间推移，压力波逐渐扩大，裂缝周围流体以径向流的形式向各裂缝流动。

Ⅲ为内区复合线性流：因裂缝间的相互干扰的影响，流动压降增大，规整化压力积分导数表现为近似平行直线向上翘，规整化产量递减曲线斜率绝对值增大，若内区半径较小，该阶段可能不会出现；压力云图（图 7－18c）说明压力波外区呈现近似矩形的形状，与对称双翼裂缝压裂水平井产量复合线性流阶段的压力云图形状基本一致，呈现线性流特征。

Ⅳ为外区反映阶段：随着时间的推移，压力波波及到页岩体积改造区外，由于外区对内区有一定补给，规整化产量因外区的补给，斜率绝对值变小，压力积分导数曲线上升幅度也变缓；压力云图（图 7－18d）显示压力波逐渐外扩到外区，但并未达到边界。

Ⅴ为系统拟稳定流：压力波及到整个系统边界，规整化压力积分和压力积分导数表现为斜率 1 的直线，而规整化产量表现为斜率为 －1 的直线；压力云图（图 7－18e）显示压力波已达到边界，且外区压力颜色呈现近似的圆形。

### 7.3.2.2　参数敏感性分析

在压裂水平井两区复合 Blasingame 产量递减典型曲线流动阶段划分基础上，进一步讨论了储层参数、裂缝参数对产量递减典型曲线的影响。

页岩气藏多级压裂水平井是提高单井产量的有效手段。页岩储层基质渗透率很低，一般认为体积压裂改造体积范围即为页岩气经济商业化的可采储量。因此评价体积压裂增产改造体积（SRV）对页岩气藏生产具有十分重要的指导意义。图 7－19 讨论了体积改造区的半径（$r_{内}$）对 Blasingame 产量递减曲线的影响。从图中可以看出 $r_{内}$ 主要影响内区复合线性流、外区反映两个阶段；$r_{内}$ 越大，系统进入复合线性流的时间越晚，并且复合线性流和外区反映阶段的产量越高。根据 Blasingame 产量递减典型曲线线性流阶段特征，可通过对页岩气藏压裂水平井生产数据折算的 Blasingame 产量递减曲线拟合定量评价 SRV。

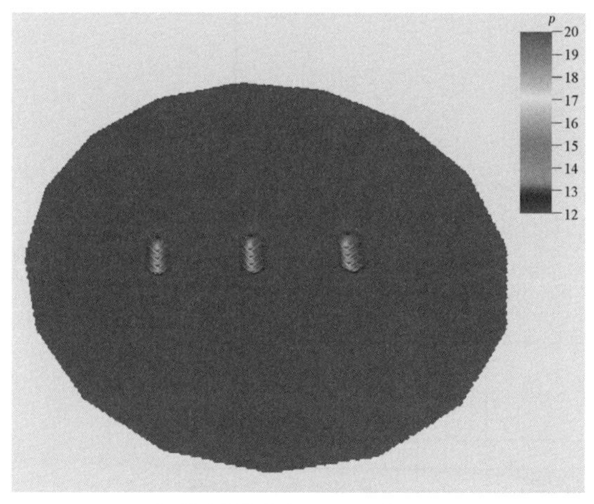


(a) 裂缝线性流阶段地层压力云图

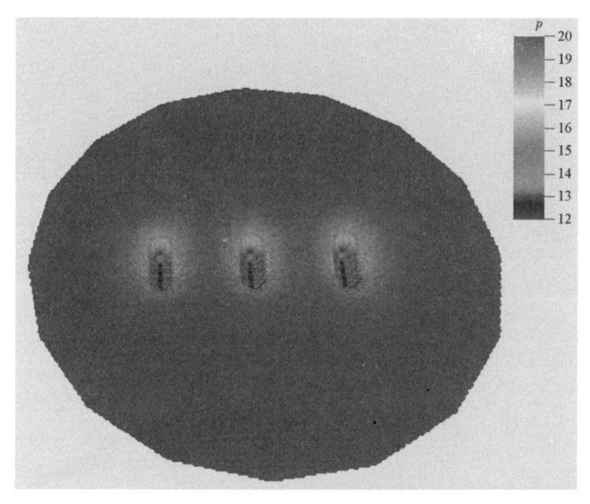


(b) 内区的径向流压力云图

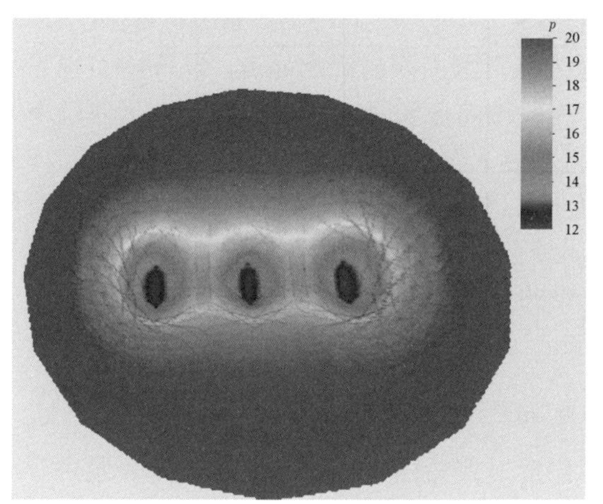


(c) 内区复合线性流压力云图

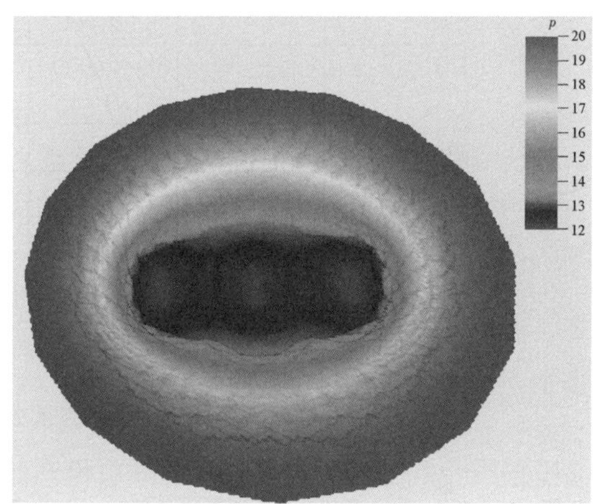


(d) 外区反映段压力云图

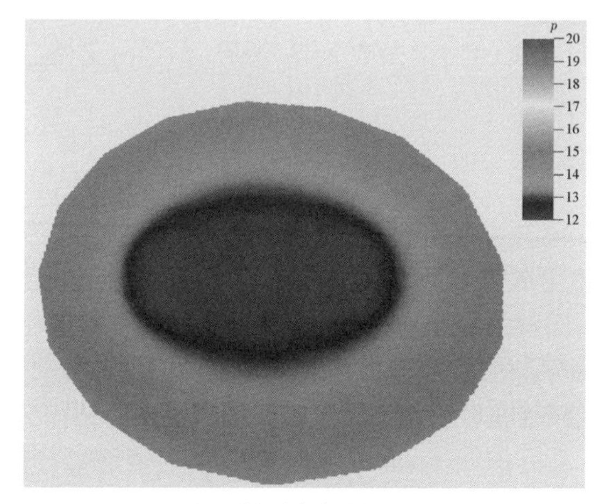


(e) 系统拟稳定流压力云图

图7-18 页岩气水平井体积压裂两区复合模型压力云图

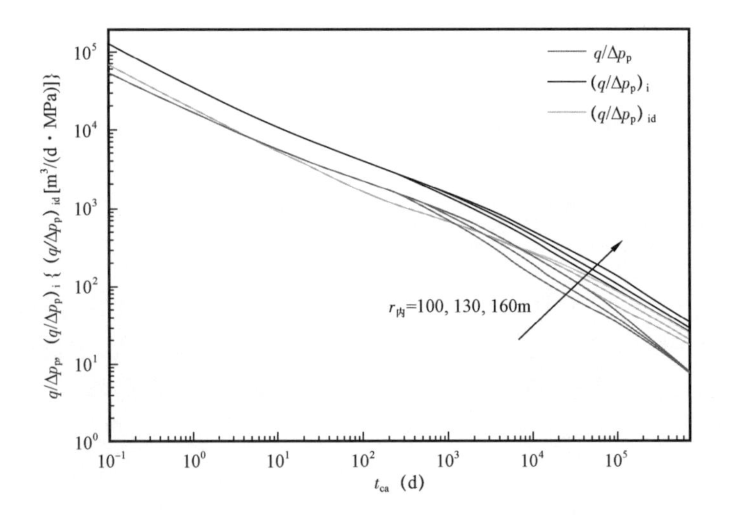


图 7－19　体积压裂改造半径($r_内$)对压裂水平井 Blasingame 典型曲线的影响

图 7－20 表明内区渗透率对 Blasingame 产量递减典型曲线的影响显著。从图中可以看出内区渗透率($K_1$)主要影响裂缝早期地层线性流、内区径向流和复合线性流段。内区渗透率越高,裂缝线性流和内区径向流阶段的产量越高,同时进入复合线性流的时间越早;$K_1$ 增大(即 $K_1/K_2$ 的比值增大),压力波及外区时需要的压降更大,使得内区复合线性流阶段的持续时间增加,波及到外区物性反映阶段的时间延迟。因此页岩气藏提高体积压裂规模,使得压裂水平井近井区改造越好(即内区渗透率越高),对提高单井产量越有利。

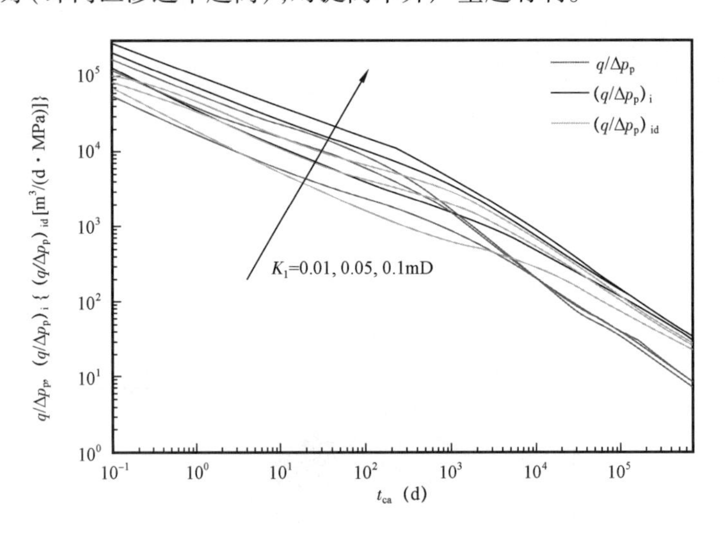


图 7－20　内区渗透率($K_1$)对压裂水平井 Blasingame 典型曲线的影响

图 7－21 说明了外区渗透率对产量递减典型曲线的影响。从图 7－21 中可以看出外区渗透率主要影响内区复合线性流和外区反映阶段。外区渗透率越高,内区复合线性流持续的之间越短(外区反映阶段出现的时间越早),外区反映阶段持续的时间越早。同时外区渗透率越高,对应影响阶段的规整化产量值越大,说明改造区外储层的流动能力大小是气井生产中后期稳产的关键因素之一。

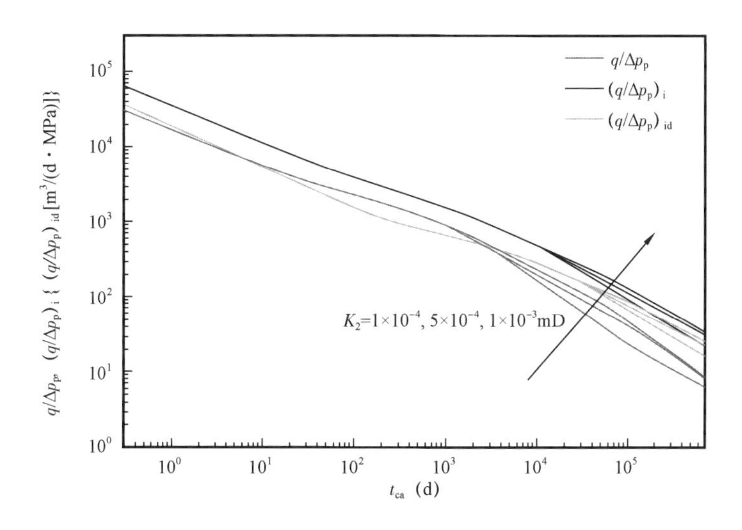


图7－21　外区渗透率($K_2$)对压裂水平井 Blasingame 典型曲线的影响

图7－22和图7－23表明在其他参数一定的情况下,裂缝数量和裂缝半长主要影响产量递减曲线中的线性流阶段、内区径向流和内区复合线性流三个阶段。裂缝数量越多或裂缝半长越大,早期裂缝周围地层线性流和内区径向流阶段的产量越高,同时进入内区复合线性流阶段的时间越早。因此适当增加裂缝数量和裂缝长度,对提高单井早期产量有利。

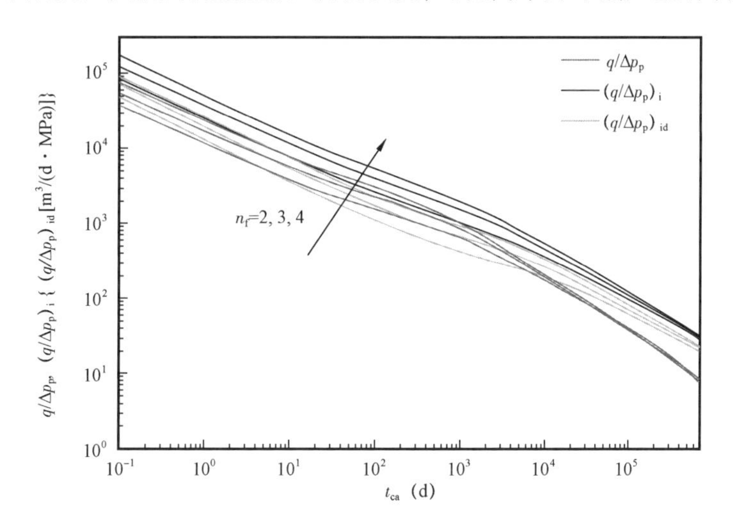


图7－22　裂缝条数($n_f$)对压裂水平井 Blasingame 典型曲线的影响

在其他参数一定的情况下,裂缝间距($d_f$)对产量递减曲线影响较小(图7－24)。裂缝间距主要影响裂缝间产生干扰出现时间的早晚。从图中可以看出$d_f$影响内区径向流和内区复合线性流段。裂缝间距越大,规整化产量递减曲线内区径向流和复合线性流阶段对应的规整化产量越大,同时裂缝之间干扰出现的时间越晚,即系统进入复合线性流段的时间越晚。

图7－25说明单井控制半径($r_e$)只影响生产晚期的系统拟稳定流段。$r_e$越大,系统进入拟稳定流段的时间越晚。

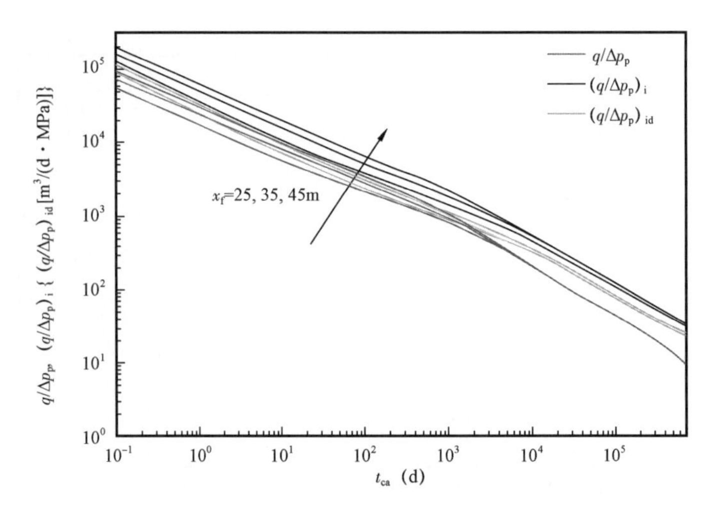


图 7－23　裂缝半长($x_f$)对压裂水平井 Blasingame 典型曲线的影响

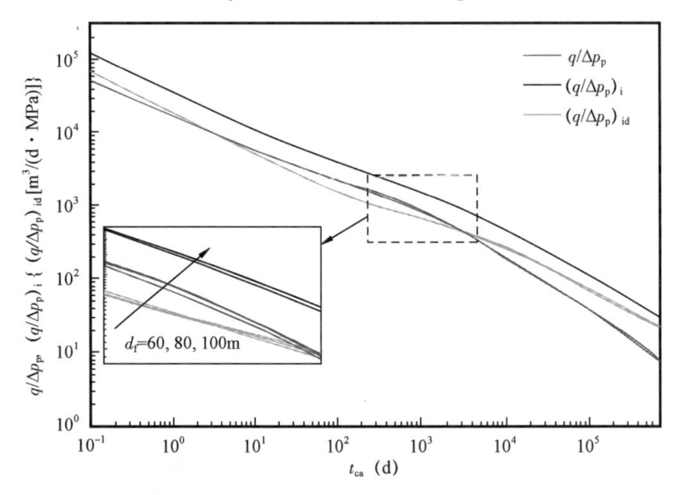


图 7－24　裂缝间距($d_f$)对压裂水平井 Blasingame 典型曲线的影响

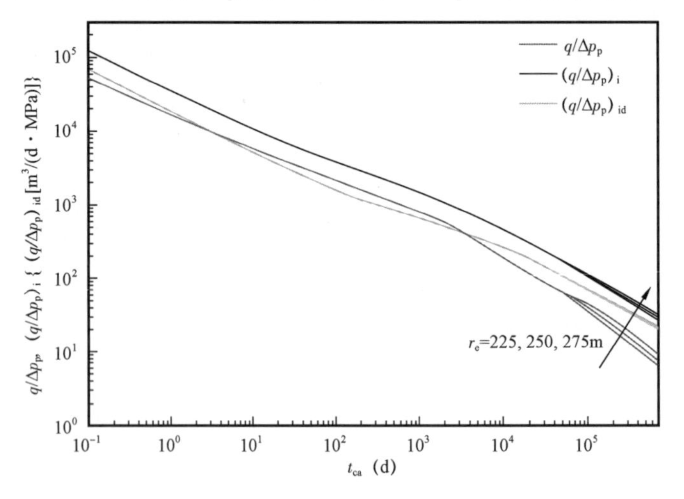


图 7－25　控制半径($r_e$)对压裂水平井 Blasingame 典型曲线的影响

图7－26说明了Langmuir压力（$p_L$）对Blasingame产量递减曲线的影响。$p_L$越小，同一时刻下的规整化产量、规整化产量积分和规整化产量积分导数值就越大，即$p_L$越小对产量提高有利。同时从趋势看$p_L$对其典型曲线的影响为非线性的，即随着$p_L$的减小，产量递减曲线的值增加幅度逐渐变小。

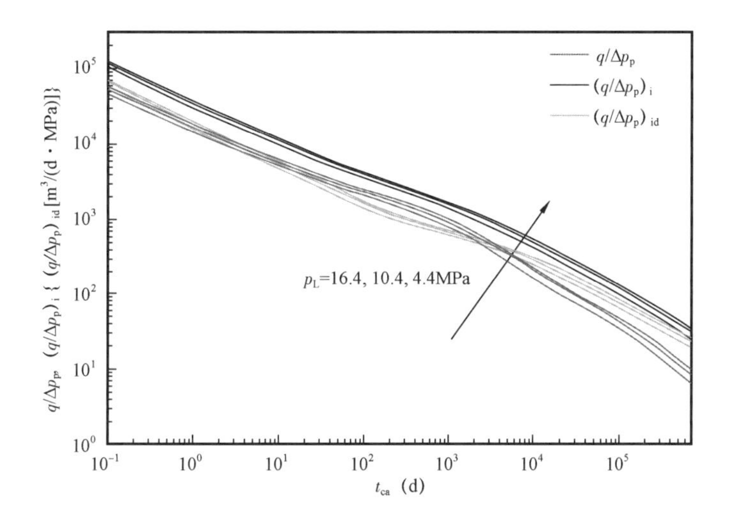


图7－26　Langmuir压力（$p_L$）对压裂水平井Blasingame典型曲线的影响

图7－27表明Langmuir体积（$V_L$）对Blasingame产量递减曲线影响较大。$V_L$越大，同一时刻下的规整化产量、规整化产量积分、规整化产量积分导数值就越大，即$V_L$越大对产量提高有利，同时从趋势看产量递减曲线值基本上随$V_L$线性增加。

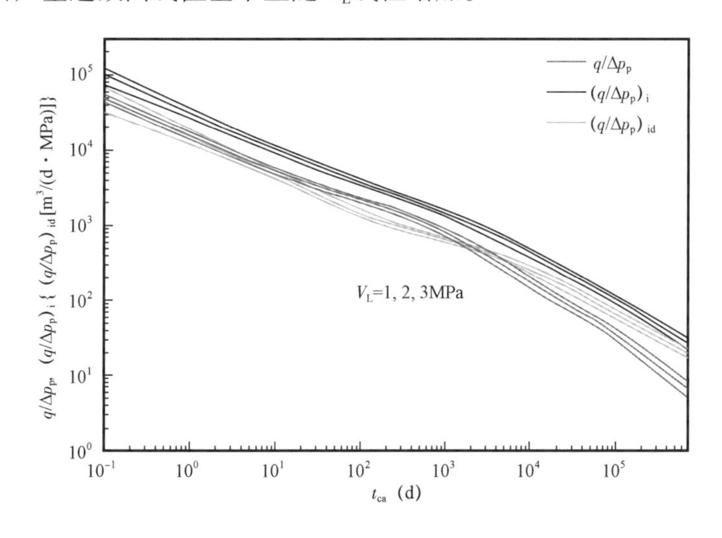


图7－27　Langmuir体积（$V_L$）对压裂水平井Blasingame典型曲线的影响

图7－28表明综合扩散系数（$D_k$）主要影响Blasingame产量递减曲线的外区物性反映阶段，但总体上看影响不大。从图可知$D_k=1\times10^{-11}\mathrm{m^2/s}$和$1\times10^{-9}\mathrm{m^2/s}$时，规整化产量基本相等，而$D_k=1\times10^{-7}\mathrm{m^2/s}$时，对应影响阶段的规整化产量值要稍高于$D_k=1\times10^{-11}\mathrm{m^2/s}$和$1\times10^{-9}\mathrm{m^2/s}$

下的规整化产量;$D_k$主要影响外区物性差区域的流动,$D_k$越大,产量越高。因此,气体扩散作用对提高渗透率非常低页岩气储层中的流动能力具有一定的作用。

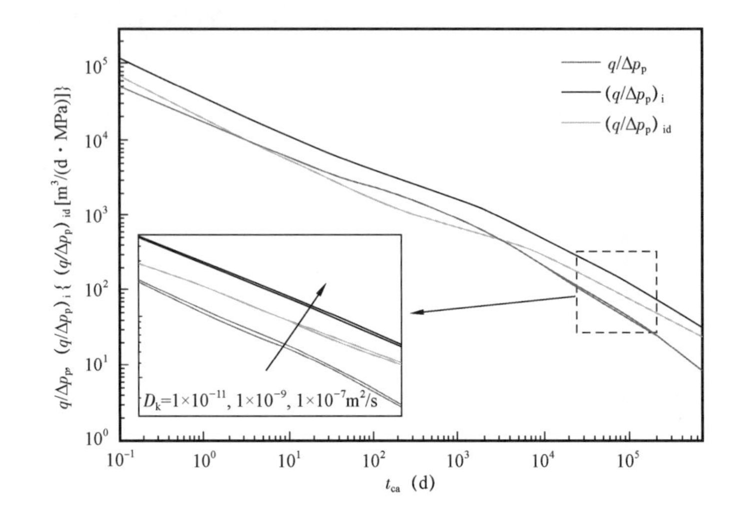


图 7-28 扩散系数($D_k$)对压裂水平井 Blasingame 典型曲线的影响

## 7.3.3 裂缝多区复合压裂水平井产量递减曲线分析

### 7.3.3.1 流动阶段划分

结合压裂水平井非结构网格和页岩气藏压裂水平井产量递减分析方法理论,在裂缝多区参数和网格参数赋值(表 7-4)基础上,可计算获得页岩气藏体积压裂裂缝多区复合压裂水平井模型下的 Blasingame 产量递减典型曲线。

**表 7-4 计算基础参数表**

| | | | | | |
|---|---|---|---|---|---|
| 天然气相对密度 $r_g$ | 0.57 | 储层有效厚度 $h$(m) | 16 | 单井控制半径 $r_e$(m) | 275 |
| 原始地层压力 $p_i$(MPa) | 20 | 定压生产下井底流压 $p_{wf}$(MPa) | 16 | 储层温度(℃) | 60 |
| 内区孔隙度 $\phi_1$ | 0.15 | 内区渗透率 $K_1$(mD) | 0.05 | 裂缝数量 $n_f$(条) | 3 |
| 水平井长度 $L$(m) | 300 | 裂缝间距 $d_f$(m) | 100 | 裂缝半长 $x_f$(m) | 25 |
| Langmuir 体积 $V_L$(m³/m³) | 3 | Langmuir 压力 $p_L$(MPa) | 10.4 | 综合扩散系数 $D_k$(m²/s) | $1\times10^{-9}$ |
| 外区孔隙度 $\phi_2$ | 0.1 | 外区渗透率 $K_2$(mD) | $5\times10^{-4}$ | 裂缝区总面积 $A_F$(m²) | 14171 |

为了更好分析其流动阶段,图 7-29 整合了 Blasingame 产量递减和规整化压力曲线。结合规整化压力积分、压力积分导数、规整化产量曲线变化特征(图 7-29)以及压力云图(图 7-30),将裂缝多区复合压裂水平井产量递减曲线划分为 6 个流动阶段,其主要特征如下。

Ⅰ为裂缝间地层线性流:规整化压力积分和压力积分导数表现为平行直线,同时规整化产量曲线斜率恒定;压力云图(图 7-30a)说明在生产早期压力波及到裂缝周围,裂缝左右端地层流体以线性流形式向裂缝供给。

Ⅱ为各裂缝改造区的径向流:规整化压力积分导数曲线表现为近似的水平线,同时规整化

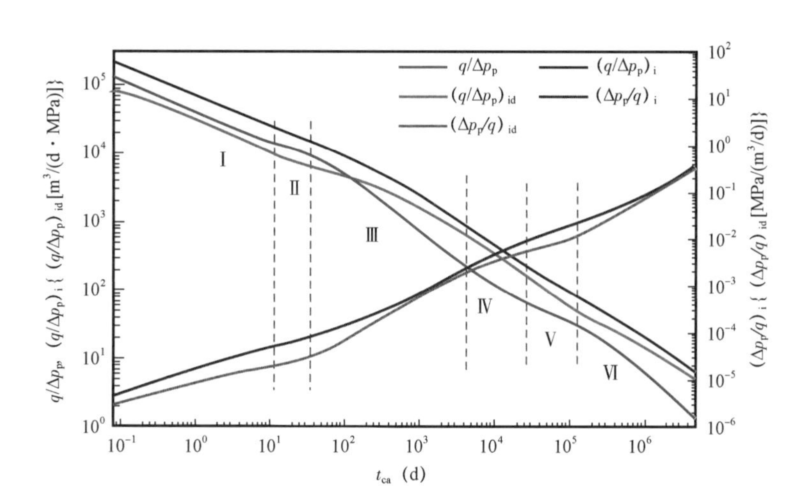


图 7－29　页岩气藏裂缝多区复合压裂水平井 Blasingame 产量递减流动阶段

产量曲线的斜率绝对值比前一流动阶段小;压力云图(图 7－30b)说明压力波及到裂缝周围,流体以径向流形式向裂缝供给。

Ⅲ为各裂缝改造区拟稳定流:规整化压力积分和压力积分导数曲线向上翘,规整化产量曲线斜率急剧下降;同时压力云图(图 7－30c)说明随着生产进行压力波逐渐外扩,压力波到裂缝改造区边界,内区裂缝改造区压力同步下降呈现拟稳定流特征。

Ⅳ为裂缝改造区与系统径向流之间的过渡流:由于外区物性差区域的补给,规整化压力积分和压力积分导数曲线上翘趋势变缓,规整化产量曲线斜率变缓;图 7－30d 说明压力波逐渐波及到外区未改造的物性差储层,压力云图表现压力已波及外区物性差区域,因此判断为裂缝改造区拟稳定流和系统椭圆流之间的过渡流。

Ⅴ为系统椭圆流:规整化压力积分导数曲线特征表现出斜率由大变小,规整化产量因为外区的补给,斜率变缓。但从压力云图(图 7－30e)看,总体呈现椭圆形,因此判断为椭圆流。

Ⅵ为系统拟稳定流:压力波及整个系统边界,规整化压力积分和压力积分导数表现为斜率 1 的直线,而规整化产量表现为斜率为－1 的直线。压力云图(图 7－30f)显示单井控制范围内压降均有下降,说明压力波已全部波及边界,呈现地层压力同步下降的趋势,表现出系统拟稳定流特征。

### 7.3.3.2　参数敏感性分析

在裂缝多区复合压裂水平井 Blasingame 产量递减典型曲线流动阶段划分基础上,进一步分析了储层和裂缝参数对产量递减典型曲线的影响。

图 7－31 说明了裂缝改造区渗透率($K_1$)对 Blasingame 产量递减典型曲线的影响。从图中可以看出:裂缝改造区渗透率主要影响裂缝线性流、改造区径向流和改造区拟稳定流阶段的产量,即 $K_1$ 越大,对应影响阶段典型曲线的值(即产量)越大;$K_1$ 增大(即 $K_1/K_2$ 的比值增大),压力波及外区时需要的压降更大,使得内区拟径向流的持续时间增加,波及到外区物性反映阶段的时间延迟。因此总体上看,增加裂缝区域的改造规模,有利于提高单井早期产量。

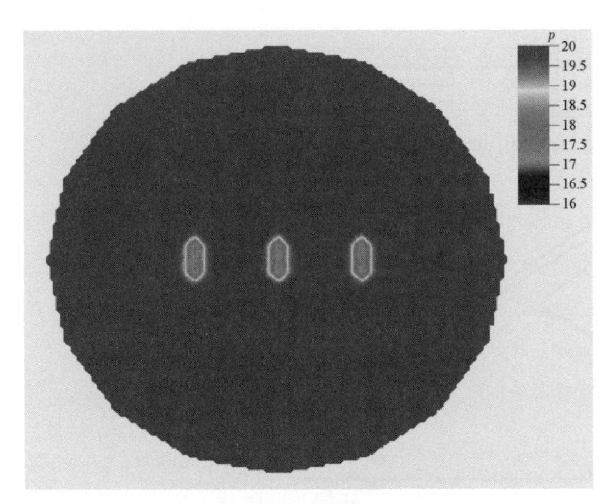


(a) 裂缝线性流阶段地层压力云图

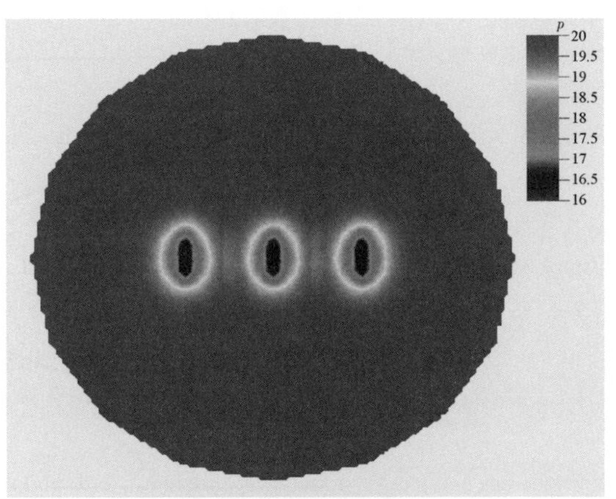


(b) 裂缝改造区径向流阶段地层压力云图

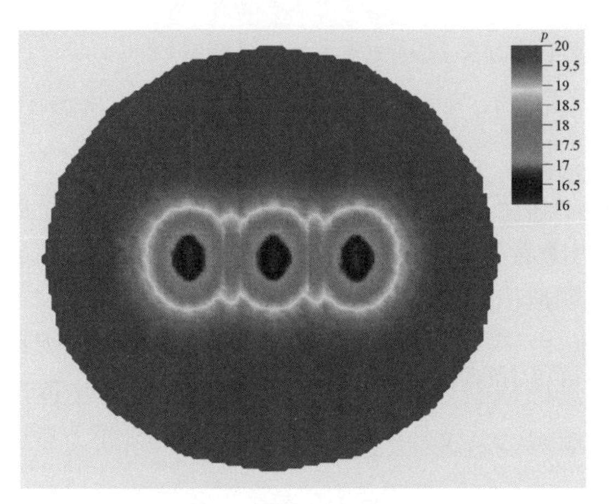


(c) 改造区拟稳定流阶段地层压力云图

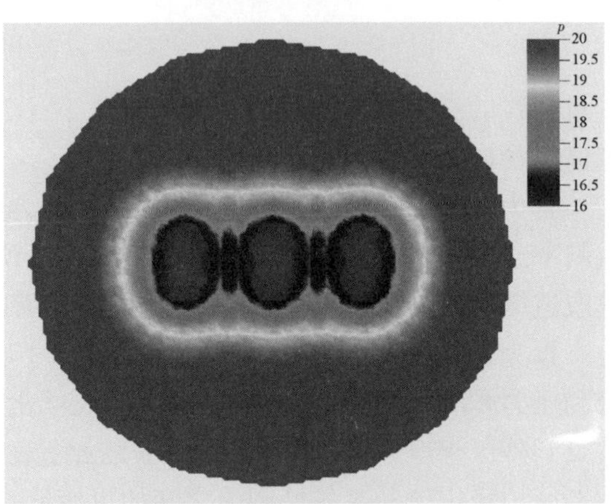


(d) 改造区与外区过渡流阶段地层压力云图

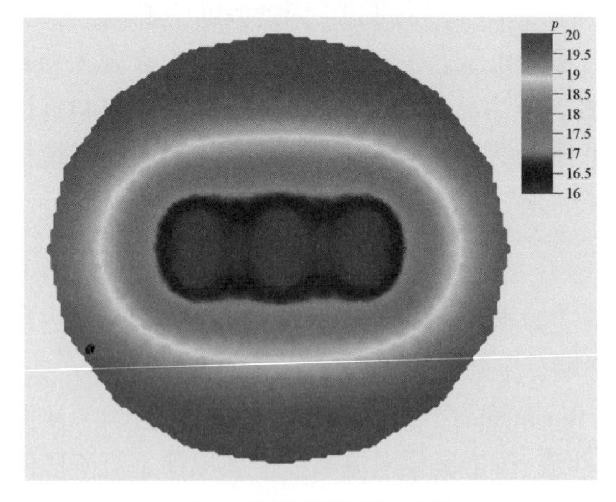


(e) 系统椭圆流地层压力云图

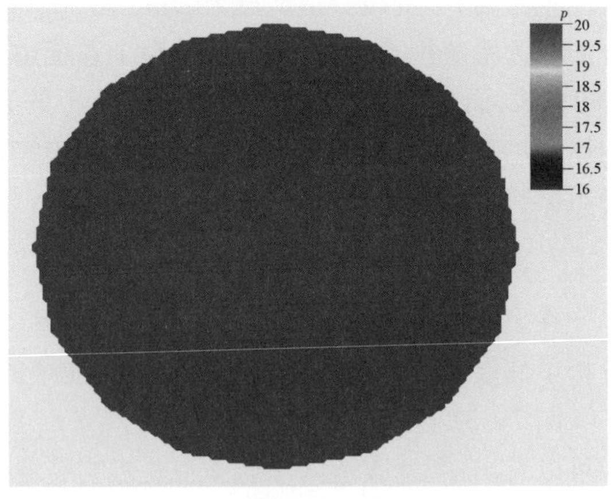


(f) 系统拟稳定流阶段地层压力云图

图 7 - 30 页岩气水平井体积压裂裂缝多区复合模型压力云图

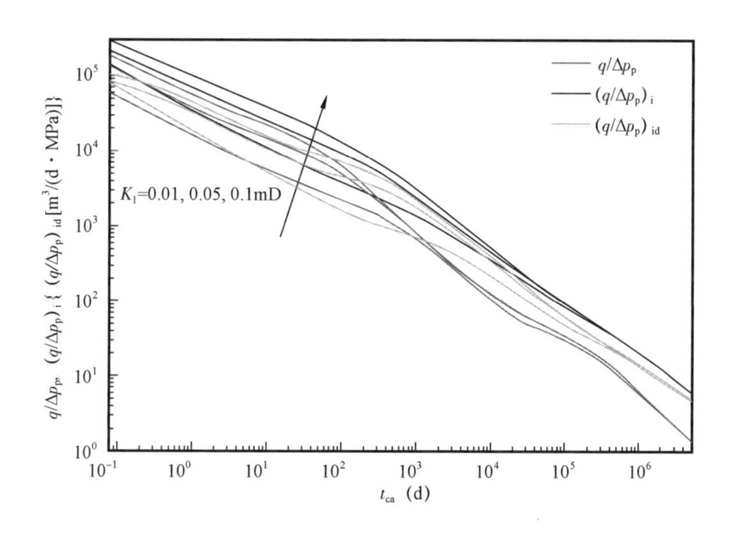


图7-31　压裂裂缝区渗透率($K_1$)对Blasingame产量递减曲线的影响

外区渗透率($K_2$)主要影响产量递减典型曲线的过渡流和系统椭圆流阶段(图7-32)。从图中可看出:外区渗透率越大,过渡流和系统椭圆流阶段的产能越大;外区渗透率越大(即$K_1/K_2$的比值减小),压力波及外区时需要的压降减小,使得提早出现过渡流和系统拟椭流段;同时由于物质平衡原因,外区渗透率越大,系统进入拟稳定流阶段的时间越早。因此页岩储层渗透率高低是页岩气井中后期产能稳产的重要因素。

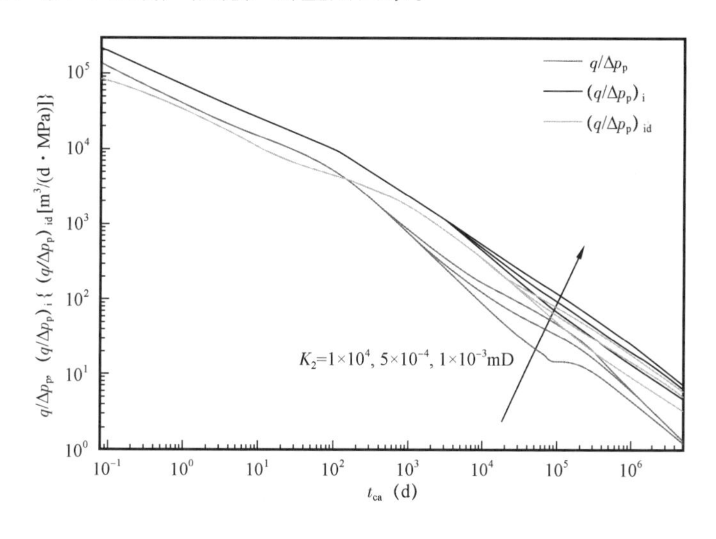


图7-32　外区渗透率($K_2$)对Blasingame产量递减曲线的影响

图7-33说明了裂缝数量($n_f$)主要影响产量递减典型曲线中的裂缝线性流、内区径向流、拟稳定流、过渡流和系统椭圆流流五个阶段的产量。裂缝数量越多(即体积压裂改造区域范围增大),对应影响阶段的典型曲线值(产量)越大,但因物质平衡原因系统拟稳定流出现的时间越早。因此适当增加裂缝数量有利于提高单井产量,实现页岩气经济高效开发。

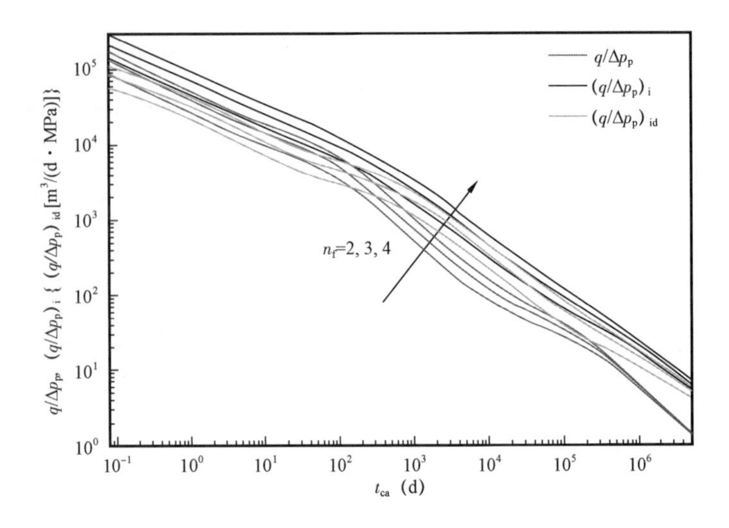


图 7 – 33　裂缝条数($n_f$)对 Blasingame 产量递减曲线的影响

裂缝区改造总面积($A_F$)主要影响内区拟稳定流、过渡流和椭圆流 3 个阶段(图 7 – 34)。从图中可知:改造总面积越大(即 SRV 体积越大),各裂缝改造区的拟稳定流、过渡流和系统椭圆流阶段的产量就越大;改造总面积越大(即 SRV 体积越大),各裂缝改造区的拟稳定流出现的时间越晚,但由于物质平衡的原因出现过渡流出现的时间越早。因此适当增加裂缝改造规模(即增大改造区面积)有利于气井保持中期长期稳产,同时可根据裂缝多区复合 Blasingame 产量递减典型曲线定量评价 SRV 的规模,对页岩气单井合理配产以及整个气田稳产分析有着重要的意义。

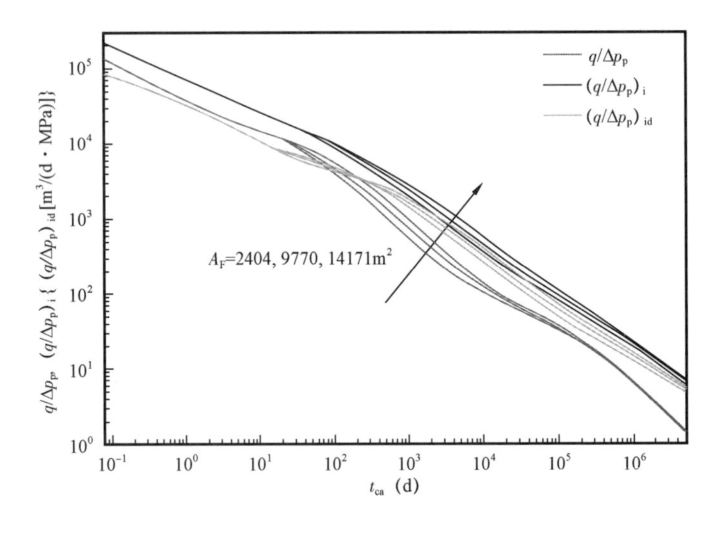


图 7 – 34　裂缝区改造区面积($A_F$)对 Blasingame 产量递减曲线的影响

图 7 – 35 说明了裂缝间距($d_f$)主要影响 Blasingame 产量递减曲线的过渡流和系统椭圆流段。$d_f$越大,裂缝多区间干扰出现的时间越晚,同时干扰程度减弱,因此过渡流和系统椭圆流阶段的产量越大。

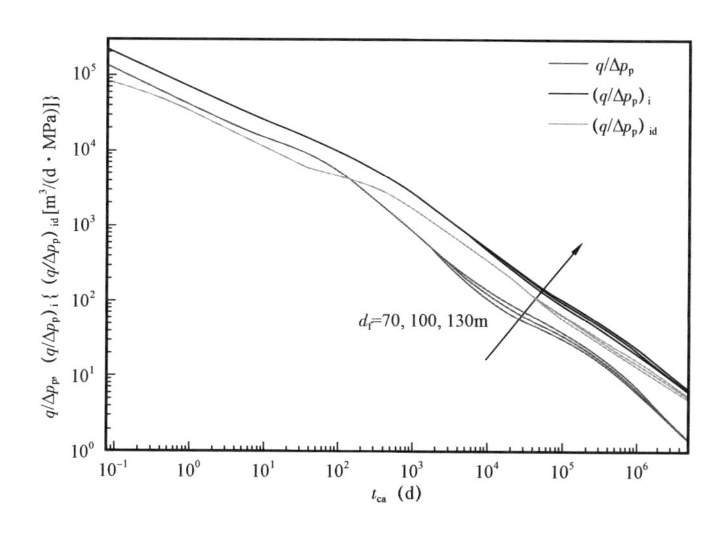


图7-35 压裂间距($d_f$)对 Blasingame 产量递减曲线的影响

图7-36表明 Langmuir 体积($V_L$)影响 Blasingame 产量递减曲线整个阶段。$V_L$越大,同一时刻下的规整化产量、规整化产量积分和规整化产量积分导数值就越大,即$V_L$越大对产量提高有利。同时从趋势看$V_L$对产量的影响是线性的,即在$V_L$增加幅度相同情况下,对应典型曲线值增加的幅度是一致。

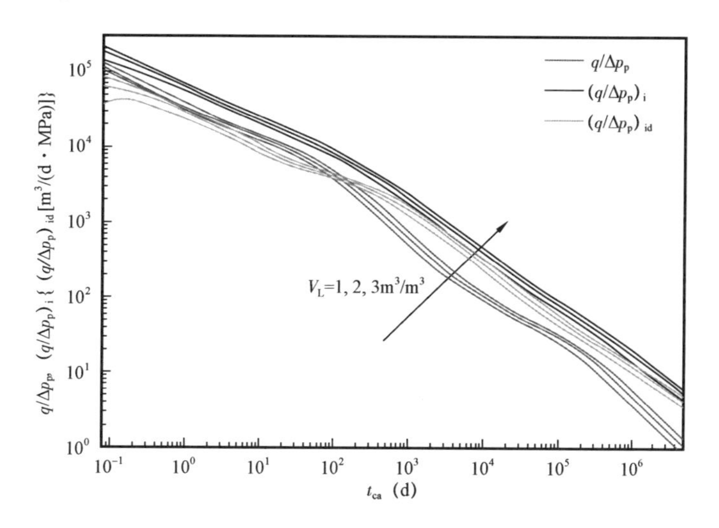


图7-36 Langmuir 体积($V_L$)对 Blasingame 产量递减曲线的影响

与 Langmuir 体积相比,Langmuir 压力($p_L$)对产量递减曲线的影响要小。从图7-37可看出$p_L$影响 Blasingame 产量递减曲线整个阶段。$p_L$越小,同一时刻下的规整化产量、规整化产量积分和规整化产量积分导数就越大,即$p_L$越小对提高产量越有利。同时从趋势看$p_L$对产量的影响为非线性的,随着$p_L$的减小,对应产量递减典型曲线值增加的幅度逐渐变小。

综合扩散系数($D_k$)主要影响 Blasingame 产量递减曲线的过渡流和系统椭圆流段(图7-38),但总体上看影响不大。从图可知$D_k=1\times10^{-11}m^2/s$和$1\times10^{-9}m^2/s$时,规整化

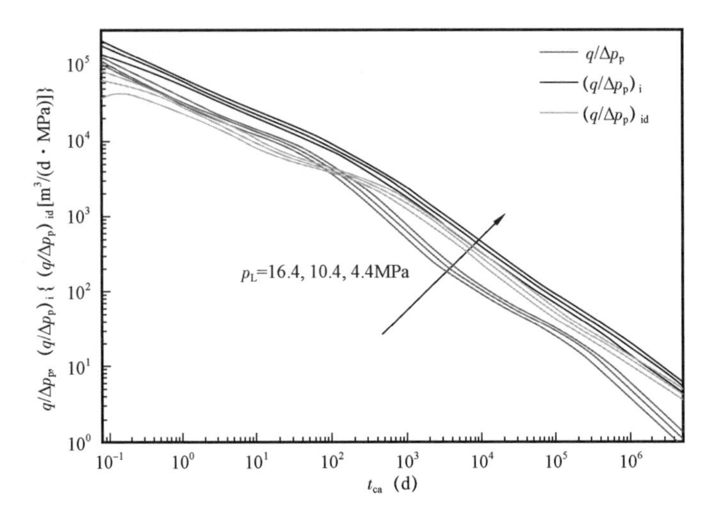


图 7－37 Langmuir 压力($p_L$)对 Blasingame 产量递减曲线的影响

产量基本相等，而 $D_k=1\times10^{-7}\text{m}^2/\text{s}$ 时，对应影响阶段的规整化产量值要稍高于 $D_k=1\times10^{-11}$ $\text{m}^2/\text{s}$ 和 $1\times10^{-9}\text{m}^2/\text{s}$ 下的规整化产量。因此，扩散作用对提高特低渗透率页岩储层的气体流动能力具有一定的作用。

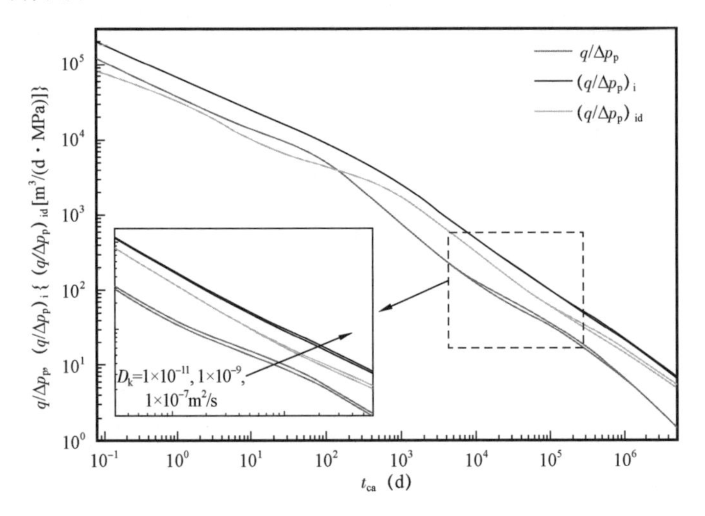


图 7－38 综合扩散系数($D_k$)对 Blasingame 产量递减曲线的影响

单井控制半径($r_e$)是确定单井控制储量的重要参数。从图 7－39 中可看出 $r_e$ 仅影响生产晚期的系统拟稳定流段。$r_e$ 越大，系统进入拟稳定流段的时间越晚。

## 7.3.4 离散裂缝网络模型产量递减曲线分析

### 7.3.4.1 流动阶段划分

结合离散裂缝网络压裂水平井非结构网格(图 5－8b)和页岩气藏压裂水平井产量递减分析方法理论，在裂缝参数和网格参数赋值(表 7－5)基础上，可计算获得页岩气藏离散裂缝网络压裂水平井模型的 Blasingame 产量递减典型曲线。

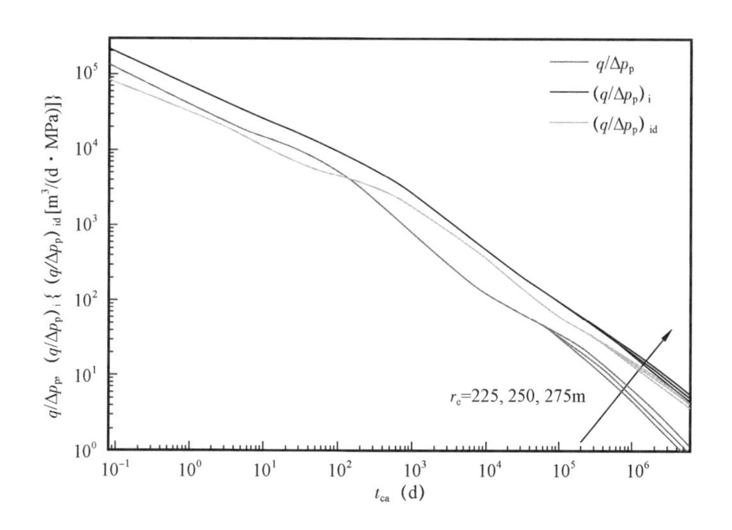


图7-39 控制半径($r_e$)对 Blasingame 产量递减曲线的影响

**表7-5 计算基础参数表**

| 储层孔隙度 $\phi$ | 0.08 | 储层有效厚度 $h$(m) | 16 | 单井控制半径 $r_e$(m) | 300 |
|---|---|---|---|---|---|
| 原始地层压力 $p_i$(MPa) | 20 | 定压生产下井底流压 $p_{wf}$(MPa) | 16 | 储层温度(℃) | 60 |
| 天然气相对密度 $r_g$ | 0.57 | 渗透率 $K$(mD) | $5\times10^{-4}$ | 主裂缝数量 $n_f$(条) | 3 |
| 水平井长度 $L$(m) | 300 | 裂缝间距 $d_f$(m) | 100 | 主裂缝半长 $x_f$(m) | 80 |
| Langmuir 体积 $V_L$($m^3/m^3$) | 3 | Langmuir 压力 $p_L$(MPa) | 10.4 | 综合扩散系数 $D_k$($m^2/s$) | $1\times10^{-9}$ |

为了更好分析其流动阶段,图7-40整合了 Blasingame 产量递减和规整化压力曲线。结合规整化压力积分、压力积分导数、规整化产量曲线变化特征(图7-40)以及压力云图(图7-41),将离散裂缝网络压裂水平井产量递减曲线划分为5个流动阶段,其主要特征如下。

Ⅰ为裂缝间地层线性流:规整化压力积分和压力积分导数表现为平行直线,同时规整化产量曲线斜率恒定;压力云图[图7-41(a)]说明在生产早期压力波及到裂缝周围,裂缝左右端地层流体以线性流形式向裂缝供给。

Ⅱ为缝网裂缝间干扰流:规整化压力和压力积分导数曲线向上翘,且表现为近似为1的斜率,同时规整化产量曲线的斜率绝对值比前一流动阶段小,表现为近似为-1的斜率;压力云图[图7-41(b)]说明缝网裂缝间出现压力干扰,属于缝网裂缝间的干扰流。值得注意的是,该阶段表现的曲线特征与拟稳定流阶段的曲线特征近似。然而体积压裂后存在相互交叉的裂缝越多,裂缝之间的干扰越严重,则该阶段规整化产量曲线斜率绝对值比拟稳定流段的斜率绝对值大得越多。

Ⅲ为系统复合拟线性流:规整化压力积分和压力积分导数表现为向上翘的近似平行直线(曲线平行程度与与缝网的复杂程度有关),规整化产量曲线斜率绝对值变小,且恒定;同时压力云图[图7-41(c)]说明随着生产进行压力波逐渐外扩,压力云图呈现近似矩形特征,表现为近似的线性流特征。

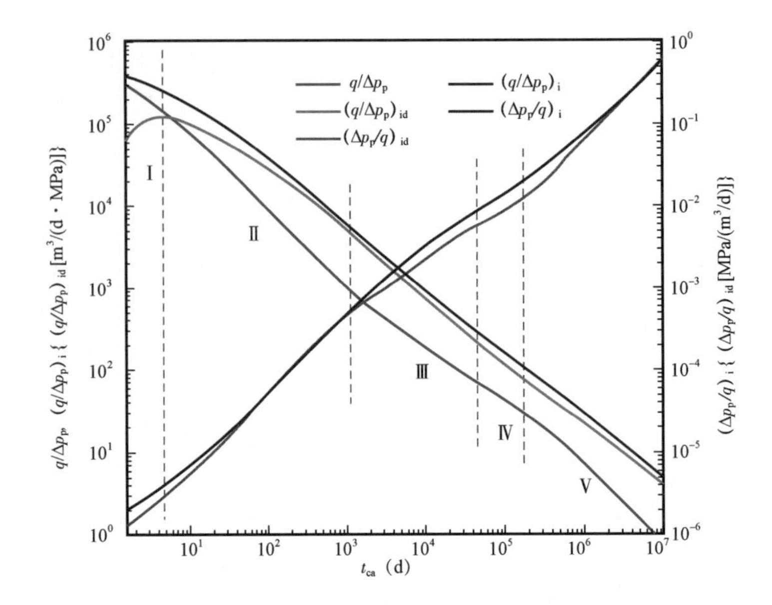


图7－40　页岩气藏离散裂缝网络压裂水平井 Blasingame 产量递减流动阶段

Ⅳ为系统拟径向流(过渡流):规整化压力积分导数曲线特征表现出斜率由大变小,因为补给区域面积增加,规整化产量斜率变缓。从压力云图(图7－41d)看,总体呈现近似圆形特征,因此判断为系统拟径向流,或称为系统复合线性流与系统拟稳定流间的过渡流。

Ⅴ为系统拟稳定流:压力波及到整个系统边界,规整化压力积分和压力积分导数表现为斜率1的直线,而规整化产量表现为斜率为－1的直线。压力云图(图7－41e)显示单井控制范围内压降均有下降,说明压力波已全部波及到边界,呈现地层压力同步下降的趋势,表现出系统拟稳定流特征。

### 7.3.4.2　参数敏感性分析

在离散裂缝网络压裂水平井 Blasingame 产量递减典型曲线流动阶段划分基础上,进一步分析了缝网复杂程度、储层参数对产量递减典型曲线的影响。

图7－42说明了缝网复杂程度对 Blasingame 产量递减典型曲线的影响。从图中可以看出:缝网复杂程度主要影响裂缝线性流、裂缝间干扰流以及系统线性流三个阶段的产量,即缝网越发育,对应影响阶段典型曲线的值(即产量)越大。因此总体上看,增加裂缝区域的改造规模,即增大缝网复杂程度,有利于提高页岩气井早中期产量。

储层渗透率($K$)主要影响产量递减典型曲线的裂缝线性流、系统复合线性流和系统拟径向流(过渡流)阶段(图7－43)。从图中可看出:渗透率越大,对应影响阶段规整化产量(即产量)越大。因此页岩储层渗透率高低是页岩气井中后期单井稳产的重要因素。

图7－44表明 Langmuir 体积($V_L$)影响 Blasingame 产量递减曲线整个阶段。$V_L$越大,同一时刻下的规整化产量、规整化产量积分和规整化产量积分导数值就越大,即 $V_L$越大对产量提高有利。同时从趋势看 $V_L$对产量的影响是线性的,即在 $V_L$增加幅度相同情况下,对应典型曲线值增加的幅度是一致的。

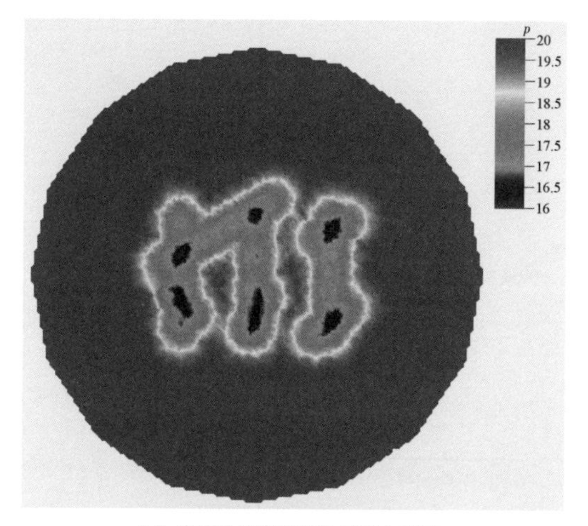


(a) 裂缝线性流阶段地层压力云图

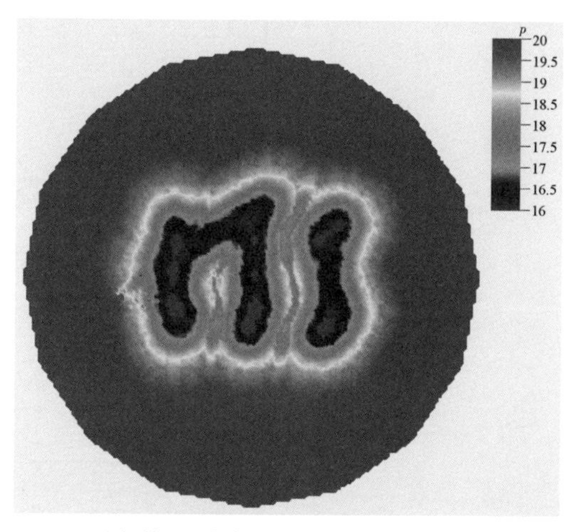


(b) 缝网干扰流阶段地层压力云图

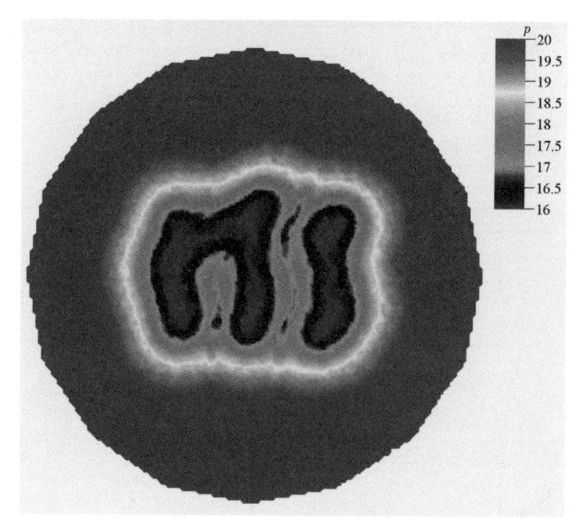


(c) 系统复合拟线性流地层压力云图

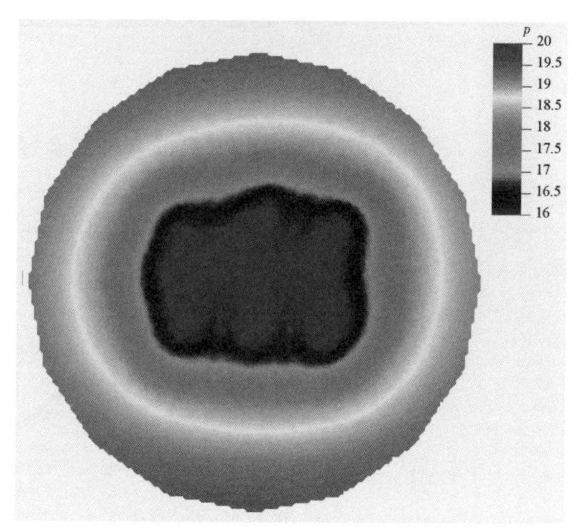


(d) 系统拟径向流（过渡流）地层压力云图

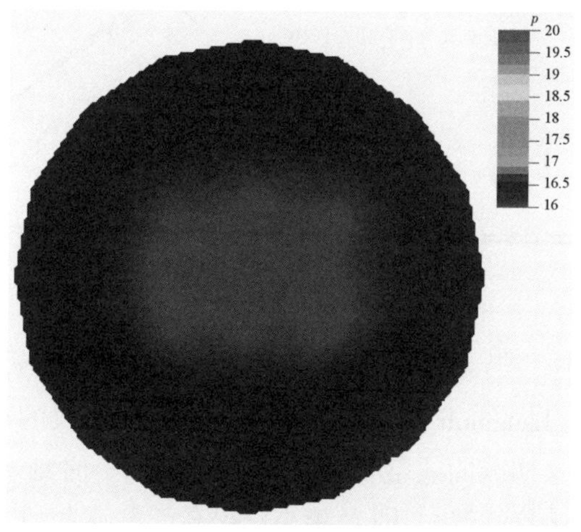


(e) 系统拟稳定流地层压力云图

图7－41　页岩气离散裂缝网络压裂水平井模型压力云图

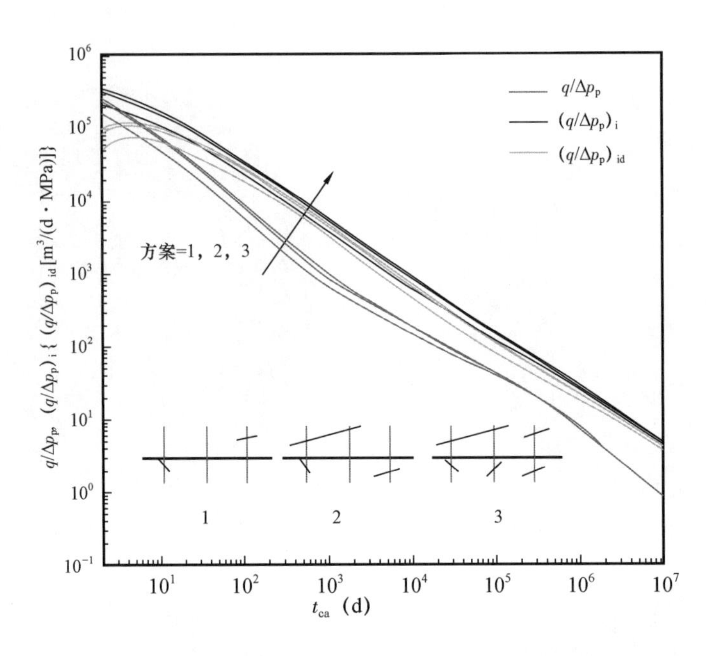


图 7 - 42　缝网复杂程度对 Blasingame 产量递减曲线的影响

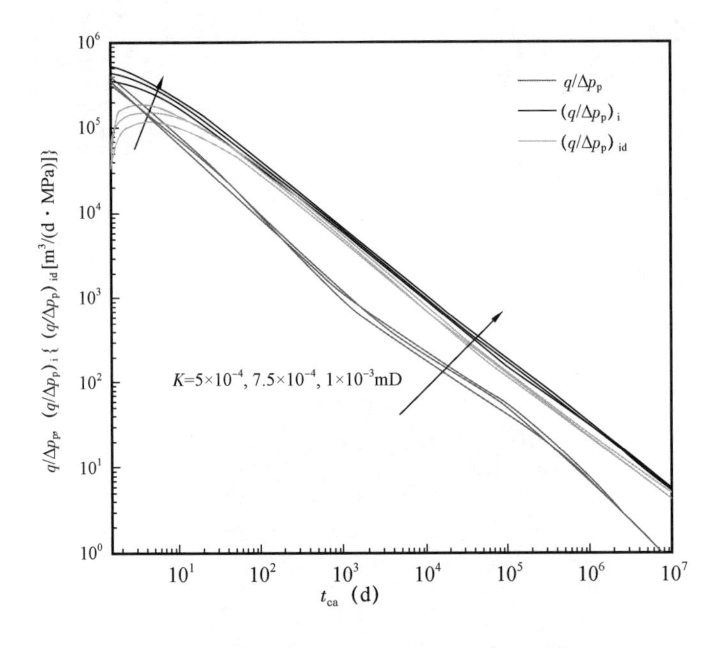


图 7 - 43　储层渗透率($K$)对 Blasingame 产量递减曲线的影响

与 Langmuir 体积相比，Langmuir 压力($p_L$)对产量递减的曲线的影响要小。从图 7 - 45 可看出 $p_L$影响 Blasingame 产量递减曲线整个阶段。$p_L$越小，同一时刻下的规整化产量、规整化产量积分和规整化产量积分导数就越大，即 $p_L$越小对提高产量越有利。同时从趋势看 $p_L$对产量的影响为非线性的，随着 $p_L$的减小，对应产量递减典型曲线值增加的幅度逐渐变小。

图 7 - 46 表明扩散系数对产量递减典型曲线的影响很小。但是从图 7 - 46 中的放大图可

以看出，当 $D_k = 1 \times 10^{-7} m^2/s$ 时，复合线性流和系统径向流阶段的规整化产量要高于 $D_k = 1 \times 10^{-9} m^2/s$ 和 $D_k = 1 \times 10^{-11} m^2/s$ 时的规整化产量值。这说明扩散系数对提高中后期的单井产量有一定作用。

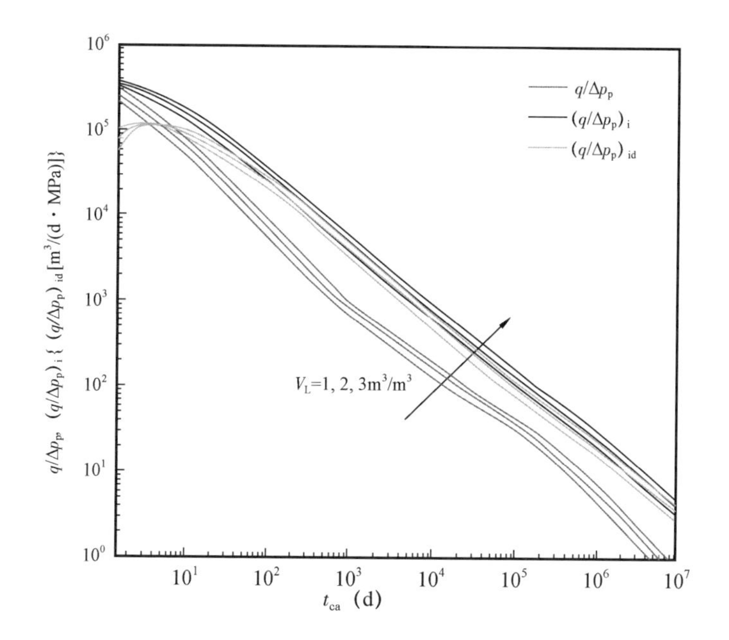


图 7－44 Langmuir 体积（$V_L$）对 Blasingame 产量递减曲线的影响

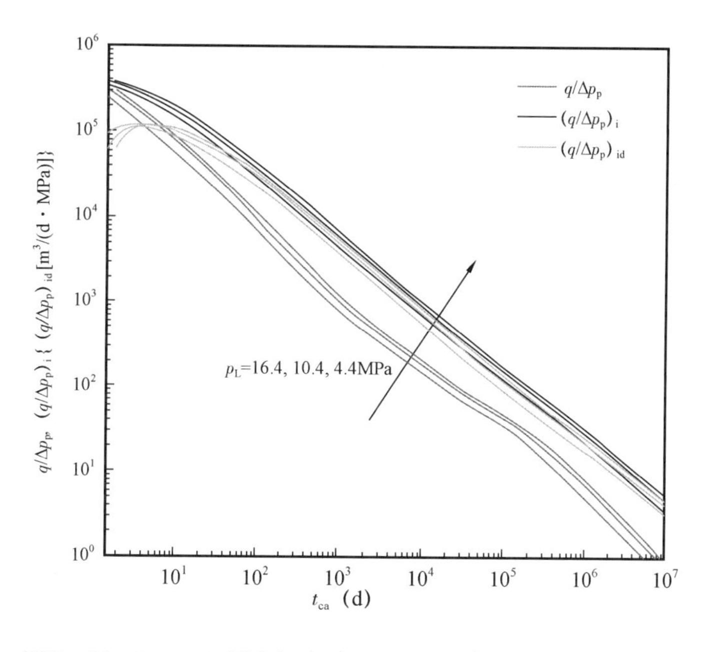


图 7－45 Langmuir 压力（$p_L$）对 Blasingame 产量递减曲线的影响

单井控制半径（$r_e$）是确定单井控制储量的重要参数。从图 7－47 中可看出 $r_e$ 仅影响生产晚期的系统拟稳定流段。$r_e$ 越大，系统进入拟稳定流段的时间越晚。

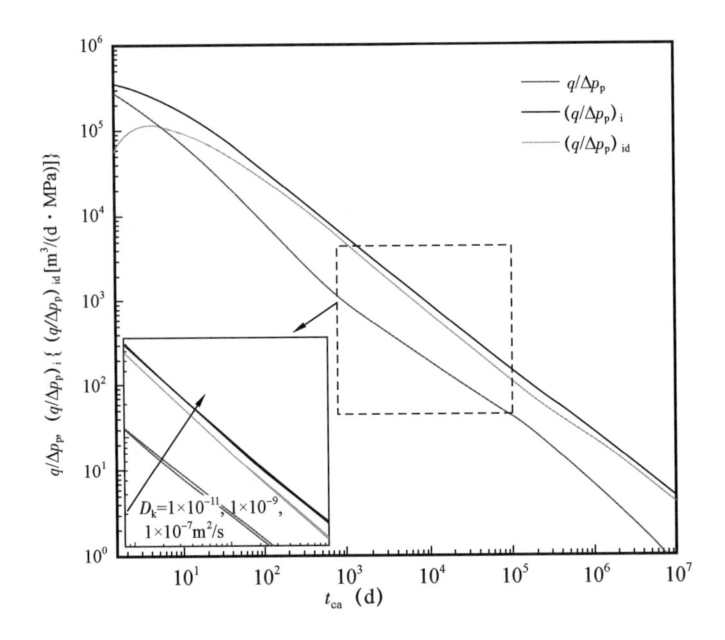


图 7－46　扩散系数（$D_k$）对 Blasingame 产量递减曲线的影响

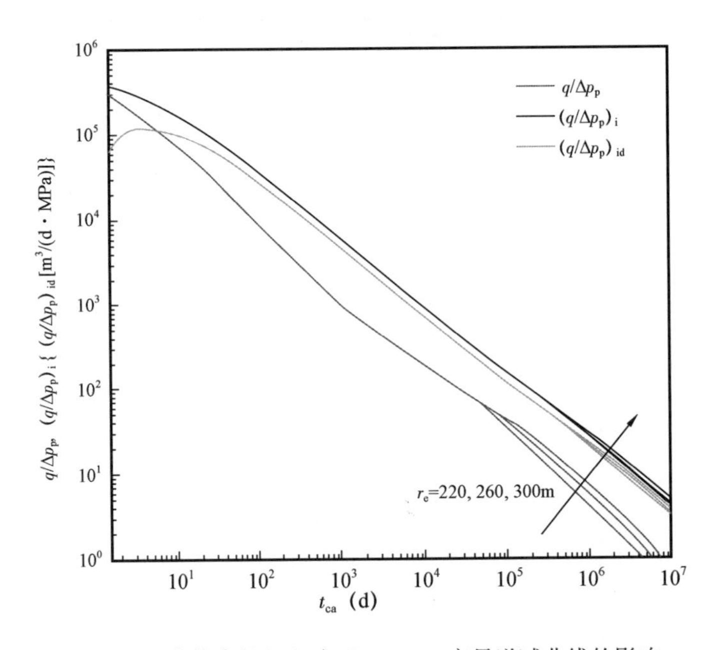


图 7－47　井控半径（$r_e$）对 Blasingame 产量递减曲线的影响

## 7.4　产量递减解释方法

以渗流理论和物质平衡理论为基础的典型曲线拟合法是现代产量递减分析方法的核心。解析产量递减解释方法是将实际生产数据折算的产量递减曲线来拟合无量纲产量递减曲线，利用各流动阶段特征下的无量纲定义式与有量纲式之间的关系反求相关参数。而与解析产量递减解释方法不同,数值产量递减解释方法的实质是一个数值模拟过程。

## 7.4.1 解释步骤

基于生产数据的 Blasingame 产量递减典型曲线拟合分析包括以下主要步骤:

(1)基于井口产量和油压(套压)生产数据,结合井筒管流模型,折算获得井底流压;

(2)假设一个井控储量 $G$,计算每个生产数据点对应的物质平衡拟时间 $t_{ca}$;

$$t_{ca} = \frac{(\mu c_t)_i}{q}\int_0^t \frac{q}{\mu(\bar{p})c_t(\bar{p})}\mathrm{d}t = \frac{wGc_{ti}}{q}(p_{pi} - p_p) \tag{7-63}$$

式(7-63)中,规整化拟压力 $p_p$ 计算式见式(7-23),平均地层压力根据物质平衡方程(7-14)计算。

(3)计算规整化产量:

$$\frac{q}{\Delta p_p} = \frac{q}{p_{pi} - p_{pwf}} \tag{7-64}$$

(4)计算规整化产量积分:

$$\left(\frac{q}{\Delta p_p}\right)_i = \frac{1}{t_{ca}}\int_0^{t_{ca}} \frac{q}{p_{pi} - p_{pwf}}\mathrm{d}t \tag{7-65}$$

式中,下表 i 表示积分。

(5)计算规整化累计产量积分导数:

$$\left(\frac{q}{\Delta p_p}\right)_{id} = -\frac{\mathrm{d}\left(\frac{q}{\Delta p_p}\right)_i}{\mathrm{dln}t_{ca}} = -t_{ca}\frac{\left(\frac{q}{\Delta p_p}\right)_i}{\mathrm{d}t_{ca}} \tag{7-66}$$

式中:下表 i 表示积分,下标 d 表示导数。

(6)绘制 $\frac{p_{pi} - p_p}{q}$ 与 $t_{ca}$ 的直角坐标曲线,根据式(7-30)回归直线斜率,确定 $G$:

$$G = \frac{1}{\mathrm{Slope}wc_{ti}} \tag{7-67}$$

重复(2)至(5)进行迭代计算,直至 $G$ 满足的允许误差。

(7)根据生产数据的 Blasingame 产量递减典型曲线特征(流段阶段特征)选择对应的解释模型,同时基于步骤(6)中获得的 $G$,生成对应面积下的压裂水平井 PEBI 网格模型。

(8)调整相关参数使得 Blasingame 理论图版曲线与储量 $G$ 下的 Blasingame 典型曲线拟合效果较好,从而获得储层渗透率、井控面积、储量等参数。

## 7.4.2 解释分析方法

与试井解释方法类似,数值产量递减解释分析的核心工作也是曲线拟合分析。根据 5.2 节中页岩气藏不同压裂水平井产量递减理论曲线参数敏感性分析结果,可形成数值产量递减解释分析方法，具体如下。

(1)对称双翼裂缝压裂水平井模型。

① 裂缝线性流段、早期径向流段和复合线性流段：若理论曲线高于实际产量递减曲线，则减小渗透率 $K$ 和各裂缝半长 $x_f$，反之增加 $K$ 或 $x_f$，但值得注意调整 $K$ 值对理论曲线变化幅度影响更大。

② 复合线性流段：若理论产量递减曲线高于实际产量递减曲线，则减小裂缝间距 $d_f$，反之，则增加。

③ 系统拟稳定流段：若理论产量递减曲线位于实际产量递减曲线右边，则增大井控半径 $r_e$，反之则减小。

④ 若实际产量递减曲线与理论典型曲线呈现近似平行关系，则调整 Langmuir 体积 $V_L$、Langmuir 压力 $p_L$和扩散系数 $D_k$。如果理论曲线高于实际产量递减曲线，则减小 $V_L$和 $D_k$($D_k$对理论曲线值影响较小)或增加 $p_L$，反之增大 $V_L$和 $D_k$或减小 $p_L$。

(2)两区复合压裂水平井模型。

① 裂缝早期线性流和裂缝径向流段：若理论产量递减曲线高于实际产量递减曲线，则减小内区渗透率 $K_1$或裂缝半长 $x_f$，反之，则增加 $K_1$或 $x_f$，但值得注意的是，调整 $K_1$值对理论曲线变化幅度影响更大。

② 内区复合线性流段：若理论产量递减曲线位于实际产量递减曲线右边，则减小内区控制半径 $r_1$，反之增加 $r_1$；若理论曲线该阶段出现时间早于实际曲线，则增大裂缝间距 $d_f$，反之则减小 $d_f$。

③ 外区反映段：若理论产量递减曲线高于实际产量递减曲线，则减小外区渗透率 $k_2$或扩散系数 $D_k$($D_k$对曲线的影响很小)，反之，增加 $k_2$或 $D_k$。

④ 系统拟稳定流段：若理论产量递减曲线位于实际产量递减曲线右边，则减小井控半径 $r_e$；反之增加 $r_e$。

⑤ 若实际产量递减曲线与理论典型曲线呈现近似平行关系，则调整 Langmuir 体积 $V_L$、Langmuir 压力 $p_L$。如果理论曲线高于实际产量递减曲线，则减小 $V_L$或增加 $p_L$，反之增加 $V_L$或减小 $p_L$。

(3)裂缝多区复合压裂水平井模型。

① 改造区裂缝线性流和径向流：若理论产量递减曲线高于实际产量递减曲线，则减小压裂裂缝区渗透率 $k_1$，反之，则增加 $K_1$，但值得注意的是，调整 $K_1$值对理论曲线变化幅度影响更大。

② 各改造区拟稳定流段：若理论产量递减曲线位于实际产量递减曲线右边，则减小改造区总面积 $A_F$，反之则增大 $A_F$。

③ 过渡流和系统椭圆流段：若理论产量递减曲线位于实际产量递减曲线右边，则减小裂缝间距 $d_f$或扩散系数 $D_k$，反之则增加 $d_f$或 $D_k$，但值得注意的是 $D_k$对曲线的影响很小。

④ 系统拟稳定流段：若理论产量递减曲线位于实际产量递减曲线右边，则减小井控半径 $r_e$，反之则增加。

⑤ 若实际产量递减曲线与理论典型曲线呈现近似平行关系，则调整 Langmuir 体积 $V_L$、Langmuir 压力 $p_L$；如果理论曲线高于实际产量递减曲线，则减小 $V_L$或增加 $p_L$，反之增加 $V_L$或减小 $p_L$。

（4）离散裂缝网络压裂水平井模型。

① 裂缝线性流：若理论产量递减曲线高于实际产量递减曲线，则减小储层渗透率 $K$ 或降低缝网复杂程度，反之，则增加 $K$ 或缝网复杂程度。

② 缝网裂缝干扰流：若理论产量递减曲线位于实际产量递减曲线右边，则减小缝网复杂程度，反之则增加缝网复杂程度。

③ 系统复合线性流：若理论产量递减曲线位于实际产量递减曲线右边，则减小储层渗透率 $K$、扩散系数 $D_k$或降低缝网复杂程度，反之则增大 $K$、$D_k$或增加缝网复杂程度，但是 $D_k$对曲线影响很小。

④ 系统拟径向流：若理论产量递减曲线位于实际产量递减曲线右边，则减小渗透率 $K$，反正则增加 $K$。

⑤ 系统拟稳定流：若理论产量递减曲线位于实际产量递减曲线右边，则减小井控半径 $r_e$，反正则增加 $r_e$。

⑥ 若实际产量递减曲线与理论典型曲线呈现近似平行关系，则调整 Langmuir 体积 $V_L$、Langmuir 压力 $p_L$。如果理论曲线高于实际产量递减曲线，则减小 $V_L$或增加 $p_L$，反之增加 $V_L$或减小 $p_L$。

在上述四种压裂水平井数值产量递减分析解释参数调整依据基础上，将理论曲线与实测曲线形态调整到基本一致时，从拟合整体出发，适当对一些参数进行微小调整以到最佳拟合效果。

## 7.5　现场应用分析

XXHF 井为我国西南地区的一口高产页岩气多级压裂水平井。该井产层中深为 2590.32m，原始地层压力为 37.69MPa，储层温度为 82.69℃，储层平均孔隙度为 0.0544，储层有效厚度为 31.11m，气体相对密度（邻井取样分析结果）为 0.567，水平井段井径为 0.108m，采用 15 段射孔加砂压裂完井，完井水平井段长度为 1374m，Langmuir 压力为 12MPa，Langmuir 体积为 5.85$m^3$/t（15.21$m^3$/$m^3$），套管内径（该井无油管）为 122.25mm。该井于 2013 年 9 月 30 日投产，其生产动态曲线如图 7－48 所示。从图中可以看出该井产量总体比较平稳，但是前期套压急剧下降，后期套压下降幅度变缓。其主要原因是大规模体积压裂后使得近井带形成了高渗透透带 SRV 区，但是由于基质表面的解吸气以及改造区外的气体补充不足，使得套压下降迅速。

基于 XXHF 井生产动态数据，结合 5.3 节中的步骤及方法，采用裂缝多区复合＋圆形封闭边界模型进行分析。通过不断调整相关参数，对该井 Blasingame 递减曲线进行拟合直到理论曲线与实际曲线达到较好拟合效果（图 7－49），其解释结果见表 7－6。

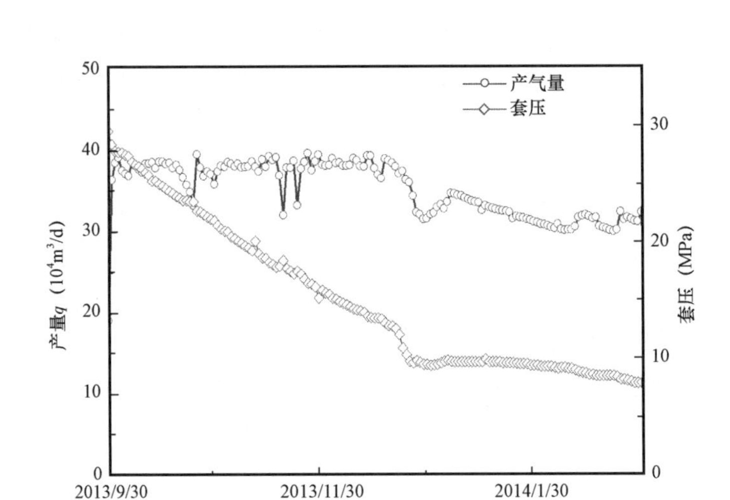


图 7－48　XXHF 井生产动态曲线

**表 7－6　XXHF 井 Blasingame 递减分析结果**

| 解释模型 | 裂缝多区复合＋圆形封闭边界 |
|---|---|
| 各裂缝改造区渗透率 $K_1$(mD) | $5.58\times10^{-2}$ |
| 未改造区渗透率 $K_2$(mD) | $1\times10^{-4}$ |
| 扩散系数 $D_k$($m^2/s$) | $1\times10^{-9}$ |
| 各裂缝段裂缝半长 $x_f$(m) | 20 |
| SRV 改造区总储量 $N_{内}$($10^4m^3$) | 5864.50 |
| SRV 改造区总面积 $A_{SRV}$($10^4m^2$) | 7.03 |
| 井控制半径 $r_e$(m) | 750 |
| 井控制储量 $N$($10^8m^3$) | 13.76 |

从图 7－49 中可以看出，XXHF 井实际 Blasingame 递减曲线前期并未出现早期地层线性流特征，主要是由于早期压裂液返排影响掩盖了早期地层线性流，使得理论曲线与实际曲线拟合存在偏差。但是随着生产进行，返排液逐渐减少，对其生产影响减弱，实际曲线出现了明显的 SRV 区拟稳定流段特征，理论曲线和实际曲线拟合效果较好。基于理论模型，计算获得的生产段末期压力云图（图 7－50）也说明了其压力尚未波及到改造区外的区域，呈现出 SRV 区拟稳定流特征。从拟合效果看，拟合确定的 SRV 区渗透率、SRV 区面积和 SRV 储量是可靠的。但值得注意的是，由于该井 Blasingame 实际曲线并未出现边界拟稳定流，因此分析得出的单井井控储量仅供参考。

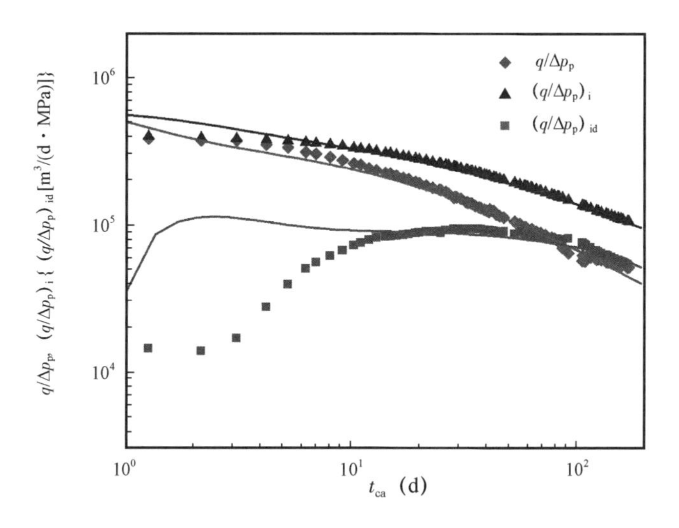


图7-49 XXHF井Blasingame产量递减曲线拟合图

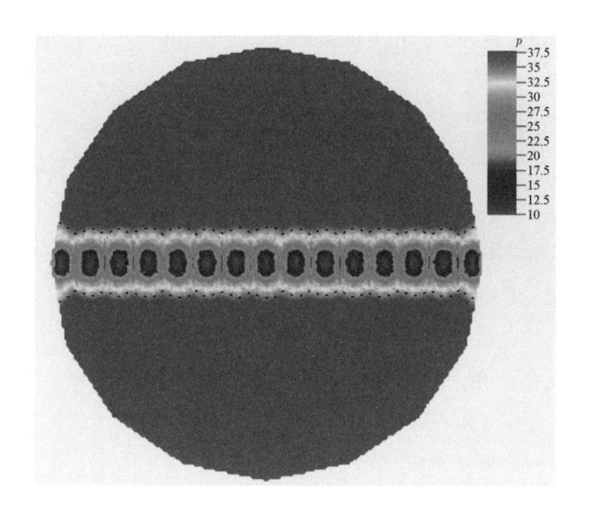


图7-50 XXHF井生产段末期压力云图

# 第 8 章　页岩气藏产量递减分析经验法

1945 年，Arps 在针对具有较长生产时间且定井底流压生产制度的油气井，利用产量和累计产量与时间的关系，将油气井产量递减归纳为 3 种类型：指数递减、调和递减和双曲递减。Arps 递减分析方法简单便捷且只需要生产数据（无须储层参数、钻完井参数）即可预测气井未来产量及最终可采储量。但是与常规气藏相比，页岩气藏存在吸附解吸等复杂运移机制，传统经验递减存在一定缺陷。因此以 Arps 模型为基础，扩展了如幂律指数、Duong 递减、改进 Duong 递减等系列产量递减经验分析方法用于页岩气单井动态分析。

## 8.1　Arps 递减分析方法

一般地，采用递减率来反映油气井产量递减的程度，即单位时间内的产量递减百分数，其表达式为：

$$D = -\frac{\Delta q/q}{\Delta t} \tag{8-1}$$

式中　$D$——初始递减率，$d^{-1}$；

$q$——气井产气量，$m^3/d$；

$\Delta q$——产量变化量，$m^3/d$；

$\Delta t$——时间值，d。

实际油气井产量递减率一般不是常数，而是一个随时间的变量。大量的统计发现，递减率与产量之间的统计关系满足式（8－2）：

$$D = Kq^n \tag{8-2}$$

式中　$K$——递减常数；

$n$——递减指数。

结合式（8－1）和式（8－2），根据递减指数的不同，可以将产量递减分为三种类型：$n=0$ 时，为指数递减；$n=1$ 时，为调和递减；$0<n<1$ 时，为双曲递减。其产量及累计产量关系式见表 8－1（表中 $q_i$——初始产量，$m^3/d$；$D_i$——初始递减率，$d^{-1}$；$G_p$——累计产量，$m^3$）。

**表 8－1　Arps 产量、累计产量—时间关系**

| 递减类型 | 产量关系 | 累计产量关系 |
| --- | --- | --- |
| 指数递减（$n=0$） | $q(t)=q_i\exp(D_it)$ | $G_p(t)=\frac{q_i}{D_i}[1-\exp(D_it)]$ |
| 双曲递减（$0<n<1$） | $q(t)=\frac{q_i}{(1+nD_it)^{(1/n)}}$ | $G_p(t)=\frac{q_i}{(1-n)D_i}[1-(1+nD_it)^{1-(1/n)}]$ |
| 调和递减（$n=1$） | $q(t)=\frac{q_i}{(1+D_it)}$ | $G_p(t)=\frac{q_i}{D_i}\ln(1+D_it)$ |

为了简化表 8－1 中的方程，作如下定义：

$$q_{\mathrm{Dd}} = \frac{q(t)}{q_{\mathrm{i}}} \tag{8-3}$$

$$t_{\mathrm{Dd}} = D_{\mathrm{i}} t \tag{8-4}$$

根据结合表 8－1 中理论公式、式(8－3)和式(8－4)，可计算获得其 Arps 无量纲产量递减典型曲线(图 8－1)。

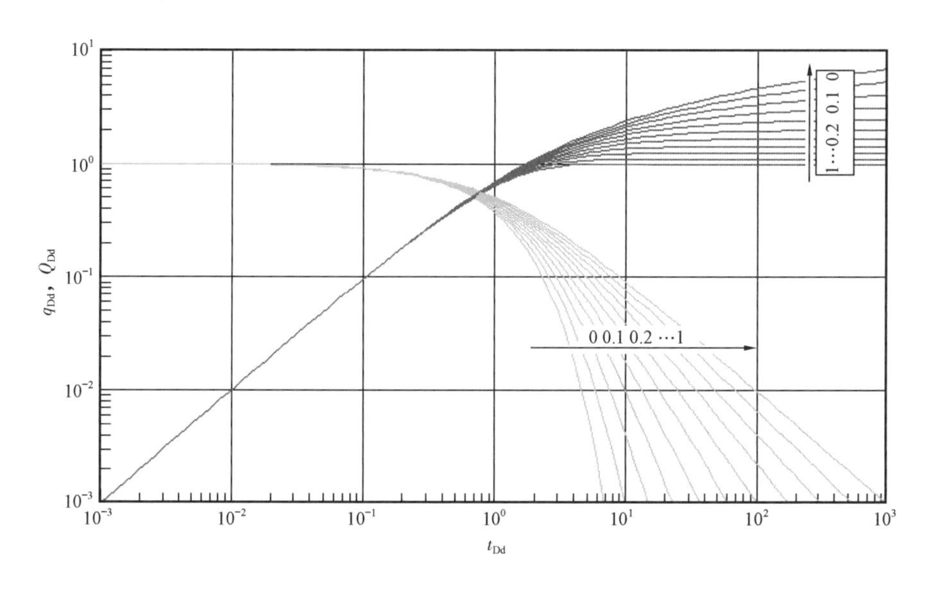


图 8－1　Arps 双对数无量纲样版曲线

根据 Arps 定义，$n$ 为 0～1 的常数。利用双曲产量递减关系来分析页岩气井生产数据时，通常会观察到 $n$ 值高于 1，外推双曲递减累计产量关系式会得到无限大的储量。从图 8－1 中可知运用 Arps 方法估算储量时要求气井已进入拟稳定流动阶段，但页岩储层的特低渗透性质使得气井很难达到边界控制流动阶段，导致 Arps 方法预测的页岩气井单井产量及可采储量偏高。

## 8.2　幂律指数递减模型

在 Arps 产量递减模型基础上，Ilk(2008)在对大量页岩气井生产动态数据进行统计分析后发现，在双对数图中"递减率—时间关系曲线"多表现出线性特征，换言之，递减率与时间具有较好的幂律关系，基于此，构建了式(8－5)所示的幂律型递减率表达式，其特点为：生产时间较短时，递减率随时间变化，而当生产时间趋于无穷大时，递减率趋于常数。

$$D = D_{\infty} + D_1 t^{-(1-n)} \tag{8-5}$$

式中　$D_{\infty}$——时间趋于无穷大时的递减率，$\mathrm{d}^{-1}$；

$D_1$——所选拟合时间段内第一天的递减率，$\mathrm{d}^{-1}$；

$n$——时间指数。

将式(8－5)代入式(8－1)分离变量并积分可得到产量预测模型[式(8－6)]，可以看出，在生产早期，产量特征由 $D_1/n$ 控制，而在生产晚期，即生产达到拟稳态或边界控制阶段，产量特征主要由 $D_\infty$ 控制。

$$q = q_1 \exp\left(-D_\infty t - \frac{D_1}{n} t^n\right) \tag{8-6}$$

式中 $q_1$——所选拟合时间段内第一天的产油(气)量，$m^3/d(10^4 m^3/d)$。

结合式(8－3)和无量纲时间 $t_{Dd} = (D_1/n)t$ 定义，应用式(8－5)和式(8－6)计算绘制不同时间指数对应的幂指数递减模型递减率(图 8－2)和无量纲产量变化(图 8－3)规律。随时间指数 $n$ 增大，递减率下降速度变缓，产量递减速度变快。当时间指数等于 1 时，幂指数递减简化为 Arps 递减模型中的指数递减曲线，递减率为常数。

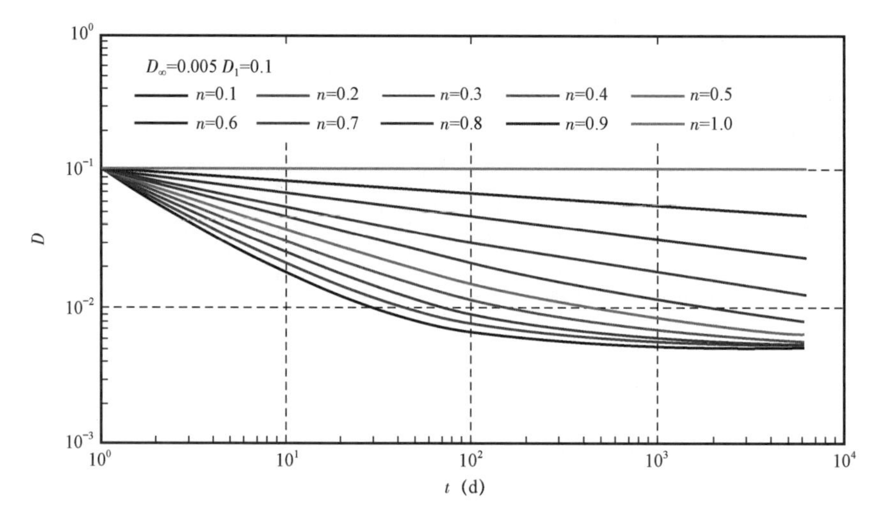


图 8－2 幂律指数递减率图版

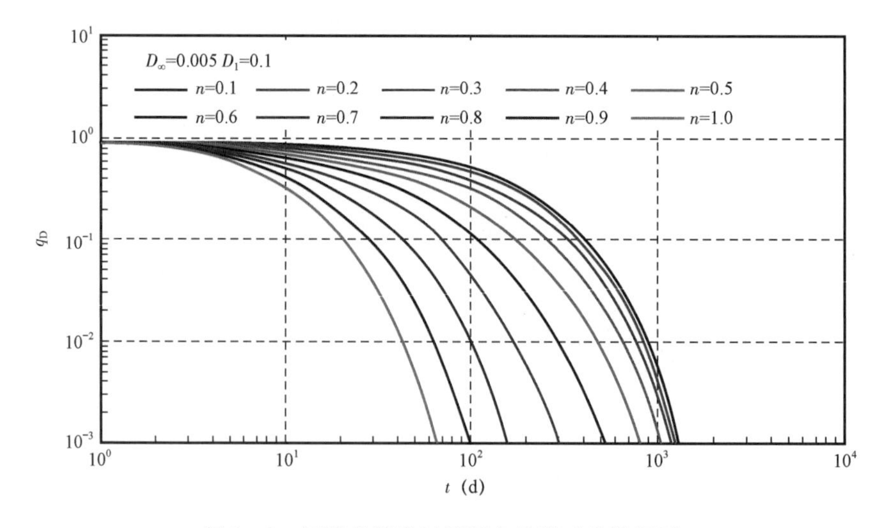


图 8－3 幂律指数递无量纲产量递减曲线图版

在气井生产初期，$t^n$项控制气井在不稳定流和过渡流阶段的产量递减特征。与 Arps 递减模型相比，幂指数模型拓宽了生产数据的分析范围（不稳定流、过渡流和边界主导流阶段的生产数据）。幂指数递减模型是 Arps 递减模型的扩展，其适用条件也只能对井底流动压力恒定或近似恒定条件下的生产数据进行分析，且要求生产数据连续稳定避免长时间关井。

## 8.3 改进幂律递减指数方法

幂指数递减分析方法在实际应用过程中需要对 4 个参数（$q_i$，$n$，$D_\infty$，$D_i$）进行拟合，实际操作中存在多解性问题，且不同拟合结果对应的产量预测差异较大。Mattar 等基于前人研究成果推导了长期线性流不稳定流阶段的解，针对气井在线性流、径向流和边界主导流阶段的幂指数递减进行了简化，称之为改进幂指数递减。改进幂指数递减分析方法将气井生产数据分段进行拟合分析，第一段为到达边界主导流之前的生产数据，第二段为边界主导流阶段的生产数据。根据长期线性流不稳定流阶段解，在不稳定流阶段幂指数递减模型可被进一步简化。进入边界主导流阶段，气井产量服从双曲递减并指出递减指数 $b=0.5$。

$$q(t)=\begin{cases} q_1\exp\left(\dfrac{D_1}{n}t^n\right) & （不稳定流）\\ \dfrac{q_{1-\mathrm{BDF}}}{(1+0.5D_{1-\mathrm{BDF}}t)^2} & （边界主导流）\end{cases} \tag{8-7}$$

式中 $q_{1-\mathrm{BDF}}$——气井进入边界主导流时刻的产气量，$m^3/d$；

$D_{1-\mathrm{BDF}}$——气井进入边界主导流时刻对应的递减率，$d^{-1}$。

改进幂指数递减模型是以进入边界主导流时刻为时间界限对生产数据进行分段分析。与 Arps 递减模型最主要的区别在于：幂指数模型和改进幂指数模型能够对气井到达边界主导流之前的不稳定流和过渡流阶段生产数据进行分析。

## 8.4 Valkó 扩展指数递减分析法

Valkó 在 2009 年提出了扩展指数递减模型[Stretched Exponential Production Decline (SEPD) Method]，该模型主要用于对均匀定期采集的生产数据进行产量递减分析，模型中以采集生产数据的周期来衡量时间。与 Arps 递减模型相比，Valkó 扩展指数递减模型也完全基于经验公式，该模型的基础是一个非自治微分方程。扩展指数递减模型在 Arps 递减模型基础上修改了基本方程的理论形式。

其递减数学模型为：

$$q(t_{\mathrm{SEPD}})=q_1\exp\left[-\left(\frac{t_{\mathrm{SEPD}}}{\tau}\right)^n\right] \tag{8-8}$$

式中 $q(t_{\mathrm{SEPD}})$——不同周期数量对应的气井产气量，$m^3/d$；

$q_1$——扩展指数递减模型定义的最大（或初始）产气量，$m^3/d$；

$t_{SEPD}$——周期数量(如月产量数据则为月数);

$\tau$——扩展指数递减模型参数(周期特征数)。

根据无量纲产量式(8-3),计算绘制扩展指数递减的典型图版(图),即不同周期特征数($\tau$)对应的无量纲产量与周期数量的关系曲线(图8-4)。扩展指数递减模型实际上是幂指数递减模型的特殊形式。由幂指数递减模型可知,当 $D_\infty=0$ 并用 $1/\tau_n$ 替换 $D_i$(即,$D_i=D_1/n$),进而可得到扩展指数递减模型。幂指数递减模型中,引入 $D_\infty$ 项是用于控制气井在无穷大时间段(边界主导流阶段)的产量递减特征。在不稳定流和过渡流阶段的产量递减特征主要受 $t^n$ 项控制。由此可知,扩展指数递减模型并未考虑时间无穷大阶段(边界主导流阶段)产量递减特征,该模型仅适用于对气井在不稳定流和过渡流阶段的生产数据进行递减分析。

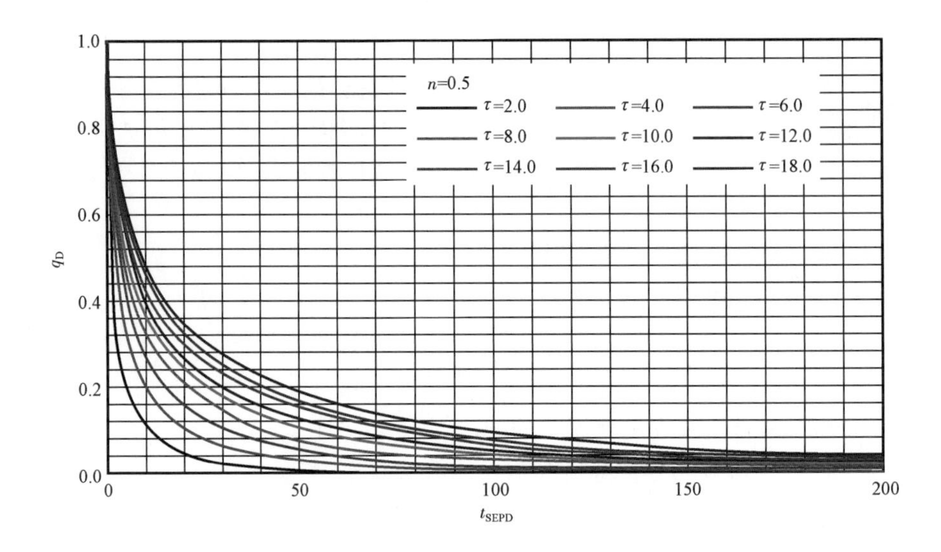


图8-4 扩展指数递减典型图版

## 8.5 Duong 递减分析方法

针对多数页岩气井体积压裂后长期处于线性流阶段的特点,Duong 提出了一种新型产量递减模型。该方法认为页岩气井中裂缝主导流往往持续较长时间并占据主导地位,气井很少能够到达晚期稳定流阶段。由于气井长期处于裂缝主导流阶段,无法确定储层基质渗透率和供气面积。与裂缝系统相比,基质系统的贡献可以忽略不计。在定井底流压条件下,产量(累计产量)与时间的双对数曲线是一条斜率为1的直线。由于实际现场的操作条件达不到理想状态,数据的相近性以及流动状态的改变会导致实际数据的斜率往往大于1(Arps 递减模型应用于页岩气井产量递减分析时,拟合得到的递减指数 $b>1$)。页岩气井裂缝线性流可持续数年,但不稳定线性流持续时间的长短有差别。

递减数学模型表达式为:

$$\frac{q(t)}{G_p}=at^{-m} \tag{8-9}$$

$$q(t) = q_1 t^{-m} \exp\left[\frac{a}{1-m}(t^{1-m}-1)\right] \tag{8-10}$$

式中　$G_p$——累计产气量，$m^3$；

$a$——双对数曲线截距，$d^{-1}$；

$m$——双对数曲线斜率；

$q_1$——气井第一天产气量，$m^3/d$。

根据上述数学模型，计算绘制了 Duong 产量递减模型不同 $m$ 参数值对应的典型图版（图 8-5，图 8-6）。随 $m$ 值增大，气井峰值产量 $q_{max}$ 与气井第一天产气量 $q_1$ 差异增大，气井产量递减速度加快。当 $m$ 趋近于 1.00 时，气井保持稳产。

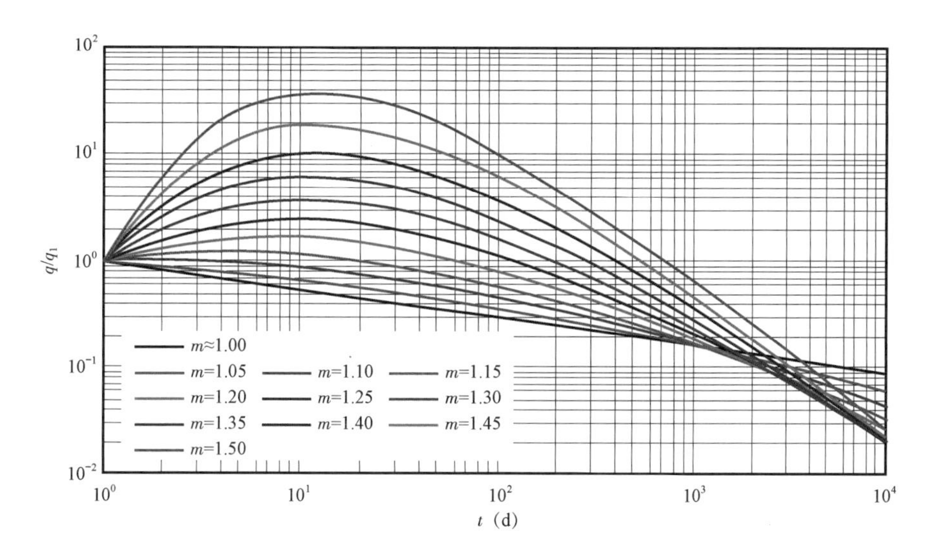


图 8-5　基于第一天产气量的无量纲产量递减曲线图版

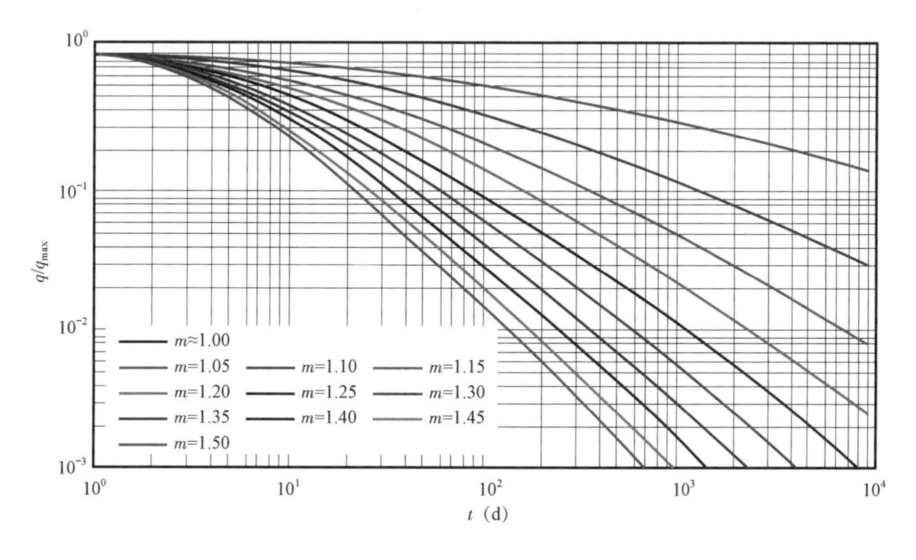


图 8-6　基于峰值产气量的无量纲产量递减曲线图版

## 8.6 扩展 Duong 递减分析方法

在 Duong 递减分析方法基础上，完善了页岩气井达到边界控制流后的递减分析方法，即在线性流阶段应用 Duong 递减模型开展分析，当气井达到边界后应用 Arps 指数递减模型进行分析。

$$q(t)=\begin{cases} q_1 t^{-m}\exp\left[\dfrac{a}{1-m}(t^{1-m}-1)\right] & (线性流) \\ \dfrac{q_{sf1}}{(1+bD_{ye}t)^{1/b}} & (边界主导流) \end{cases} \tag{8-11}$$

其中

$$D_{ye}=\frac{0.2}{t_{sft}} \quad t_{sft}=(1.82a)^{\frac{1}{(m-1)}}$$

式中 $q_{sf1}$——裂缝干扰流开始时刻气井的产气量，$m^3/d$；

$D_{ye}$——裂缝干扰流开始时刻气井的递减率，$d^{-1}$；

$t_{sft}$——裂缝干扰流开始时间，d。

Duong 递减模型和改进 Duong 递减模型的区别在于 Duong 递减仅能对线性流阶段气井生产数据进行分析，而改进 Duong 递减模型能够对线性流阶段和边界主导流阶段生产数据进行分段分析。

不同经验产量递减分析方法之间最主要的差异是适用流态不同，表 8-2 总结了现有经验产量递减分析方法的功能和适用条件。页岩气井在投产之后会经历多个流态，准确认识和划分不同流态特征能够评价压裂效果并获取储层信息。页岩气水平井从开始生产到结束需经历 6 个流态，即早期双线性流、早期线性流、早期径向流、复合线性流、拟径向流和边界主导流。复合线性流与边界主导流持续时间长，特征显著，其他一些流态由于缺失或持续时间短难以通过诊断曲线进行识别。复合线性流的持续时间与页岩储层的基质渗透率、裂缝半长及裂缝复杂程度有关。页岩基质渗透率越低，诱导裂缝越晚，复合线性流持续时间就越长，到达边界时间就越晚。不同经验产量递减分析方法适用流态不同，准确识别和划分页岩气井流态是经验产量递减分析方法推广应用的关键。

**表 8-2 页岩气井经验产量递减分析方法功能及适应条件**

| 分析方法 | 功能 | 适用流态 | 其他应用条件 |
|---|---|---|---|
| Arps 递减 | 产量预测、最终可采储量预测 | 边界主导流 | 定压生产 |
| 幂律指数递减 | 产量预测、最终可采储量预测 | 线性流、边界主导流 | 定压生产 |
| 改进幂律指数递减 | 产量预测、最终可采储量预测 | 线性流、边界主导流 | 定压生产 |
| Valkó 扩展指数递减 | 产量预测、最终可采储量预测 | 线性流 | 定压生产 |
| Duong 递减 | 产量预测、最终可采储量预测 | 线性流 | 定压生产 |
| 扩展 Duong 递减 | 产量预测、最终可采储量预测 | 线性流、边界主导流 | 定压生产 |

## 参考文献


[1] 冉伟．页岩气储层岩石物理参数研究[D]．成都:西南石油大学,2015.

[2] 琚宜文,卜红玲,王国昌．页岩气储层主要特征及其对储层改造的影响[J]．地球科学进展,2014,29(4):492-506.

[3] Valko P P. Assigning value to stimulation in the Barnett Shale:A simultaneous analysis of 7000 plus production histories and well completion records. [C]//SPE Hydraulic Fraeturing Technology Conference. US:The American Society of Petroleum Engineers,2009.

[4] 于荣泽,姜巍,张晓伟,等．页岩气藏经验产量递减分析方法研究现状[J]．中国石油勘探,2018,23(1):109-116.

[5] 吕晓岚,屈耀明．我国非常规天然气资源产业发展存在的问题及对策[J]．经济纵横,2012(8):85-88.

[6] 周志斌．中国非常规天然气产业发展趋势,挑战与应对策略[J]．天然气工业,2014,34(2):12-17.

[7] 熊健,刘向君,梁利喜,等．页岩气超临界吸附的 Dubibin-Astakhov 改进模型[J]．石油学报,2015,36(7):849-857.

[8] Florence F A,Rushing J A,Newsham K E,et al. Improved permeability prediction relations for low-permeability sands[G]. SPE 107954,2007.

[9] Javadpour F,Fisher D,Unsworth M. Nanoscale gas flow in shale gas sediments[J]. Journal of Canadian Petroleum Technology,2007,46(10):55-61.

[10] Javadpour F. Nanopores and apparent permeability of gas flow in mudrocks (shales and siltstone)[J]. Journal of Canadian Petroleum Technology,2009,48(8):16-21.

[11] 张烈辉．多相流数值试井理论及方法[M]．北京:石油工业出版社,2010.

[12] Sigal R F,Qin B. Examination of the importance of self diffusion in the transportation of gas in shale gas reservoirs[J]. Petrophysics,2008,49(3):301-305.

[13] Ozkan E,Raghavan R S,Apaydin O G. Modeling of fluid transfer from shale matrix to fracture network. Paper SPE 134830 presented at the SPE Annual Technical Conference and Exhibitio,Florence,Italy,2010.

[14] Beygi M E,Rashidi F. Analytical solutions to gas flow problems in low permeability porous media[J]. Transport in porous media,2011,87(2):421-436.

[15] Civan F,Rai C S,Sondergeld C H. Shale-gas permeability and diffusivity inferred by improved formulation of relevant retention and transportmechanisms[J]. Transport in Porous Media,2011,86(3):925-944.

[16] Freeman C M,Moridis G J,Blasingame T A. A numerical study of microscale flow behavior in tight gas and shale gas reservoir systems[J]. Transport in porous media,2011,90(1):253-268.

[17] Sakhaee-Pour A,Bryant S. Gas permability of shale[J]. SPE Reservoir Evaluation & Engineering,2012,15(04):401-409.

[18] 李治平,李智锋．页岩气纳米级孔隙渗流动态特征[J]．天然气工业,2012,32(4):50-53.

[19] Bumb A C,McKee C R. Gas-well testing in the pressure of desorption for coalbed methane and Devonian shale[J]. SPE Formation Evaluation,1988,3(1):179-185.

[20] 李道伦,徐春元,卢德唐,等．多段压裂水平井的网格划分方法及其页岩气流动特征研究[J]．油气井测试,2013 (1):13-16.

[21] Arps J J. Analysis of decline curves[J]. Transactions of the AIME,1945,160(1):228-247.

[22] Fetkovich M J. Decline curve analysis using type curves[J]. Journal of Petroleum Technology,1980,32(6):1065-1077

[23] Blasingame T A,McCray T L,Lee W J. Decline curve analysis for variable pressure drop/variable flowrate systems[G]. Paper SPE 21513 presented at the SPE Gas Technology Symposium,Houston,Texas,USA,1991.

[24] Agarwal R G, Gardner D C, Kleinsteiber S W, et al. Analyzing well production data using combined – type – curve and decline – curve analysis concepts [J]. SPE Reservoir Evaluation & Engineering, 1999, 2 (5):478 – 486.

[25] Mattar L, Anderson D M. A systematic and comprehensive methodology for advanced analysis of production data [G]. Paper 84472 presented at the SPE Annual Technical Conference and Exhibition, Denver, Colorado, USA, 2003.

[26] Ilk D, Rushing J A, Perego A D, et al. Exponential vs. hyperbolic decline in tight gas sands: understanding the origin and implications for reserve estimates using Arps´decline curves. Paper SPE 116731 presented at the SPE Annual Technical Conference and Exhibition, Denver, Colorado, USA, 2008.

[27] 段永刚,曹廷宽,王容,等. 页岩气产量幂律指数递减分析[J]. 西南石油大学学报(自然科学版),2013, 35(5):172 – 176.

[28] Cipolla C L, Lolon E, Mayerhofer M J. Reservoir modeling and production evaluation in shale – gas reservoirs [G]. Paper IPIC 13185 presented at the International Petroleum Technology Conference, Doha, Qatar, 2009.

[29] BelloR O, Wattenbarger R A. Modeling and analysis of shale gas production with a skin effect[J]. Journal of Canadian Petroleum Technology, 2010, 49(12):37 – 48.

[30] Bello, R. O BelloR O, Wattenbarger R A. Multi – stage hydraulically fractured horizontal shale gas well rate transient analysis[G]. Paper SPE 126754 presented at the SPE North Africa Technical Conference and Exhibition, Cairo, Egypt, 2010.

[31] 徐兵祥,李相方,张磊,等. 页岩气产量数据分析方法及产能预测[J]. 中国石油大学学报(自然科学版),2013,37(3):119 – 12.

[32] 张小涛,吴建发,冯曦,等. 页岩气藏水平井分段压裂渗流特征数值模拟[J]. 天然气工业,2013,33(3): 47 – 52.

[33] 王志刚. 涪陵焦石坝地区页岩气水平井压裂改造实践与认识[J]. 石油与天然气地质,2014,35(3):425 – 430.

[34] Heinemann, Z. E., Brand, C. W. Gridding techniques in reservoir simulation. Paper presented at First and Second International Forum on Reservoir Simulation, 1988:339 – 426.

[35] Quandalle P. The use of flexible gridding for improved reservoir modeling[G]. SPE 12239 presented at the SPE Reservoir Simulation Symposium, San Francisco, California, USA, 1983.

[36] Nacul EC. Use of domain decomposition and local grid refinement in reservoir simulation[J]. Journal of Physical Chemistry, 1990, 70(5):1520 – 1524.

[37] Pedrosa Jr O A, Aziz K. Use of a hybrid grid in reservoir simulation[J]. SPE Reservoir Engineering, 1986, 1 (6):611 – 621.

[38] Voronoï G. Nouvelles applications des paramètres continus à la théorie des formes quadratiques. Deuxième mémoire. Recherches sur les parallélloèdres primitifs [J]. Journal für die reine und angewandte Mathematik, 1908, 134:198 – 287.

[39] 安永生,吴晓东,韩国庆. 基于混合 PEBI 网格的复杂井数值模拟应用研究[J]. 中国石油大学学报(自然科学版),2008,31(6):60 – 63.

[40] 蔡强,杨钦,李吉刚,等. 三维 PEBI 网格生成的初步研究[J]. 计算机工程与应用,2004,40(22):97 – 99.

[41] 蔡强,杨钦,孟宪海,等. 二维 PEBI 网格的生成[J]. 工程图学学报,2005,26(2):69 – 72.

[42] 李玉坤,姚军. 复杂断块油藏 Delaunay 三角网格自动剖分技术[J]. 油气地质与采收率,2006,13(3): 58 – 60.

[43] 查文舒. 基于 PEBI 网格油藏数值计算及其实现[D]. 安徽:中国科学技术大学,2009.

[44] 曹廷宽．致密储层微观流动模拟研究[D]．成都:西南石油大学,2015.

[45] 陈晓军．油藏 Voronoi 网格化的研究[D]．成都:西南石油大学,2007.

[46] 孔宪辉．数值试井方法及其在压裂井中应用[D]．合肥：中国科学技术大学,2008.

[47] 孙贺东．油气井现代产量递减分析方法及应用[M]．北京:石油工业出版社,2013.

[48] 何光渝．Visual Basic 常用数值算法集[M]．北京:科学出版社,2002.

[49] 蔡大用,白峰彬．高等数值分析[M]．北京:清华大学出版社,1996.

[50] 徐明华,李志林．免停滞的 GMRES(m)算法研究[J]．数值计算与计算机应用,2003,24(1):18 – 23.

[51] 杨耀忠,韩子臣,舒继武,等．一种适于黑油模型并行的快速新解法—改进的 GMRES 算法[J]．计算机应用与软件,2003,20(6):48 – 51.

[52] 谢青．基于 GPU 的页岩储层裂缝建模及压力模型[D]．合肥：中国科学技术大学,2014.

[53] 胡文瑞．页岩气将工厂化作业[J]．中国经济和信息化,2013 (7):18 – 19.

[54] Mayerhofer M J, Stegent N A, Barth J O, et al. Integrating Fracture Diagnostics and Engineering Data in the Marcellus Shale[G]. Paper SPE 145463 presented at the SPE Annual Technical Conference and Exhibition, Denver, Colorado, USA, 2011.

[55] 庄惠农．气藏动态描述和试井[M]．北京:石油工业出版社,2004.

[56] 蔡强．限定 Voronoi 网格剖分的理论及应用研究[M]．北京:北京邮电大学出版社,2010.

[57] 卢德唐．现代试井理论及应用[M]．北京:石油工业出版社,2009.

[58] Wei M, Duan Y, Dong M, et al. Blasingame decline type curves with material balance pseudo – time modified for multi – fractured horizontal wells in shale gas reservoirs[J]. Journal of Natural Gas Science and Engineering, 2016, 31:340 – 350.

[59] Wei M, Duan Y, Fang Q, et al. Production decline analysis for a multi – fractured horizontal well considering elliptical reservoir stimulated volumes in shale gas reservoirs[J]. Journal of Geophysics and Engineering, 2016, 13(3):354.

[60] 魏明强,段永刚,方全堂,等．基于物质平衡修正的页岩气藏压裂水平井产量递减分析方法[J]．石油学报,2016,37(4):508 – 515.

[61] 魏明强,段永刚,方全堂,等．页岩气藏压裂水平井产量递减曲线分析法[J]．天然气地球科学,2016,27(5):898 – 904.

[62] 魏明强,段永刚,方全堂,等．页岩气藏多级压裂水平井压力动态分析[J]．中南大学学报(自然科学版),2016,47(12):4141 – 4147.